著作权合同登记 图字:军-2016-056号

图书在版编目(CIP)数据

含能材料激光点火/(英)S. 拉菲·艾哈迈(S Rai Ahmad),(英)米切尔·卡特怀特
(Michael Cartwright)著;高红旭等译.—北京:国防工业出版社,2019.10
书名原文:Laser Ignition of Energetic Materials
ISBN 978-7-118-11968-8

Ⅰ. ①含… Ⅱ. ①S… ②米… ③高… Ⅲ. ①功能材料-激光-点火 Ⅳ. ①TQ038.1

中国版本图书馆 CIP 数据核字(2019)第 258612 号

※

国防工业出版社 出版发行
(北京市海淀区紫竹院南路 23 号 邮政编码 100048)
三河市腾飞印务有限公司印刷
新华书店经售

*

开本 710×1000 1/16 印张 16¾ 字数 292 千字
2019 年 10 月第 1 版第 1 次印刷 印数 1—2000 册 定价 85.00 元

(本书如有印装错误,我社负责调换)

国防书店:(010)88540777 发行邮购:(010)88540776
发行传真:(010)88540755 发行业务:(010)88540717

献给我们的夫人 Angela 和 Estelle，感谢她们在本书编写过程中的支持、耐心和鼓励。

致　　谢

作者感谢 Edwin Billiet 先生和 X. Fang 博士为本书提供了大部分实验数据并绘制了部分图表。作者还感谢 Cranfield 大学（国防学院）为实验测试和性能评价提供了场所，这些测试结果现在通过本书得以公开。

作 者 简 介

S. Rafi Ahmad 博士　于 1988 年在 Cranield 大学(CU)创建了应用激光光谱研究中心,直到 2012 年退休。1972 年,他在英国牛津大学完成了一篇关于"激光与固体材料的相互作用"的论文,获得了哲学博士学位。他作为一名科学家就职于(英国)国防部,随后加入 Cranield 大学开展科研。他的研究领域非常广泛,包括含能材料的激光点火以及生物医学中激光诱导天然和合成聚合物的加工。他的研究得到许多国家和国际机构资助,也是一些欧盟资助项目的首席研究员,众多合作伙伴来自欧盟国家,研究主题包括黄麻改性(中国欧盟合作)和塑料识别（BE-7148）。他还担任过欧盟 EULASENET 网络管理委员会的英国代表、使用激光器保存艺术品的 COST-G7 行动协调员。他曾指导 11 名博士生,发表了 62 篇同行评审的论文和其他专著。

Michael Cartwright 博士　1963 年毕业于伦敦大学化学专业,先后在 Windscale 从事核工业研究,在伦敦开展制药研究工作,在巴斯大学担任核化学研究员。1974 年在巴斯大学研究工作的基础上,完成《固体辐射损伤研究》学位论文,被授予伦敦大学的博士学位。此外,他还从事无机热化学和有机金属配合物的化学研究。他的兴趣随着他就职的大学第一台单晶体四圆结构测定仪器而扩展到结构化学和 X 射线衍射。

1986 年,他到克兰菲尔德大学（Cranfield University）,在皇家军事科学院(RMCS)斯瑞文翰(Shrivenham)校区从事含能材料领域的教学和研究工作,主要兴趣是分子结构和爆炸敏感性之间的关系,随后

发展成为炸药军械工程硕士研究生系列讲座。他是法医工程与科学的硕士学位课程的创始人之一。帮助大学开展对爆炸物环境影响的研究,特别是制造厂废水排放和弹药处理场的土地污染的研究,设计了关于环境诊断和废水化学的跨站点硕士课程。从事含能材料研究得到国防部、政府机构、研究机构和私营公司的资助。代表克兰菲尔德大学参与国防部的安全协调中心,设计用于评估含能材料意外起爆风险的测试方法。还代表克兰菲尔德大学参加了几个北约组织,研究涉及含能材料科学的各个方面。于 2009 年从克兰菲尔德大学退休。

译 者 序

含能材料是各类武器系统中枪炮发射药、推进剂和炸药必不可少的重要组成部分,在国民经济的发展中也起着巨大的作用。含能材料科学和技术的发展与武器科学和技术的发展密切相关并相互促进。激光与含能材料作用原理及实验研究具有重要的理论和应用价值。激光点火是指用激光能量引燃或引爆含能材料,与传统的点火方式——电桥丝点火相比,激光点火的显著优点是抗电磁干扰能力强、安全性高、能量大、一致性好、可靠性高。武器系统的安全性和可靠性是武器系统最重要的性能指标之一。随着战场等环境的恶化,安全性和可靠性在对武器等的性能要求中占据了越来越突出的地位。传统的导弹、火箭的发射和做功系统的点火装置,大部分采用的是电桥丝式电点火器,这种点火器已不能适应现代化武器系统的使用环境,特别是电磁(射频、静电、高空电磁脉冲、闪电、杂散电流)环境。激光点火是一种高能量或高功率密度激发的方式,已成为这一领域的研究重点和热点。

本书全面综述了含能材料领域的发展概况和研究进展、激光技术发展,重点阐述了含能材料的发展历史背景、激光起爆、激光特性、含能材料性能、炸药的最新进展、爆炸过程等内容,还介绍了含能材料分解和引发过程、含能材料光热性能以及含能材料激光作用理论进展等。此外,本书展望了含能材料激光点火的发展趋势和面临的挑战,是含能材料领域具有重要理论价值的学术著作,对含能材料领域的发展和学术体系的建立具有重要的指导作用。本书可以用于高等院校相关专业高年级本科生和研究生的教学,也可为含能材料领域的研究人员提供有益的借鉴。

本书系统全面地归纳了激光与含能材料的作用原理及实验研究的最新进展,作者对含能材料激光点燃理论、提高含能材料安全性的材料与方法、激光与含能材料相互作用等的归纳和阐述对我国含能材料研究工作的开展具有很高的参考价值。作者对含能材料激光点火发展趋势和面临的挑战的认识,亦有助于我国研究人员把握研究方向。含能材料激光点火作为一项综合性的激光应用高新技术,不仅在航空航天和军事等领域有着重要的应用价值和广阔的发展前景,而且已经开始进入工业生产和科学技术的其他领域,对我国含能材料研究工作的开展具有很高的参考价值。

本书第 1、2、3 章由裴庆、高红旭翻译;第 4、5 章由姚二岗博士翻译;第 6、7、8 章由高红旭翻译;第 9、10、11、12 章由郝海霞翻译。全书由高红旭整理、校对,由李上文研究员审定,牛诗尧硕士参与了其中部分章节的翻译工作。在整个翻译过程,赵凤起研究员始终给予极大帮助和指导。

值此书中文版出版之际,我们首先感谢装备科技译著出版基金的资助及评审专家们的指导和建议,同时也要感谢国防工业出版社编辑们的辛勤劳动。最后感谢燃烧与爆炸技术国家级重点实验室的同仁们给予的支持与帮助。

由于译者水平有限,书中难免存在不足之处,敬请读者批评指正。

译　者

2019 年 5 月于西安

前　言

有关实用激光方面的研究可追溯到 20 世纪 60 年代,由美国 Hughes 研究实验室的 T. H. Maiman 最早开展了这方面的研究,那一段时间曾将激光称为"一种很有实用价值的工具"。随后不久,激光即作为一种辅助研究工具几乎在科学技术研究的各个领域得到了广泛应用。激光在国防领域的应用最早见于美国"星球大战计划"中反导系统的新闻报道中,毫无疑问,在那之后的两年中激光在国防工业中的应用得到了广泛的研究和发展,特别是在火炸药的点火/起爆方面,但由于当时"冷战"思维盛行,大多数这方面的研究都处于绝对保密状态。然而从那之后,由于各方面的原因,激光在国防领域的应用一直没有什么实质性的进展,直到最近,有关这方面的研究才又得到重视。目前,安全性是含能材料制造、贮存、使用和运输方面的一个重要考核指标,这也促进了大量有关含能材料合成安全性和高性能武器弹药点火安全性方面的研究。在整个生产使用寿命周期中的成本效率、安全性以及报废处理后的环境污染问题是武器弹药研究和发展的重点,本书目的也主要是更好地阐明激光点火这一研究领域的背景与现状,以期为改善含能材料的安全性提供一定的理论基础。

本书以炸药这类材料的发明、发展和使用作为开始,首先按时间顺序作了简要的介绍。这些介绍完全是一些历史背景方面的介绍,而且这方面的介绍来源于不同的资料。随后在第 2 章中对激光在含能材料点火/起爆方面(包括一些点火临界参数)的研究与发展作了大量详尽的介绍,并附加了大量的参考文献以及最近几年出版的相关文献。

由于本书的题目是围绕含能材料和激光点火这两个完全不同的科学技术领域,为便于读者系统了解,本书在第 3 章和第 4 章中分别对含能材料与激光点火进行了详尽的阐述。第 3 章主要介绍了激光的技术、产生方式及其一般性能的科学背景。第 4 章介绍了含能材料的合成和一般性能背景,包括含能材料的主要组分(燃料与氧化剂的混合物以及单质含能材料)以及含能材料的分类方式。这些内容足够相关研究人员去了解这一领域的研究背景,而且对于一些希望能够得到这一领域更深入的研究情况的读者,这两章还提供了大量的参考文献以及相关论著。值得提醒的是,有关这方面内容的更多信息可从大量开放的文献资源中获取。

第 5 章详述了目前含能材料的局限性及提高安全性的方法,例如,针对塑性粘结炸药(PBX)等。有关新型炸药的合成这一活跃的研究领域的研究和发展现状也在这一章中作了重点介绍,而且这些新合成的含能材料其毒性通常较低,因此在这一章中还对一些新合成的含能材料作了详细介绍,特别是高氮含能化合物,因为研究发现一些高氮含能化合物可在未来的激光点火领域得到很好的应用。

第 6 章介绍了含能材料的热分、简单燃烧、爆燃以及爆轰等基本过程;此外,对一些炸药爆炸能和冲击波超压的影响因素以及提高炸药爆炸能的方法都在本章中进行了相关论述。第 7 章详述了含能材料起爆过程中的能量变化特点以及目前含能材料所使用的起爆技术,重点介绍了采用光学或激光方式的起爆技术。此外,除介绍了一些目前使用的起爆雷管的基本性能外,还重点介绍了按起爆的容易程度划分的炸药分类方式以及从降低危险性考虑的爆炸序列的使用方法。第 8 章主要介绍了激光的安全防护和安全点火特性;此外,还简要介绍了另一类起爆药的发展现状。在本章所列的一些含能材料对激光辐射特别敏感而且还具有很好的爆炸性能,甚至超过了现有的一些高爆炸药。

第 9 章和第 10 章介绍了一些激光与含能材料相互作用的基本理论知识,包括含能材料的光学和热性能。第 11 章简要介绍了一些激光在含能材料点火领域的实际研究实例,主要引自作者所在的实验室在这一领域所进行的一些研究工作。最后在第 12 章主要介绍了一些在这方面研究的重要结论以及该研究领域的未来展望和研究发展方向。

目　　录

第 1 章　历 史 背 景

1.1　引　言

当人类存在时他们就总是想方设法在与其他人或动物的社会活动中占据主导地位,其中杀戮就是一种最为有效的途径之一。通过杀戮可以继续生存,获取食物。

需要生存的原因是在很多动物眼中人是易于获取的上好食物。在这种情况下人类有两条路可选,一是躲避危险动物的侵袭,二是制造武器杀掉有威胁的动物。不久,人类又发现一些被杀掉的动物可供食用,这样就增加了食物的来源。随着人口数量的增加,人类之间因分配食物和占有领地产生的矛盾凸显,最终导致冲突。使用武器可以克服人类自身生理上的限制,创造有利的条件打败对手,在残酷的生存环境中得以生存。

剑和长矛可有效扩大手臂的攻击范围,但长矛的长度不可能无限延长,因此需要一种远距离进攻武器。比如标枪,可以攻击较远距离的目标,但需要一定的体力和技巧。为了克服自身能力的限制,人们使用了机械装置,最早出现的远距离杀伤武器是一种简单的投石器,有一根环状的带子,其中放有一块石头,抛射可使石头加速并直线射出,击毙或击伤目标。

随后出现了弓箭,它不仅是很好的单兵武器,当多名射手朝着同一目标齐射时更具杀伤力,长弓可将这类武器的威力发挥到极致。之后人们又发明了储能类武器,如弩炮和弓弩,在装上石块或箭头之前需要拉满弦以储存机械能,这样就突破了人类体能的极限,增大了射程和威力。图 1.1 所示是一种弩炮,可发射装有正在燃烧的油脂的木桶,用于攻击敌方为防御弓箭的袭击而组成的盾牌人墙,这是最早的热兵器之一。

图 1.1 一种小型弩炮

1.2 黑火药时期

中国人在公元 9 世纪发明了最早的化学炸药——黑火药。他们在炼制用于治病的丹药时意外发现一种可被点燃、燃烧急速且伴有发光冒烟发声的黑色粉末。黑火药的这种潜质很快得到发掘,中国人将其作为推进剂用于发射长矛和标枪,这种最早的火箭系统可将投掷物的有效射程提高 1~2 倍。

大约 400 年后黑火药传到欧洲,Roger Bacon 牧师因发现了黑火药的性质而受到人们的称赞。他太担心黑火药的性质,所以把黑火药组分的详细名称编成代码记在传教手稿中,后来人们根据黑火药具有的推进功能制造了炮口装填弹药的早期火炮。

表 1.1 给出了火炸药领域发展的大事表。

表 1.1 火炸药发展过程中的标志性事件

火炸药名称	发 明 者	国 籍	时 间
黑火药	中国人 R. Bacon	中国 英国	公元 1000 年以前 1246 年
战场上最早的火炮		意大利	1326 年
克雷西射石炮		英国	1346 年
手持火炮		意大利	1364 年
达芬奇炮	Leonardo da Vinci	意大利	1483 年

（续）

火炸药名称	发　明　者	国　籍	时　间
雷酸汞	Kunckel	德国	1690 年
苦味酸①	Woulff	德国	1771 年
雷酸汞雷管	Forsyth	苏格兰	1825 年
硝化棉②	Pelouze	法国	1838 年
	Schonbein	德国	1845 年
硝化甘油	Sobrero	意大利	1846 年
TNT	Wilbrand	德国	1863 年
雷酸汞炸药	Nobel	瑞典	1865 年
黄色炸药	Nobel	瑞典	1867 年
硝铵炸药	Ohlsson 和 Norrbin	瑞典	1867 年
特屈儿（Tetryl）	Mertens	德国	1877 年
硝化棉火药③	Schultze	德国	1864 年
	Vieille	法国	1884 年
巴里斯太火药	Nobel	瑞典	1883 年
柯戴特炸药	Abel 和 Dewar	英国	1889 年
叠氮化铅	Curtius	德国	1890 年
PETN	Rheinisch–Westfaelische Sprengstoff A. G	德国	1894 年
RDX	Henning（Herz 取得专利）	德国	1899 年 1920 年
NTO	von Manchot 和 Noll	德国	1905 年
四氮烯	Hoffman 和 Roth	德国	1910 年
HMX			
浆状炸药	Cook	美国	1957 年
乳化炸药			
PBX			

　① 在以后的 100 年内并未对苦味酸炸药的性能进行研究；
　② Pelouze 合成硝化棉时并不了解其化学性质，Schonbein 首次提出硝化棉的化学性质并将硝化棉用于火药中；
　③ Schultze 首次制得粉状硝化棉火药，Vieille 首次将硝化棉火药用于线膛炮中

1.3　炮、步枪和火箭

　　最早的火炮的炮管是掏空了中心的树干,用潮湿的绳子缠绕在炮管外围进行加固。随着金属冶炼技术的发展,出现了金属合金材料的炮管,例如1346年克雷西战役中用到的射石炮(图1.2),在这次战役中同时使用了石制弹丸和铁球弹丸。1414年这些武器的发展促进了条例委员会(Board of Ordinance)的成立,这些武器的操作者被称为炮兵下士(目前仍在英国军队中使用这种称呼)。

图1.2　1346年克雷西战役中使用的射石炮

　　在15世纪,火炮被装在军舰上用于海战,这样就可以远距离毁伤敌舰而不用近身肉搏。军舰的每一侧都配备了多门大炮用以攻击敌军,图1.3所示是一种典型的可用于陆战和海战的火炮。

图1.3　陆战炮和舰炮

舰载火炮通常安装在四轮推车上,与陆战使用的两轮车相比,四轮车在颠簸的船甲板上具有更好的稳定性。铁炮的炮身由许多铁质长条沿着一个固定轴围成一圈构成,熟铁制的铁圈和铁箍经加热后套在炮身上,冷却后即形成一个坚固的炮管。在 15 世纪初期就出现了后装填火炮,多数人认为它是工业革命中螺纹切削技术发展到一定程度以后才出现的新技术。早期的火炮系统往往是将一根简单的空心钢管装在木质炮身上,在金属管的末端和木质支架中间留有一个空槽,用于安装装有火药的密闭金属容器,装药容器的一端嵌入炮管的末端,另一端有一个木塞用于固定装药容器。具体构成如图 1.4 所示。

图 1.4　后装填炮的击发装置

尽管炮尾部结构的密闭性并不是很好,但通过模拟实验证明这些火炮的威力足够对一定距离内的舰船造成沉重打击。后来出现的后装填火炮采用浇铸工艺一次成型的炮管,在炮管的一端仍留安装火药和木塞的位置,这种火炮比前面提到的木质支架结构的火炮更加耐用,而且该类火炮还有一个优点,就是每一门炮配有多个装药容器,可以在战前都预先装填好火药,提高射速。在发射的间歇无须经常清理炮管,因为下一发炮弹所用的火药已经在炮管内,同时炮管内还留有一些温度较高的燃烧残渣,可以有效提高下一发炮弹的点火发射时间,再一次提高射速。火药装药的点火是火药表面生成的火焰通过点火孔的传播过程,燃气从点火孔排出不仅减小了对弹丸的推力,还会将炙热的燃烧残渣吹向炮手。

与其他发射石质或铁质弹丸的火炮不同,该类火炮可以发射杀伤力很大的都铎式榴霰弹,这种弹丸内包含很多质地坚硬的小石块,对敌舰甲板上的士兵极具威胁。

在以后400年内火炮的发射药主要为黑火药。在1425年阿金库尔战役中英国人通过使用长弓占据了战场上的主动权,火炮通常作为攻坚武器,需要掌握一定技巧的炮手操作以提高命中率。达·芬奇提到了一些提高火炮命中率的经验,他还设计了一种多炮管火炮(图1.5)。

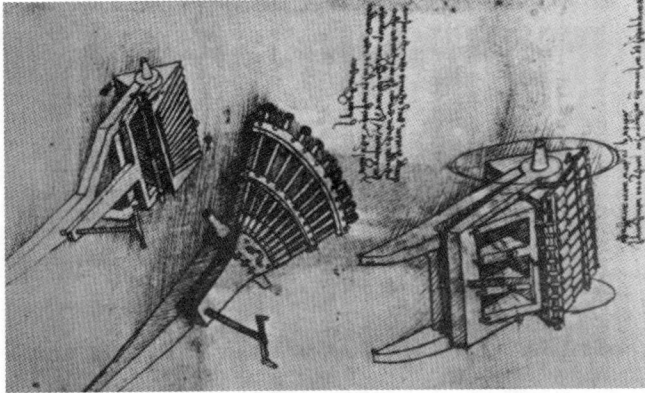

图1.5　达·芬奇设计的多炮管火炮的草图

达达尼尔炮(Dardanelles Gun)是一种重型攻坚武器,炮身为铜铸,重量超过18t,完全组装好后长度达5m。"超级大炮"并不是现代人的设想,其历史可追溯到工业革命后的某个时期。固体炮弹重量超过400kg,可轻松打穿1m厚的墙壁,有效射程接近1km。达·芬奇在他的著作中还提出了迫击炮的工作原理,即炮弹不能穿透障碍物时采用抛物线弹道绕过障碍物实施毁伤,图1.6所示为他最先设计的两幅迫击炮的手绘图,它们既可发射单独弹丸也可发射霰弹。需要指出的是,其中一种迫击炮还带有射程/射角的控制装置和简单的瞄准装置。

圣·乔治行会(1668年更名为"光荣炮兵连")中一些有经验的炮手对火炮的发展也曾做出贡献。黑火药的性能会因原料粒度、混合方式和原料配比等因素的影响而发生变化。9世纪时中国人将等质量的硫磺、木炭和硝酸钠(硝酸钾)均匀混合,成功地得到了黑火药。与火炮性能相关的小颗粒粉尘状物质可在室外通过研磨装置制得,黑火药的各成分均应分别研磨,若混在一起研磨时会燃烧并产生严重后果,最早的黑火药就是这样被中国人发现的。玉米粉末加工工艺的发展降低了发生粉尘爆炸的概率,将磨细的原料粉末与水混合后制成糊状物,再摊开并烘干得到饼状物,这种饼状物很容易裂成小药粒(直径1~2mm),方便携带或使用。

由于炮手操作火炮的熟练程度直接决定火炮的杀伤力,因此必须提高火炮的操作性才能适应战争的需求。Petardier 发明了一种带有延时引线的火药桶，在攻城时他将火药桶斜靠在城门上，点燃引线后迅速撤离。如果引线出现质量问题就会导致其燃速过快，当人员并未撤离至安全距离时引爆火药，从而导致伤亡。

图 1.6　达·芬奇设计的迫击炮

　　最早需要由火药引爆的爆炸装置是一个带有引线的装有黑火药的容器，通过黑火药点火引燃。操作这种装置同样具有较高的危险性，因此并未得到广泛应用。

1.3.1　步枪(滑膛枪)

　　此后，黑火药发射系统逐步转变为一种单兵作战武器——步枪。早期的步枪是从枪口装填弹药的，采用无膛线枪管。黑火药通过牛角状的装药工具注入枪管内，放入棉花防止粉末飞溅，用推药杆压实，然后放入弹丸。装填弹丸时应用力将弹丸挤入合适位置，以防枪口朝下时弹丸滚出。枪管内的发射火药由装有少量黑火药的外置点火具通过点火孔引燃，点火孔还有泄压的作用，防止在燃气推动弹丸做功过程中枪膛内压力过高而发生事故。

　　步枪尾部排出的气体温度很高，会灼伤射手，一些射程较远的重型步枪往往需要固定在一个支架上才能正常射击。点火装置主要有以下几种：最早的为点火绳，随后出现了燧石发火装置，使用打火石撞击产生的火花点火。图 1.7 所示是典型的燧石发火装置和转轮发火装置。

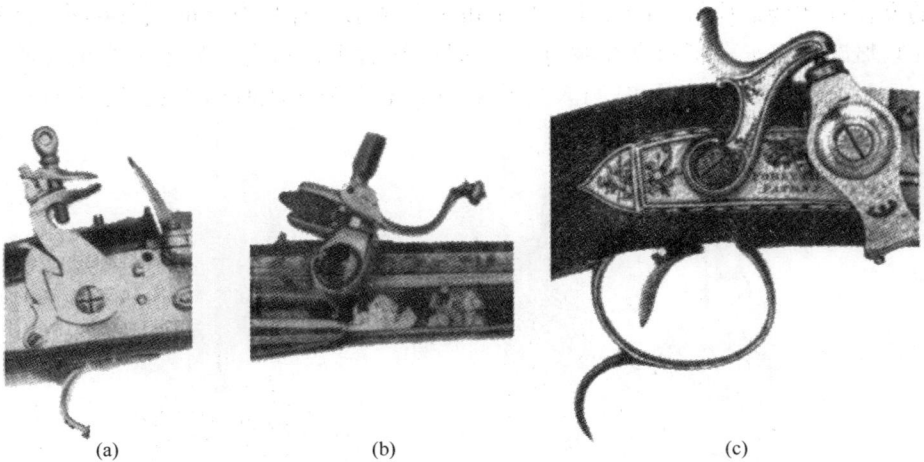

图 1.7　步枪中的点火装置
（a）早期的燧石发火装置；（b）转轮发火装置；（c）早期的撞针发火装置。

　　如果点火具中的点火药并未成功点燃主装药,则点火失败,需要重新装填火药。1805 年一位名叫 Alexander Forsyth 的牧师对步枪的点火系统进行了改进,他选用感度较低的雷酸汞装填点火金属药具（图 1.7(c)）,通过机械撞击产生的能量引爆雷酸汞,随后点燃位于枪管后方的发射药装药。该系统可明显减小弹丸发射过程中从扳动扳机到弹丸射出的时间间隔,有效控制点火孔的排气量,提高燃气对弹丸的做功能力,增加射程。但同时弹丸射出枪口的速度增大,根据动量守恒规律,后坐力也同时增大。

　　在这个时期,弹丸仍是实心的,弹丸内部不含任何爆炸物质。在生产过程中必须保证弹丸和枪管相配套,其中棉花填料的作用不容忽视。17 世纪英国内战后组建了一支效忠于国会的军队,间接地推动了步枪等轻武器的发展。1671 年政府在 Woolwich 购买土地并建立了兵工厂,到 1805 年发展成为皇家兵工厂。皇家兵工厂还生产庆典用焰火,在庆典中还会演奏巴洛克时期英国著名作曲家韩德尔的代表作《焰火音乐》。

　　燧石枪是 1746 年 Culloden 战役中英格兰军队讨伐苏格兰叛军时使用的武器,其威力与黑火药步枪相当,使用直径约 20mm 的实心弹丸,熟练射手的有效杀伤距离达 100m,齐射时可对敌方部队前排使用冷兵器的士兵构成巨大威胁。那时的盾牌通常是由金属薄壳加上木质手柄制成,防御能力有限,实验证明步枪子弹可以轻松地将这种盾牌和盾牌后的两个前后站立的士兵一同打穿。

1759 年前,条例委员会并不制造黑火药,他们使用东印度公司供应的由法国兵工厂生产的黑火药。这家位于法国巴黎的兵工厂的管理者是提出燃烧理论的法国化学家 Antoine Lavoisier,他认为控制好生产过程中的各个环节不出问题是确保产品质量稳定的重要因素,因此法国产的黑火药在欧洲广受欢迎。1759 年条例委员会收购了 Faversham Kent 工厂,该厂在 1781 年发生爆炸,随后条例委员会于 1787 年收购 Waltham Abbey 工厂。这时另一位牧师 Bishop Watson 在密闭容器中对木头进行蒸馏后得到木炭,这种优质木炭使黑火药的性能得到进一步提高。Waltham Abbey 工厂在 1843 年也发生爆炸事故导致多人死亡,惨痛的事故教训也促使火药行业的发展,很快就出现了黑火药的替代产品——硝化棉。此外,火药工厂的安全问题也得到足够的重视。

1.3.2　火箭技术

在战斗中一些士兵在火箭的箭头上安装利刃,攻击远处的敌军。一般来讲火箭的射程大于步枪,这样就可以最大程度地避免敌军步枪对自己的伤害。但是,黑火药燃烧过程不稳定,火箭的准确度也难以保证,常用解决方法是在火箭箭身的前半部安装一个实心木棒改变火箭的质心位置,但这样会增加载荷,使火箭的射程降低。大多数火箭沿螺旋轨道飞行。18 世纪发生在印度 Guntar 的战争中印度人使用联排火箭,使装备精良的英国步兵损失惨重,火箭划过空气时发出的声响也使英国人感到不寒而栗。

1799 年 Seringapatam 战役后,Congreve 将带有爆炸物的火箭的射程增加到 3500m,这种新型武器在 1806 年使法国 Boulogne 舰队遭受重创,多数舰船被摧毁,港口的航道被堵塞。在 Copenhagen 和 Walcheren 战役中也上演了相似的一幕。火箭系统中存在的某些缺陷并不影响其使用效果,因为目标个体巨大且分布集中,即使火箭偏离预定轨道,仍可命中其他目标。1813 年 Leipzig 战役中火箭首次装备军队使用。直到 1865 年英国军队才开始使用 Congreve 火箭,与此同时 Boxter 又研制出更先进的火箭。1845 年 Hale 发明了尾翼稳定火箭,进一步提高了火箭飞行过程的稳定性,减少了火箭的载荷。

1.4　战　斗　部

手榴弹是最简单的战斗部,它是盛有黑火药装药的木质或金属容器,有些手榴弹内还装有金属小球和一定长度的点火线(最初是缓燃引信)。当敌对双方发生近距离冲突时,手榴弹兵点燃手榴弹引线冲向敌阵同时用力将手榴弹掷向敌方,投掷者有时也借助旧时的射石机械将手榴弹投得更远一些。手榴弹兵通常站在队列的右边,非常容易被敌军发现,敌军的长枪手也经常集中火力向手榴弹兵射击。

当时发生的两个重大事件对枪和火箭的发展产生深远影响。Shrapnel 上校设计了一种炸弹,它是一个铸铁空球容器,里面装填金属步枪弹丸和黑火药,装填孔部塞有烟火药延迟装置,由黑火药点火,如图 1.8 所示。

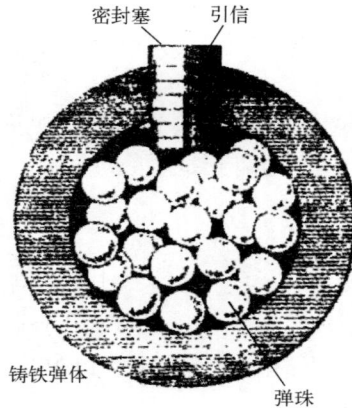

图 1.8　Shrapnel 设计的炸弹

该装置最初的工作原理是铸铁容器内部的燃气将装填孔冲开,金属弹丸由装填孔出射,达到霰弹枪的效果,后来铸铁容器逐渐变薄为金属壳体,在内部压力骤增时被炸成金属碎片,与内部的金属弹丸一起向各个方向快速飞去。若延迟装置设计得当,使装有黑火药和金属弹丸的壳体适时点火,到达敌军附近时即刻爆炸,金属壳体破片和弹丸会重创敌军。射弹在炮管中开始点火延迟操作的过程与现代大型霰弹枪非常相似,现代榴霰弹使用战斗部破片对目标进行毁伤。

Congreve 将与之类似的战斗部应用在他的火箭上,如图 1.9 所示。这种设计的优点在于延时引信在火箭发动机的一端,尽可能减少安装延期引信对推进剂气体压强的影响,如果引信设计不合理将会导致战斗部提前被引爆。该技术仍不成熟,但为炸药领域的研究指出了方向。非稳态火箭技术逐渐被有膛线枪管技术的发展所取代,直到第二次世界大战时才有所改变,此时反坦克火箭弹被步兵和航空兵大量使用,这种火箭弹内装填双基推进剂,飞行时靠尾翼保持飞行姿态,在此基础上还出现了各种空空武器、空地武器以及地空防御武器等。Naval Maroons 是现代版的 Congreve 武器系统。

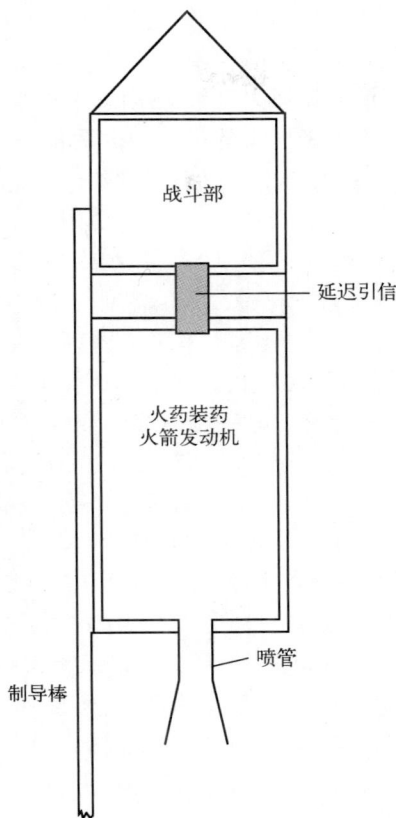

图 1.9　Congreve 发明的有战斗部的火箭

1.5　炸 药 科 学

枪、炮和火箭技术发展的同时化学科学也在不断发展,并且在某些领域取得突破性进展。点石成金是所有炼金术士的梦想,但随着时代的进步,人们更加关注身边物体的变化过程、变化规律及发生变化的原因。在相当长的时期内人们通过简单的工艺冶炼金属,随后又将目光转至非金属材料,硫酸、盐酸、硝酸等强酸出现后,人们又大量研究了强酸与其他物质所发生的各类化学反应。

17 世纪德国人 Kunckel 最早开展了有关炸药方面的研究,他在研究水银与硝酸在酒精中反应时得到了一种性能独特的白色粉末,这种白色粉末在受到外界轻微的力的作用后即发生爆炸,出于安全的考虑 Kunckel 终止了该实验。事实上这种粉末是雷汞,即异氰酸酯汞盐。

Woulff 随后通过提炼煤焦油得到苯酚,将苯酚与硝酸反应后得到另一种含能化合物——苦味酸(2,4,6-三硝基苯酚)。苦味酸在纯度不高或与其他金属接触时极易发生爆炸,在玻璃器皿大规模应用以前,实验室内进行合成工作时大都采用铅制容器,这样可能带来极大的危险。此后的一百多年中苦味酸逐步淡出人们的视野。第一次世界大战前,人们曾经尝试使用苦味酸作为主要军用含能材料,但因为安全问题仍得不到有效解决,才使用另一种与其结构相近的化合物——TNT。目前,苦味酸铅主要用于火工品药剂中。

19 世纪早期,化学科学得到迅速发展。人们通过硝酸和纤维素反应成功得到硝化棉,在接下来的 10 年中主要针对其反应机理开展了系统研究,随后 20 年内,硝化棉逐步取代黑火药用于枪炮发射药中,因为黑火药能量较低、操作危险性大、使用过程中产生较多烟雾。有一幅著名的油画真实再现了 1815 年滑铁卢战役中的一个场景,可以看到战场上到处充斥着枪炮发射后所冒出的黑色烟雾。

意大利人 Ascanio Sobrero 在合成硝化棉的基础上,将硝酸与甘油反应制得硝化甘油,他和他的学生们在合成硝化甘油的过程中发生过几次事故,因此他终止了此项研究。与此同时,土木工程师在挖掘隧道时发现黑火药的威力十分有限,难以炸开坚硬的花岗岩,急需一种更大威力的炸药爆破岩石,最大程度地减少人工作业,满足实际需求。非军事应用背景需求首次推动了炸药技术的发展,人们很快发现硝化甘油是一种威力极大的炸药,可以炸开最坚硬的岩石。但硝化甘油本身极具威险性,接二连三的事故促使人们寻求一种较为安全的解决方案,减少伤亡。Immanuel Nobel 和他的儿子 Alfred Nobel 在 Helenebourg 开了一家工厂,专门生产民用烈性炸药硝化甘油,但工厂很快被炸毁。硝化甘油在应用中面临以下两个问题:

(1)硝化甘油非常容易被意外引爆;

(2)硝化甘油直接注入凿孔中后威力降低。

第一个问题出现在 1864 年,Nobel 父子的工厂发生爆炸事故而被炸毁。在解决第一个问题的过程中出现了第二个问题,硝化甘油是液体,注入凿孔后可能出现渗漏,使用效果受到影响。Nobel 父子通过大量实验找到了一种用于吸附硝化甘油的硅藻土,硝化甘油经过这种硅藻土吸附后仍可保持原有的爆炸特性,但使用时的危险性大大降低,这就是硅藻土炸药。硅藻土炸药具有良好的安全性,但不易起爆。1865 年,他们借鉴了 Kunckel 的研究成果,将雷酸汞装入铜管中成功起爆了硅藻土炸药,由此诞生了世界上第一个炸药起爆装置。

Nobel 父子还发现硝化甘油和硝化棉混合后生成一种胶状物质,这种物质感度很低,在工程应用中表现出十分优异的性能,该物质可浇注成胶质炸药。19世纪 60 年代起含硝化甘油的火药开始取代黑火药作为枪炮发射药装药。随着

12

工程技术的发展,枪(炮)管尾部加装了开合装置,枪炮由前装式逐步发展为后装式。随着转轮发射系统的不断完善,火炮的性能得到进一步提高。

Nobel 父子研究硝化甘油的同时,Wilbrand 研究了碳氢化合物与硝酸硫酸混合物的化合反应,重点研究了甲苯与硝酸的反应并得到三硝基甲苯(TNT)。TNT 是一种非常重要的含能材料,TNT 在热水中成为液体 TNT,倒入模具冷却后可制成各种形状。但 TNT 容易出现微小裂缝,这是大家公认的观点。TNT 的另一个优点是它的安全性非常好,不易被意外起爆。随着对 TNT 认识的逐步深入人们意识到 TNT 具有毒性,当 TNT 被加热至熔点时可以看到有蒸气冒出,在 20世纪初期不少人因为吸入过量 TNT 蒸气而导致死亡。生产 TNT 的工厂在净化工艺中产生的红色废水对环境也将造成污染。废水中遗留的 TNT 很难被分解,一般细菌在溶液中最多可以分解 200ppm 的 TNT,远低于红色废水中硝基甲苯的水平。

20 世纪以来出现了多种性能优异的新型含能材料,其中叠氮化铅逐步取代雷酸汞作为火工品装药,太安(PETN,季戊四醇四硝酸酯)用作高能炸药的起爆药。两次世界大战中,化学工业技术水平发展迅速,多种新型含能化合物用于炸药中并取得良好效果,尤其是 TNT。1914 年世界上 TNT 的年产量约为 100t,到1917 年则增长到 75 万 t。在第一次世界大战期间还合成出了高能炸药 RDX 和HMX。第二次世界大战中,出现了含硝化棉推进剂的火箭,其中即包括地面武器,如德国六联火箭炮,还包括空地穿甲弹等,同时还出现了单兵肩扛火箭弹系统。第二次世界大战后,一些安全性较高的炸药在民用领域如采石行业、土建行业得到广泛应用。

使用爆炸物爆破是拆除建筑的一种最快捷的方式,工程师将胶质炸药贮存在特制的容器内,再选择合适的方式引爆。在民用领域经常用到的炸药是硝酸铵(AN),其优点是价格低廉,因为硝酸铵还是一种常用的化肥,所以每年的年产量很高。铵油炸药在 100 多年前已出现,最早是硝酸铵与柴油或其他类似可燃燃料的混合物,20 世纪中后期人们在铵油炸药的基础上制得了乳化炸药、浆状炸药和凝胶炸药。浆状炸药和凝胶炸药通常装在不同大小的塑料管中,在使用时直接插入爆破凿洞中即可,还可根据需要决定装药容器的大小以及用量,非常便于在采石采矿行业内使用。

这里并不是说 AN 不可用作炸药,而是 AN 需要在特定的场合和合理的起爆方式下起爆。发生在德国 Oppau 的一起事故发人深省,在一次对 AN 炸药装药的操作中发生爆炸事故,爆炸威力巨大,波及周围几英里的地方。

更高的能量和更好的安全性是含能材料发展永恒的主题,在本书后续章节中提及的各种新型含能材料都具备这样的特点。设计弹药时需要尽可能降低弹药被意外触发起爆的概率，还需弹药战斗部能够适时起爆，设计钝感弹药更应考虑此问题。因此在炸药装药外往往包有一层塑料壳体，降低炸药被意外起爆的概率。RDX与TNT混合浇注后可降低RDX的感度，由于RDX吸湿的影响，TNT的极限含量为25%，在生产过程中还需驱除空气。另一个问题是TNT中氧元素不足导致混合物性能下降。浇注RDX/聚合物黏结剂炸药中RDX含量可达90%，使用含能黏结剂可将能量损失减少，有关问题将在以后的章节中详细介绍。聚合物的"原位"制造技术并不是不存在问题，包括副反应的发生、交联剂如异氰酸酯的毒性等。

由于环境问题凸显，发展绿色含能材料技术逐步成为行业内的热点问题，寻求重金属盐类的替代物、减少重金属盐使用是解决该问题的主要途径之一。NTO是20世纪初期合成的一种新型含能化合物，目前处于应用研究阶段。NTO的综合性能与RDX相近，感度低于RDX，易于提纯，易溶于水，毒性比TNT和RDX低几个数量级，动物中毒量每千克体重约为10g，NTO还易于被细菌降解。后续章节将对其他新型含能化合物逐个介绍。

参 考 书 目

[1] Brown, G.I. (1998). *The Big Bang: a History of Explosives*, Sutton Publishing Stroud, U.K., ISBN 0 7509 1878 0.

[2] Bowen, D. (1977). *Encyclopaedia of War Machines*, Octopus Books, London, ISBN 0-7064-0648-6.

[3] Martin, F.W. (1990). *The First Golden Age of Rocketry*, Smithsonian Institute Press, Washington, ISBN 0-87474-987-5.

[4] Kelly, J. (2005). *Gunpowder*, Basic Books, NY, ISBN 0-465-03718-6.

[5] McDonald, G.W. (2010). *Historical Papers on Modern Explosives*, L.A. Verne, TN USA.

[6] Boddu, V. and Redmner, P. (eds) (2010). *Energetic Materials*, CRC press (Taylor and Francis), ISBN 978-1-4398-3513-5.

[7] Pollitzer, P. and Murray, J.S. (eds) (2003). *Energetic Materials*, Part 1 Decomposition Crystal and Molecular properties; Part 2 Detonation and Combustion, Elsevier, Amsterdam, NL.

[8] Klapotke, T.M. (ed.) (2007). *High Energy Density Materials*, Ser Ed D.M. P. Mingos, Springer, Berlin, ISBN 978-3-540-72201-4.

[9] Marinkas, P.L. (ed.) (1996). *Organic Energetic Materials*, Naval Science Publishing Inc, NY, ISBN 1-56072-201-0.

[10] Kaplotke, T.M. (2012). *Chemistry of High Energy Materials*, De Gruyter, Berlin, ISBN 978-3-11-027358-8.

[11] Bailey, A. and Murray, S.G. (1989). *Explosives Propellants and Pyrotechnics*, 2nd edn, Brassey's, London, ISBN 0 08 036249 4.

[12] Akhavan, J. (1988). *Explosives*, 2 edn, RSC, London.

[13] Russell, M.S. (2009). *The Chemistry of Fireworks*, 2nd edn, Royal Society of Chemistry, Cambridge, 978-0-85404-127-5; Kosanke, K., Kosanke, B., Sturmer, B. *et al.* (2004) *Pyrotechnic Chemistry*, J Pyrotechnics Inc., + 1-970-245-0092.

[14] Myler, R., Kohler, J. and Humbive, A. (2002). *Explosives*, 5th edn, Wiley VCH, Weinheim, ISBN 3-527-30267-0.

[15] Shidlovsky, A.A. (1997). *Fundamentals of Pyrotechnics*, Trans from Russian, ISBN 0-929931-13-0.

[16] Asay, B.W. (ed.) (2010). *Shock Wave Science and Technology Reference Library*, vol. **5** Non Shock Initiation of Explosives, Springer Verlag, Berlin, ISBN 978-3-540-87952-7.

[17] Agrawal, J.P. and Hodgson, R.D. (2007). *Organic Chemistry of Explosives*, Wiley, Chichester, UK, ISBN 978-0-470-02967-1.

[18] Olah, G.A. and Squire, D.R. (ed.) (1991). *Chemistry of Energetic Materials*, Academic Press, NY, ISBN 0-12-525440-7.

第 2 章　激光起爆回顾

2.1　引　言

20 世纪 60 年代初期,当激光器出现以后,人们便开始尝试应用激光的能量取代电热丝对含能材料起爆。激光的能量很高,且容易被聚集在一个很小的区域内,因此大功率激光器发出的激光可轻易切割金属。大多数激光的波长在红光到红外段,该范围的激光具有良好的热效应,可使固体推进剂迅速点火燃烧。从激光拉曼散射中可看出,点火过程中温度升至可引燃含能材料的标准是激光波长越接近分子振动频率时分子振动中吸收的能量越高,非弹性散射就越强。

随后开展了用激光直接对感度较低的二代炸药起爆的实验,实验系统示意图见图 2.1。由于对感度较高的炸药并未进行实验,所以实验的危险性大大降低。

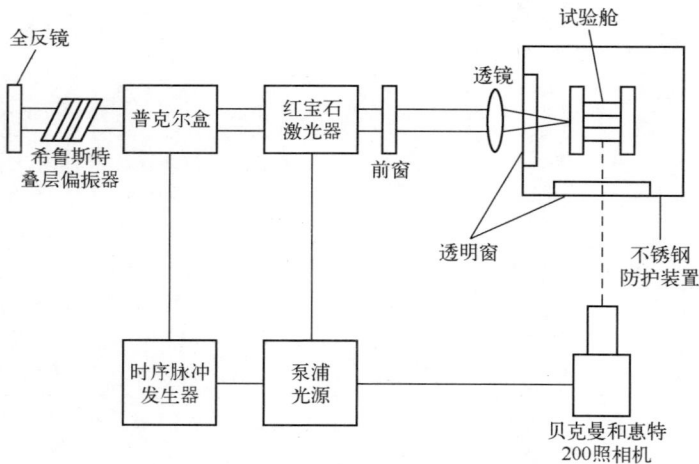

图 2.1　最早的研究二代猛炸药激光起爆装置的结构示意图

20 世纪 90 年代初期美国军队尝试用激光对野战火炮点火,选用波长为

1.05μm 的钕玻璃激光器,这种激光器具有体积小、结实耐用、寿命长、价格适中等特点。激光的单色性较好,可通过高纯硅光纤传输,传输过程中损耗极低。光纤中的分光系统可将一束激光分为多束,同时对多个样品进行点火,进一步优化实验过程。激光通过光纤传输可实现多个样品同步点火,在爆破作业中非常适用。21 世纪初已建立应用激光实现点火过程的火炮的原理样机,后续工作仍在进行中,实验装置的原型是 Crusader SPH XM2001 自行 155mm 榴弹炮,在其模块装药中引入激光点火系统。这种榴弹炮机动性较差,开展实验的目的是掌握和调试激光点火系统的各项性能指标,以期在其他轻型 155mm 火炮中得到应用。

　　激光起爆系统还可以用于起爆冲击片雷管,有关冲击片雷管的结构原理示意图见本书第 7 章的图 7.23。高能激光束照射桥箔后,桥箔上的金属瞬间蒸发,由此产生的等离子体迅速膨胀,使由聚合物材料制成的爆炸箔破裂并产生具有一定动能的飞片,飞片经加速膛加速后高速撞击猛炸药(通常是 HNS),当能量超过猛炸药的冲击起爆临界值时激起猛炸药爆轰。冲击片雷管主要用于导弹的战斗部,它可靠性好,危险性低,价格相对较低。但它在常规爆炸装置中并不适用,因为使桥箔上铜片温度迅速蒸发需要极高的能量,普通的电热丝点火装置并不能满足要求。

　　另一类激光点火系统基于光化学原理,200~600nm 范围内的高能光子可以将分子化学键中的电子激发至导带或电离态,在此过程中化学键断裂,分子分解为各种活性组分,所有过程历时很短,释放出巨大能量使材料点火燃烧。光化学法点火的最小点火能量阈值低于热传导法,光化学法要求光子能和能带间隙相同,此时每一个吸收光子激发一个分子,多个能量较低的光子也可能共同激发一个分子。被吸收的光子数目增多会增加激发态能级的数量,分散了吸收能量,因此发生反应的可能性减小。采用光化学催化的方法可提高反应效率。

2.2　起爆过程

　　近年来各国在含能材料激光点火和起爆方面开展了多项研究工作,重点对点火过程进行广泛而深入研究。多数学者认为点火过程遵循非均质传热理论,称为热点理论,由 Bowden 和 Yoffe[1] 提出,他们应用该理论研究和分析了多种物质的点火过程。他们认为,在点火时存在一个大约 0.1μm 的热点,热点的温度约为 700K 甚至更高,最小持续时间约 10μs,他们还发现热点的大小、温度和时间间隔等参数间存在一定的联系,如表 2.1 所列。

表 2.1　临界热点参数

炸 药 名 称	临界温度/K(℃)		
	热点半径×10⁻²	热点半径×10⁻³	热点半径×10⁻⁴
PETN	623(350)	713(440)	833(560)
RDX	(385)	(485)	893(620)
Tetryl	698(425)	(570)	1086(813)

类似热点的点随时存在,但只有达到表 2.1 所列的临界条件后才可形成热点,继而点火燃烧,研究人员同时确认明火可以使炸药点火燃烧。在后续研究中还出现过含能材料被数字摄像机发出的电火花起爆的实例,具体内容详见本书讨论新型雷管的章节。一般来讲,激光波长一定时材料对激光能量的吸收率保持不变,吸收的能量足够大时发生点火甚至爆轰现象。

图 2.2 列举了两种起爆炸药的途径。第一种是光线直接照射在目标物表面引发自燃,随着燃速增大,发生爆燃,最后发生爆轰。

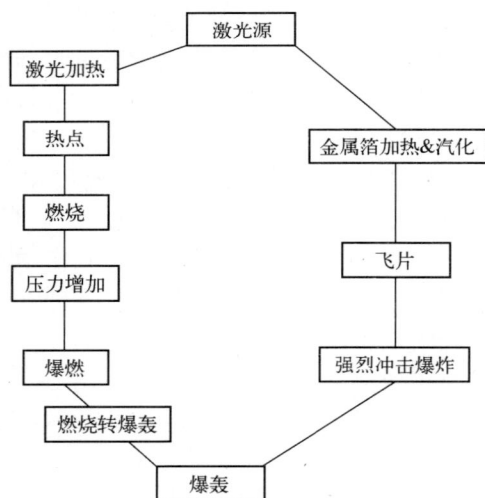

图 2.2　含能材料激光点火起爆的两种机理

激光技术作为科学研究的重要手段在近些年来发展迅速。早期的激光点火起爆工作开展得并不系统,只是针对机理方面做了部分研究[2,3]。通过研究发现放电管发出的高亮度光可以引爆感度较低的一代含能材料[4,5],但不能引爆二代含能材料。研究还表明激光照射可使大多数不同感度的含能材料点火燃烧,对于感度较高的材料还可直接发生爆轰,而不经过燃烧转爆轰过程。后来的研究表明,激光点火过程中存在点火延迟时间的原因是在这段时间内含能材料发生了类似 SDT 或 DDT 的反应[6],点火延迟时间随激光辐射强度增大而减小。

人们建立了很多模型来说明激光点火的微观机理,如发生电击穿产生冲击波假设等。其中一种说法是光子撞击炸药表面,使热能转化为冲击波。有关燃烧和燃烧转爆轰的发生机理研究最早开始于第二次世界大战末期[7-9],将在以后章节中介绍。图 2.2 中所示的途径二中,高能激光通过光纤传播后照在桥箔上,桥箔上的金属瞬间蒸发,由此产生的等离子体迅速膨胀,使由聚合物材料制成的爆炸箔破裂产生具有一定动能的飞片,飞片经加速膛加速后高速撞击猛炸药,此类 SDT 机理[10,11]将在后续章节中讨论。

应用光脉冲具有很多优点,主要是光在光纤中传播时受环境因素如温度、压力、电磁辐射等影响较小。使用该方法是研究炸药起爆过程最有效、最安全的技术手段之一。

激光与物质相互作用还可用于研究爆炸反应中除了点火起爆外的其他过程,拉曼光谱通过激光对材料的热效应可确定初期热分解反应的分解产物以及爆燃过程,其他涉及不同波段的光谱技术[12-20]也可用于含能材料起爆过程机理研究。此外,激光光谱诊断技术如 CARS、PLIF 是研究含能材料燃烧过程的重要手段[21]。

2.3　激光直接照射起爆研究

目前在该领域内的不同方向均已开展研究工作,不同激光器产生的激光脉冲不同,含能材料的化学结构和性质也有所差异。文献[24-29]研究了推进剂、发射药和烟火药的激光点火规律,文献[30-36]研究了第一代炸药的激光点火规律,文献[37-43]则研究了第二代炸药的激光点火规律。这些文献涉及点火起爆过程的各个方面,主要包括以下几方面的内容。

2.3.1　激光功率

激光器功率大小是激光点火研究的首要因素,激光器输出功率越高,采购价格就越高,激光器系统的电功率越大。采用分光同步点火装置可有效提高系统的性价比,若现有的实验系统在操作性和使用性上有所改进,将有利于在行业内进一步推广使用,有助于降低生产成本。

一些研究发现激光点火阈值随激光脉冲的功率和能量增大而降低[35,44-46],多数人认为起爆过程与激光功率有关[34],Bowden 和 Yoffe 提出的热点理论可以很好地解释这个观点。从激光照射到材料表面到材料燃烧爆炸存在时间间隔[3,30,33,34,47-49],称为点火延迟时间。

第一代和第二代炸药点火时均发生延迟反应,当发生爆轰时必定存在延迟时间。激光功率密度增大,延迟时间减小。文献[34]报道了使用波长为 $694.3\mu m$ 的红宝石激光器,在调 Q 和非调 Q 两种情况下照射 $40\mu m\times200\mu m\times10\mu m$ 单晶叠氮化铅样品时点火延迟时间与激光脉冲能量的关系,激光脉冲参数可由激光器精确控制,当激光脉冲宽度和激光能量增大时延迟时间明显减小。实验时多数情况下会发生爆炸,但爆炸总是在激光照射在样品上并持续一小段时间后发生。含能材料的延迟时间随外界条件变化,但存在一个最低极限值[50],该效应可以看作是爆燃波的传播和完全爆轰,在这两种情况下可得出激光诱发爆燃或爆轰反应的机理,它由脉冲宽度决定[32,46,51]。

激光起爆具备一些特点:①决定起爆过程的是激光的功率大小而不是能量大小;②通过电子显微镜发现引发点火起爆的"热点"通常位于晶体材料的晶格缺陷处。因为一个完美的晶体对辐射是透明的,表明起爆过程中热机理起主导作用,能量被含能材料吸收。能量吸收的位置一般发生在晶格的缺陷处,常见的晶格缺陷包括裂缝、褶皱、位错等。假定电子跃迁能与激光能量相一致,这些缺陷造成的晶体内部的非均匀性可导致激光束的能量聚焦在某一点处,由此可得到其他的起爆机理[35]。

2.3.2 激光脉冲宽度

激光的输出可以是连续的,也可以脉冲的,脉冲时间可通过激光腔内的 Pockel 单元调节。文献[29,30,33,35,43,45,52,53]报道了不同波长下脉冲宽度与起爆阈值之间的关系,无论脉冲特性和材料辐射特性如何变化,起爆所需最小能量都随激光脉冲宽度增大而降低,这说明此类现象都与文献[35]提到的热机理有关。

确定什么时候发生反应十分重要,当能量较高时单个激光脉冲持续时间内即可发生爆炸反应[54],说明此时已经达到临界条件。这时测得的叠氮化铅的延迟时间与脉冲宽度有关,当脉冲时间为 $80ns\sim800\mu s$ 时会有 $0.1\sim1ms$ 的延迟。对于短脉冲存在一个临界能量阈值常数,脉冲持续时间较长时则为一种临界功率常数。有人将多脉冲与单脉冲的作用效果进行比较[30]后发现,多脉冲点火阈值是单脉冲的 2 倍以上。因此,一个完整的脉冲包括的内能必须和爆炸分解反应中相关反应的动力学参数相匹配。更深一步的因素如分子振动时产生的能量损耗等也是非常重要的,因为它们会对材料升至临界温度产生不利影响。

2.3.3 吸收中心

从不同分析光谱可预测材料吸收辐射能量的初步机理与结构中相应的化学

键有直接关系,该机理表明材料吸收能量后可能产生两种变化:一是直接由化学键电离出电子,比如 UV 光子;二是脱离特定化合键的热振动,该现象一般发生在红外区。该机理所描述的现象只有当激光波长经调谐后与化学键的键长高度吻合时才可发生,与之相对的是当吸收中心的大小为纳米或微米尺度时,将会在材料的晶格缺陷、裂纹和杂质处形成热点。因此,激光波长并不是必须与特定分子键能相匹配。

文献[3,4,30,34,55-58]报道了各种含能分子结构吸收中心的叠加作用,前期工作主要有叠氮化铅爆炸后生成中子和裂变碎片的放射性研究[4],因为并未观察到起爆过程,所以推断一般 10nm 大小的裂纹并不足以导致爆炸的发生。该现象可证明"热点"的最小尺度必须为微米级,与各种物质的晶格缺陷如点缺陷、褶皱、断层尺度大小相一致,人们往往认为爆炸反应在这些晶格缺陷区域发生[34,35],局部爆炸将引起更大范围的爆燃和爆轰反应。

2.3.4　压装密度

单晶中晶体的缺陷可导致晶体内部结构的多样性。大多数含能材料均是将粉体紧压成块或直接填充在金属容器中使用,在压制过程中只有少数情况下可达理论最大压装密度,未压实时颗粒间存在缝隙和晶体边界。潜在热点周围存在受热点和空穴,降低了温度和压强,使最终点火反应过程受到影响,因此爆炸样品的性能由试样制备工艺及设备决定。另外,含能材料具有压力敏感性,增加压装密度(减少空洞和孔隙)可降低激光诱发爆炸反应的敏感程度,文献[2,3,30,32,43,50,59-61]对该问题做了深入系统的研究。

含能材料压装后对其吸收电磁波能的规律也会产生影响。例如,粉体材料经紧压后其表面光泽及光滑度发生变化,因此对光的反射性也会发生变化,可降低光强度。增加压装时的压力可使压装密度接近单晶的密度,但其表面更加光滑,光反射性也会进一步增大,这与 IR 光谱实验中使用 KBr 片的原理类似。这样表面散射减少,点火阈值降低,抵消了用于平衡晶体缺陷而产生的阈值增大现象。由此看来表面粗糙度和光的波长是影响光反射的主要因素,光的波长越短影响也就越明显。

对含能材料的系统研究[50]发现,添加石墨后(石墨含量 5% ~ 10%)会使 PETN、HNS、HMX 的性能发生明显改变,尤其是压装密度。当 308nm 准分子激光照射时,起爆炸药发生爆炸的功率密度的变化量与压装密度有关。激光的最大功率低于 5GW·cm² 时 HNS 不能被起爆,光反射与波长和含能本身有关,作者推断一定波长激光的能量可使一些化学键断裂,但还需进一步研究。

2.3.5　装药容器的尺寸

炸药装药容器大小对反应过程也会产生一定影响,影响主要发生在起爆和传爆过程以前。对于一个引爆系统,冲击波反射减小了临界直径并加速流动的激震前沿直到最大爆速 V_{OD}。反射面越坚固,由反射面返回的冲击波能量百分比就越高。对于燃烧体系,一旦反应开始,所有高温气体反应生成物不能及时扩散从而大量聚集在燃烧表面,减少了热损耗,提高了燃烧表面的温度和压强,依据 Vielle 定律(详见第 6 章),燃速增大。

密闭条件主要分为三种形式:

(1)炸药加工为较厚的管状装药装填在铝制管状容器中时,PETN、RDX 和 HNS 将变得敏感一些[43],薄壁不锈钢管也会增加炸药的敏感性。

(2)厚圆柱状含能材料包裹在反应区周围构成自身或内部密闭的状态,文献[41,43]中提到起爆阈值与装药尺寸大小有关,入射光波长增大时该现象尤为明显。

(3)将炸药放在透明盖板下方[43,50,61],当表面发生反应时气体产物受到限制,但较深时盖板有最小效应[62]。另外,材料受光反应后的气体产物不再脱离材料表面而较难被点燃[63]。还可在炸药周围建立高压惰性气体气氛,炸药自身点火引起局部产生气体产物,通常外部压强较高时会降低点火阈值。如果外部气体增压对反应产生影响,反应过程将变得异常复杂。

由 Beer-Lambert 定律可说明压力对反应的影响,结果表明贯穿深度与吸收物体的密度成正比。一项研究表明[64],在 $1 \sim 3$ MPa 下,入射波长 $9 \sim 11 \mu m$ 时光照 RDX 即可使其爆炸,点火能量可根据具体条件计算,密闭压力较高时能量随吸收率增加而增大。密闭压力较低时存在一个阈值急速增大的区域,该区域大小不超过 $20 \mu m$,超过 $20 \mu m$ 时阈值的增加与密闭压力无关,这个现象不能由反应区在高压作用下被挤入更接近表面区域而导致点火阈值降低的理解来说明。即使波长在红外段,还是存在一个表面效应,上述讨论说明了必须合理选择入射波长,确保吸收深度必须适应气相产物和外界压力的不相关性。此外,更重要的一点是与短波长光波相比,穿透深度较短的长波长光波更为重要。

2.3.6　材料的老化

材料一般需要贮存很长时间,期间经历多个冷热交替,性能会发生一些变化,尤其是长时间存放过程中物理和化学性质将发生明显变化[65],该问题在含硝基的推进剂中尤为突出,因此不同推进剂都有不同的贮存期限。复合材料微观纤维结构随时间推移逐渐发生变化而导致材料老化,一些微晶在不断生长,但根本作用是材料内部孔洞的不断出现[28],最终变化结果体现为转移的能量逐渐增大,材料开始老化。比如叠氮化铅老化后变得钝感[30],这是由于化合物暴露在空气中与 CO_2 发生水解反应生成叠氮化合物和碳酸铅,这些反应降低了叠氮化铅的感度和爆炸性能。很多研究表明含能材料均存在类似的问题,具体将在后续章节中讨论。

2.3.7　激光诱导电响应

Aduev 等[48]研究了激光起爆的物理、化学效应,还指出激光照射叠氮化铅时其电导率也发生变化,他们用波长 $1.06\mu m$、30ps 的脉冲光照射流量计、光电探测器和声传感器,记录了 70ns 激光脉冲入射到晶体中成为电导体的过程,应用 50~70ns 的激光重复上述实验可观察到起爆药叠氮化铅的爆轰传播过程。因此,激光照射叠氮化铅可明显改变其内部化学键的结构激发出大量自由电子,使叠氮化铅变为导体。类似的电子能级重新排布现象又可诱发新的爆炸,其原因可能是叠氮粒子经光照激发产生自由电子(空穴)移动,导致邻近的叠氮离子和金属阳离子发生反应[67]。这个机理主要适用于邻近叠氮离子的非键轨道的重叠部分,金属阳离子轨道也适用,有利于受激电子转移过程。实验现象发生的次序问题仍在研究之中,因为电导率变化先于爆炸发生,红外脉冲附近的相关事件均被延迟。

2.4　激光驱动飞片起爆

起爆炸药的一种方法是使桥箔上的金属瞬间蒸发,由此产生的等离子体迅速膨胀,使由聚合物材料制成的爆炸箔破裂产生具有一定动能的飞片,飞片经加速膛加速后高速撞击炸药使其爆炸[68-75],这是"冲击片雷管"的基本原理。在飞片撞击目标中产生的波将使一个钝性震动跃迁进一个反应的爆轰波正面[11]。人们利用物理和化学的基本原理研究飞片对目标的撞击和冲击波已经有相当长时间[76],飞片撞击作用的大小由撞击片的物理性质决定,主要是撞击速度和平面等因素[77]。在多数有关飞片装填的研究中飞片一般有几毫米厚,产生几微秒的时间间隔,脉冲宽度取决于冲击波的渡越时间。

飞片直径一般为 50mm 或更大一些,这意味着侧向波很容易到达装填区域的中心,该过程只需几微秒。激光驱动的飞片一般有 $5\mu m$ 厚,直径 1mm 左右[74],因此标准装填脉冲只有大约 5ns 的持续时间,比它们的飞行时间短很多。点火脉冲使飞片后方产生热蒸发物质,在飞片飞行途中不断对它们加热,当飞行时间足够长时飞片熔化,因此飞片在没有其他热传导和消融现象发生时只能飞行数百微米远。

一般来讲,在小窗口或光纤端面沉积金属薄膜可得到金属薄片。激光脉冲透过透明窗照射沉积在上面的金属薄膜上使其蒸发并产生等离子体,玻璃或小窗口的材料也同样参与反应,它们决定整个系统的热传递过程并将保持等离子体区域均衡。窗口材料一般采用熔融石英,但也尝试过其他材料,其中多晶石英并不适用,聚乙烯在一些波长下可用[78]。飞片需要高熔点低密度的金属材料,钛和铝是从为数不多的候选材料中挑选出来的可以满足需要的金属材料,它们的性能接近,并通过了各种严苛的实验验证[71]。飞片生成后的初始速率达3000m/s,远高于枪弹炮弹的初始速率,但低于电子炮所能达到的5000m/s[64]。典型激光用于该系统时功率密度达 $1\sim20$GW·cm^2,其中只有35%的能量用于驱动飞片,其他能量由于多种原因目前未得到有效使用。

高能量密度和高能量损耗使得飞片后方的等离子区内的温度由于热传导作用骤然升高,飞片飞行时立即蒸发。实验发现铝制金属薄膜的最小厚度应为5μm左右,为适合高温条件,采用含热绝缘层的复合飞片并开展了相关的实验,筛选出两种效果较好的复合材料组合,分别是 $Mg/MgF_2/Cu$ 和 $Al/Al_2O_3/Al$[71,72]。等离子区存在时间越长,复合材料加宽衰减越慢,因为 Al_2O_3 作为性能优良的隔热材料,使片状 $Al/Al_2O_3/Al$ 得到最佳应用效果[71,78]。含 Al_2O_3 热绝缘层的飞片可产生明显的等离子区[77]。

光纤传输激光是一种先进的光能输送手段,目前存在激光输出耦合和激光能量对光纤的损耗等突出问题。激光是一种高能量密度光源,难免对光纤造成损害,采用较大直径光芯的光纤可有效避免激光对光纤的损害,光纤直径越小激光对光纤的损伤就越大,目前人们还在寻找更好的解决途径。飞片急剧加速,在两个脉宽时间内即可达到最大速率的90%左右[72]。使用激光点火是起爆含能材料的可靠途径,同时整个过程中不易受电噪声的影响[80],并且还是一种探索高能炸药反应机理的有效手段。

近期开展了一些有关反应机理的后续研究,主要针对不同样品在不同初始条件下的反应特性以及样品临界区域的其他性能等。另外,寻找在合适波长下低激光起爆阈值且对其他刺激不敏感的含能材料也是该方向上的热点问题,研究发现,一些过渡金属和重金属络合物具有较好的应用前景,在激光二极管的照射下体现出优异的性能,其中以钴铬合富氮基团如胺基、高氮杂环基团等材料最为突出[81-83],通常采用高氯酸铵和硝酸盐体系,在其他体系的应用目前仍在研究中,相关问题在后面有关起爆药的章节中将详细讨论。

2.5　小结和研究理论基础

在激光点火过程中样品上各点到光源的距离可能不同,但距离的微小不同不会对实验结果带来太大的误差,该过程主要影响因素是由于各束光线的不同光程差可能产生干涉现象,使激光强度分布发生改变。激光点燃含能材料存在一个特别的阈值随能量升高而降低。样品受到光照到被点燃发光的持续时间称为点火延迟时间,在这段时间里反应正在进行,点火延迟时间随光能量增大而减小,但不会降为零。

材料吸收光能的厚度与激光波长有关,遵循 Beer-Lambert 定律,即当一束平行单色光垂直通过某一均匀非散射的吸光物质时,其吸光度与吸光物质的浓度及吸收厚度成正比。短波长的光吸收厚度较大,与长波长光相比对表面条件的影响较少。高压条件下反应区会向表面移动,同时吸收热量温度升高反应速率也增大。脉冲宽度增加时能量阈值迅速降低,表明存在一个热点火过程。脉冲使光束中压强增大,导致化学反应过程释放能量,脉冲时间增加时更有利于维持这一过程。

当出现冲击波时冲击反应加速,热点雪崩式地被激活,符合 SDT 反应机理,即反应不能单独由光与材料相互作用的周围区域所决定。加入适当的添加剂加快产生热点的速度,依照入射激光的波长合理选择吸收率可降低点火或起爆阈值。该材料在激光辐射能够穿透的目标区域被吸收。

包覆在窗口或光纤一端的金属薄膜蒸发后高速运动,包覆剩余物质在表面产生等离子区。飞片的冲击可起爆炸药样品,飞片飞行过程中仍可被后面的高温等离子区蒸发,因此它们飞行的时间很短。包覆的金属材料一般采用一些热传导性差的材料(如铝),它们稳定性更高且蒸发率容易控制。从目前的研究结果来看,片状 $Al/Al_2O_3/Al$ 夹层结构的材料性能最佳且易于制备。

激光能量的转化过程要求必须在特定的波长、精确的脉宽、合理的耦合方式下进行,光束正面照射炸药样品的表面后才可能使其起爆。材料化学键结构尤为重要,它是研究材料热性能和力学性能的前提。晶体缺陷、杂质、添加剂可以改变材料电子能态和分布情况,使材料的起爆阈值受到影响。今后还要进一步丰富研究手段,从而对点火起爆的机理开展深入研究。

含能材料激光点火起爆研究的目的是减少武器装备或民用爆炸品在生产、运输、贮存过程中因意外点火爆燃的事故。从军事需求的角度分析,装置的设计标准不同,研究方法各异。推进剂和高能炸药在需要燃烧爆炸时需要保持对外部刺激的高敏感性,但还要坚决杜绝意外点火起爆。若不使用起爆药,安全性则大大提高。激光可作为高能量的传输载体取代起爆药。

如果激光器是一种廉价的二极管,那么将二极管直接粘在炸药上就意味着二极管的点火信号已经通过导线或无线电传输,这两者都显得杂乱无章。激光实现炸药远距离点火有两种途径,其中光纤传输相比传统的电导线具有更多的优势。在金属导体中电流会受到电磁场的影响,这足以使起爆药受到电流加热而发生意外起爆。

缠绕光纤不会对激光器系统带来任何影响,光线不能从外部进入光纤有两个原因。光纤的外部包裹有不透明的包层,即使包层脱落露出光芯,外部光纤也不会传入光芯中。在光纤内部光线通过全反射向前传播,其损耗比电导线小得多。入射到光纤端面的光并不能全部被光纤所传输,只是在某个角度范围内的入射光才可以,这个角度就是光纤的数值孔径,不同光纤的数值孔径也各不相同。光信号通过特定的装置反馈回光纤时需经过一系列的检测,更多的工作需要低值激光二极管和光纤来完成。

一个不寻常的微弱的激光起爆是由激光束直接冲击炸药表面,用激光束直接照射炸药表面也可起爆炸药,这个过程可能并不很明显,但激光作用于含包覆层的炸药时可先引燃包覆层,进而使炸药发生燃烧或爆炸。该方法仅使用激光照射致炸药发生反应,反应过程难以控制,当激光束中存在悬浮粒子时易发生明显的光散射,导致点火起爆反应难以进行。激光束聚焦于目标点时,一旦偏离目标(即使是 1mm)就可能导致实验失败。金属薄膜方法在本研究中具有一些优势,但仍有很多问题亟待解决,距离实际应用尚需时日。此外,应用激光过程中还需注意安全问题,避免激光误射入人眼或灼伤皮肤。

参 考 书 目

[1] Brish, A.A. (1969) On the Mechanism of initiation of condensed explosives by radiation of an optical Quantum Generator. *Fizika Goreniya i Vzryva*, **5**, 475–480.

[2] Yong, L., Nguyen, T., Waschl, J.A. (1995) Laser ignition of explosives, pyrotechnics and propellants: A review. Report DSTO-TR-0068, DSTO Aeronautical and Maritime Research Lab, Melbourne.

[3] Ilyushin, M.A. and Tselinskiy, I.V. (2000) Use of Laser initiation of power-intensive compounds in science and technology: A Review. *Zhurnal Prikladnoi Khimii*, **73**, 1233–1240.

[4] Bourne, N.K. (2001) On the laser ignition and initiation of explosives. *Proceedings of the Royal Society of London*, **A 457b**, 1401–1426.

[5] Bowden, M.D., Cheeseman, M., Knowles, S.L. and Drake, R.C. (2007) Laser initiation of energetic materials: a historical review. *Proceedings of SPIE*, **6662**, 666208.

[6] Kennedy, J.E. (2010) Spark and Laser Ignition, in: Asay, B.W. (ed.), *Shock Wave Science and Technology Reference Library*, vol. **5**, Non Shock Initiation of Explosives. Springer Verlag, Berlin, pp. 582–605.

[7] Golubev, V.K. (2012) Optical initiation of energetic materials: Recent scientific investigations and technical applications. NTREM Symposium Pardubice, Czech Rep.

参 考 文 献

[1] Bowden, F.P. and Yoffe, A.D. (1949) Hot spots and the initiation of explosion, in *Proc. Third Symp. on Combustion and Flame and Explosion Phenomena*, Williams & Wilkins, Baltimore, MD, pp. 551–560.

[2] Brish, A.A., Galeev, I.A., Zaitsev, B.N. *et al.* (1966) Laser- excited detonation of condensed explosives. *Combustion, Explosion, and Shock Waves*, **2**, 81–82.

[3] Brish, A.A., Galeev, I.A., Zaitsev, B.N. *et al.* (1969) Mechanism of initiation of condensed explosives by laser radiation. *Combustion, Explosion, and Shock Waves*, **5**, 326–328.

[4] Bowden, F.P. and Yoffe, A.D. (1952) *Initiation and Growth of Explosion in Liquids and Solids* (republ. 1985), Cambridge University Press.

[5] Bowden, F.P. and Yoffe, A.D. (1958) *Fast Reactions in Solids*, Butterworth, London.

[6] Paisley, D.L. (1989) Prompt detonation of secondary explosives by laser, in *Proc. Ninth Symposium (Int.) on Detonation*, Office of the Chief of Naval Research, Arlington, VA, pp. 1110–1117.

[7] Ubbelohde, A.R. (1949) Transition from deflagration to detonation: The physico-chemical aspects of stable detonation, in *Proc. Third Symp. on Combustion and Flame and Explosion Phenomena*, Williams & Wilkins, Baltimore, MD, pp. 566–571.

[8] Roth, J. (1951) Experiments on the transition from deflagration to detonation, in *Proc. First ONR Symp. on Detonation*, Office of Naval Research, Washington DC, pp. 57–70 (This article has been republished in 1987).

[9] Macek, A. (1959) Transition from deflagration to detonation in cast explosives. *Journal of Chemical Physics*, **31**, 162–167.

[10] Kendrew, E.L. and Whitbread, E.G. (1960) The transition from shock wave to detonation in 60/40 RDX/TNT, in *Proc. Third ONR Symposium on Detonation*, Office of Naval Research, Washington DC, pp. 574–583.

[11] Jacobs, S.J., Liddiard, T.P. Jr. and Drimmer, B.E. (1963) The shock-to-detonation transition in solid explosives, in *Proc. Ninth Symp. (Int.) on Combustion*, Academic Press, New York, NY, pp. 517–529.

[12] Avouris, P., Bethune, D.S., Lankard, J.R. *et al.* (1981) Time-resolved infrared spectral photography: Study of laser-initiated explosions in RN3. *Journal of Chemical Physics*, **74**, 2304–2312.

[13] Edwards, P., Weaver, D.P. and Campbell, D.H. (1987) Laser-induced fluorescence in high pressure solid propellant flames. *Applied Optics*, **26**, 3496–3509.

[14] Eloy, J.-F. and Delpuech, A. (1988) Experimental study of photon-phonon interactions in an explosive by laser probe mass spectrometry (LPMS-25), in Schmidt, S.C. and Holmes, N.C. (eds) *Shock Waves in Condensed Matter – 1987*, Elsevier, Amsterdam, NL, pp. 557–560.

[15] Leeuw, M.W., Rooijers, A.J.T. and Steen, A.C.v.d. (1989) Fast spectrographic analysis of laser initiated decomposition reactions in explosives, in *Proc. Ninth Symposium (Int.) on Detonation*, Office of the Chief of Naval Research, Arlington, VA, pp. 710–713.

[16] Nilsson, H. and Ostmark, H. (1989) Laser ignition of explosives: Raman spectroscopy of the ignition zone, in *Proc. Ninth Symposium (Int.) on Detonation*, Office of the Chief of Naval Research, Arlington, VA, pp. 1151–1161.

[17] Ostmark, H. and Nilsson, H. (1989) Laser ignition of explosives: A mass spectroscopic study of the pre-ignition reaction zone, in *Proc. Ninth Symposium (Int.) on Detonation*, Office of the Chief of Naval Research, Arlington, VA, pp. 162–171.

[18] Trott, W.M. and Renlund, A.M. (1989) Pulsed-laser-excited Raman spectra of shock- compressed TATB, in *Proc. Ninth Symposium (mt.) on Detonation*, Office of the Chief of Naval Research, Arlington, VA, pp. 153–161.

[19] Ostmark, H., Carison, M. and Ekvall, K. (1996) Concentration and temperature measurements in a laser-induced high explosive ignition zone. Part 1: LW spectroscopy measurements. *Combustion and Flame*, **105**, 381–390.

[20] Ostmark, H., Ekvall, K., Carlson, M., Bergman, H. and Pettersson, A. (1995) Laser ignition of explosives: A LW study of the RDX ignition zone, in Short, J.M. and Tasker, D.G. (eds) *Proc. 10th Int. Detonation Symposium*, Office of Naval Research, Arlington, VA, pp. 555–562.

[21] Andrews, J.R. and Netzer, D.W. (1976) Laser Schlieren for study of solid-propellant deflagration. *AIAA Journal*, **14**, 410–412.

[22] Asay, B.W., Laabs, G.W., Peterson, P.D. and Funk, D.J. (1996) Measurement of strain and temperature fields during dynamic shear of explosives, in Schmidt, S.C. and Tao, W.C. (eds) *Shock Compression of Condensed Matter 1995*, American Institute of Physics, Woodbury, NY, pp. 925–928.

[23] Asay, B.W., Laabs, G.W., Henson, B.F. and Funk, D.J. (1997) Speckle photography during dynamic impact of an energetic material using laser-induced fluorescence. *Journal of Applied Physics*, **82**, 1093–1099.

[24] Saito, T., Shimoda, M., Yamaya, T. and Iwama, A. (1991) Ignition of AP-based composite solid propellants containing nitramines exposed to CO_2 laser radiation at subatmospheric pressures. *Combustion and Flame*, **85**, 68–76.

[25] Ostmark, H. and Roman, N. (1993) Laser ignition of pyrotechnic mixtures: Ignition mechanisms. *Journal of Applied Physics*, **73**, 1993–2003.

[26] Haas, Y., ben Eliahu, Y. and Weiner, S. (1994) Infrared laser-induced decomposition of GAP. *Combustion and Flame*, **96**, 212–220.

[27] Haas, Y. and Ben-Eliahu, Y. (1996) Pulsed laser induced decomposition of energetic polymers: Comparison of ultraviolet (355 nm) and infrared (9.3 jim) initiation. *Propellants, Explosives, Pyrotechnics*, **21**, 258–265.

[28] Ulas, A. and Kuo, K.K. (1997) Effect of aging in ignition delay times of a composite solid propellant under CO_2 laser heating. *Combustion Science and Technology*, **127**, 319–331.

[29] Radenac, E., Gilard, P. and Roux, M. (1998) Laser diode ignition of the combustion of pyrotechnic mixtures: Experimental study of the ignition of Zr/Cl04 and ZrIPbCrO4, in *Proc. 29th Int. Ann. Conf of ICT: Energetic Materials Production, Processing and Characterization*, Fraunhofer Institut für Chemische Technologie, Karlsruhe, Germany, pp. paper 40.

[30] Aleksandrov, E.I. and Voznyuk, A.G. (1978) Initiation of lead azide with laser radiation. *Combust. Explos. Shock Waves*, **14**, 480–484.

[31] Aleksandrov, E.K. and Tsipilev, V.P. (1981) Dimensional effect in the initiation of compressed lead azide by single-pulse laser radiation. *Combustion, Explosion, and Shock Waves*, **17**, 550–553.

[32] Aleksandrov, E.I. and Tsipilev, V.P. (1982a) Effect of pressing pressure on the sensitivity of lead azide to the action of laser radiation. *Combustion, Explosion, and Shock Waves*, **18**, 215–218.

[33] Aleksandrov, E.I. and Tsipilev, V.P. (1984) Effect of the pulse length on the sensitivity of lead azide to laser radiation. *Combustion, Explosion, and Shock Waves*, **20**, 690–694.

[34] Hagan, J.T. and Chaudhri, M.M. (1981) Low energy laser initiation of β lead azide. *Journal of Materials Science*, **16**, 2457–2466.

[35] Hagan, J.T. and Chaudhri, M.M. (1983) Low energy laser initiation of single crystals of b-lead azide. 7th Symp. (Inti) on Detonation, pp. 735–744.

[36] Kawakaki, M., Hada, H. and Uchida, H. (1986) Transfer of photoelectrons and photoholes through AgBr/AgCl interface, and relative locations of the energy bands. *Journal of Applied Physics*, **60**, 3945–3953.

[37] Botcher, T.R., Ladouceur, H.D. and Russell, T.P. (1998) Pressure dependent laser induced decomposition of RDX, in Schmidt, S.C., Dandekar, D.P. and Forbes, J.W. (eds) *Shock Compression of Condensed Matter – 1997*, American Institute of Physics, Woodbury, NY, pp. 989–992.

[38] Bykhalo, A.I., Zhuzhukalo, E.V., Kovalskii, N.G. *et al.* (1985) Initiation of PETN by high-power laser radiation. *Combustion, Explosion, and Shock Waves*, **21**, 481–483.

[39] Castille, C., Germain, E. and Belmas, R. (1992) Origine physique des points chauds dans les compositions explosives pressées au TATB. *Propellants, Explosives, Pyrotechnics*, **17**, 249–253.

[40] Harrach, R.J. (1976) Estimates on the ignition of high explosives by laser pulses. *Journal of Applied Physics*, **47**, 2473–2482.

[41] Ng, W.L., Field, J.E. and Hauser, H.M. (1986) Thermal, fracture, and laser-induced decomposition of pentaerythritol tetranitrate. *Journal of Applied Physics*, **59**, 3945–3952.

[42] Ramaswamy, A.L. and Field, J.E. (1996) Laser-induced ignition of single crystals of the secondary explosive cyclomethylene trinitramine. *Journal of Applied Physics*, **79**, 3842–3847.

[43] Renlund, A.M., Stanton, P.L. and Trott, W.M. (1989) Laser initiation of secondary explosives, in *Proc. Ninth Symposium (Int) on Detonation*, Office of the Chief of Naval Research, Arlington, VA, pp. 1118–1127.

[44] Ostmark, H. (1985) Laser as a tool in sensitivity testing of explosives, in Short, J.M. (ed.) *Proc. Eighth Symposium (Int.) on Detonation*, Maryland Naval Surface Weapons Center, White Oak, Silver Spring, MD, pp. 473–484.

[45] Tang, T.B., Chaudhri, M.M. and Rees, C.S. (1987) Decomposition of solid explosives by laser irradiation: a mass spectroscopic study. *Journal of Materials Science*, **22**, 1037–1044.

[46] Ulas, A. and Kuo, K.K. (1997) Effect of aging in ignition delay times of a composite solid propellant under CO_2 laser heating. *Combustion Science and Technology*, **127**, 319–331.

[47] Aleksandrov, E.I. and Tsipilev, V.P. (1982b) Influence of the generation regime on the singularities of the size effect in laser initiation of pressed lead azide. *Combustion, Explosion, and Shock Waves*, **18**, 663–665.

[48] Aduev, B.P., Aluker, E.D., Belokurov, G.M. and Krechetov, A.G. (1995) Predetonation conductivity of silver azide. *Journal of Experimental and Theoretical Physics Letters*, **62**, 215–216.

[49] Chernai, A.V., Sobolev, V.V., flyushin, M.A. *et al.* (1996) Mechanism of explosive compositions ignition by laser monopulses. *Zhurnal Fizicheskoi Khimii.*, **15**, 134–139.

[50] Paisley, D.L. (1989) Prompt detonation of secondary explosives by laser, in *Proc. Ninth Symposium (Int.) on Detonation*, Office of the Chief of Naval Research, Arlington, VA, pp. 1110–1117.

[51] Jumper, E.J. (1984) Implications of applying a global energy balance to laser-supported and chemical detonation waves. *Physics of Fluids*, **27**, 2361–2364.

[52] Yang, L.C. (1981) Performance characteristics of a laser initiated microdetonator. *Propellants, Explosives, Pyrotechnics*, **6**, 151–157.

[53] Tasaki, Y., Kurokawa, K., Hattori, K., Sato, T., Mijajima, T. and Takano, M. (1989) Experimental study of laser-initiated detonator. *4th Congres International de Pyrotechnics,* La Grande Motie, France, 225–230.

[54] Ostmark, H. (1985) Laser as a tool in sensitivity testing of explosives, in Short, J.M. (ed.) *Proc. Eighth Symposium (Int.) on Detonation*, Maryland Naval Surface Weapons Center, White Oak, Silver Spring, MD, pp. 473–484.

[55] Aleksandrov, E.I., Sidonskii, O.B. and Tsipilev, V.P. (1991) Influence of combustion in the vicinity of absorbing inclusions on the laser ignition of a condensed medium. *Combustion, Explosion, and Shock Waves*, **27**, 267–272.

[56] Aleksandrov, E.I. and Voznyuk, A.G. (1988) Effect of absorption heterogeneities on the laser triggering of explosive decomposition. *Combustion, Explosion, and Shock Waves*, **24**, 730–733.

[57] Aleksandrov, E.I., Voznyuk, A.G. and Tsipilev, V.P. (1989) Effect of absorbing impurities on explosive initiation by laser light. *Combustion, Explosion, and Shock Waves*, **25**, 1–7.

[58] loffe, V.B., Dolgolaptev, A.V., Aleksandrov, V.E. and Obraztsov, A.P. (1985) Laser pulse ignition of condensed systems containing aluminum. *Combustion, Explosion, and Shock Waves*, **21**, 316–320.

[59] Aleksandrov, V.E., Dolgolaptev, A.V., loffe, V.B. and Levin, B.V. (1985) Inflammation of porous systems by monopulse laser radiation. *Combustion, Explosion, and Shock Waves*, **21**, 54–57.

[60] Zinchenko, A.D., Sdobnov, V.1., Tarzhanov, V.1. *et al.* (1991) Action of a laser on a porous explosive substance, without initiation. *Combustion, Explosion, and Shock Waves*, **27**, 219–222.

[61] Paisley, D.L. (1990) Laser-driven miniature flyer plates for shock initiation of secondary explosives, in Schmidt, S.C., Johnson, J.N. and Davidson, L.W. (eds) *Shock Compression of Con-*

29

densed Matter - 1989, Elsevier, Amsterdam, pp. 733–736.

[62] Ostmark, H., Carison, M. and Ekvall, K. (1994) Laser ignition of explosives: Effects of laser wavelength on the threshold ignition energy. *Journal of Energetic Materials*, **12**, 63–83.

[63] Ostmark, H. and Grans, R. (1990) Laser ignition of explosives: Effects of gas pressure on the threshold ignition energy. *Journal of Energetic Materials*, **8**, 308–322.

[64] Ostmark, H., Carison, M. and Ekvall, K. (1994) Laser ignition of explosives: Effects of laser wavelength on the threshold ignition energy. *Journal of Energetic Materials*, **12**, 63–83.

[65] Kelley, F.N. (1969) Solid propellant mechanical properties testing, failure criteria, and aging, in Boyars, C. and Klager, K. (eds) *Propellant Manufacture, Hazards, and Testing*, American Chemical Society, Washington DC, pp. 188–243.

[66] Behrens, R. and Bulusu, S. (1996) Thermal decomposition of HMX: Low temperature reaction kinetics and their use for assessing response in abnormal thermal environments and implications for long-term aging. *Materials Research Society symposia proceedings*, **418**, 119–126.

[67] Cartwright, M. (2012) Correlation of structure and sensitivity in inorganic azides III. A mechanistic interpretation of impact sensitivity dependency on non-bonded nitrogen to nitrogen distance. *Propellants, Explosives, Pyrotechnics*, **37**, 639–646.

[68] Bloom, G., Chau, H., Glaser, R. *et al.* (1984) Improvements in thin-pulse shock initiation threshold measurements, in Asay, J.R., Graham, R.A. and Straub, G.K. (eds) *Shock Waves in Condensed Matter – 1983*, North-Holland, Amsterdam, pp. 535–538.

[69] Trott, W.M. and Meeks, K.D. (1990) Acceleration of thin foil targets using fiber-coupled optical pulses, in Schmidt, S.C., Johnson, J.N. and Davidson, L.W. (eds.) *Shock Compression of Condensed Matter - 1989*, Elsevier, Amsterdam, pp. 997–1000.

[70] Paisley, D.L., Warnes, R.H. and Kopp, R.A. (1992) Laser-driven flat plate impacts to 100 GPa with sub-nanosecond pulse duration and resolution for material property studies, in *Shock Compression of Condensed Matter - 1991* (eds S.C. Schmidt, R.D. Dick, J.W. Forbes and D.G. Tasker), Elsevier, Amsterdam, pp. 825–828.

[71] Frank, A.M. and Trott, W.M. (1996) Investigation of thin laser-driven flyer plates using streak imaging and stop motion microphotography, in Schmidt, S.C. and Tao, W.C. (eds) *Shock Compression of Condensed Matter 1995*, American Institute of Physics, Woodbury, NY, pp. 1209–1212.

[72] Farnsworth, A.V. Jr. (1996) Laser acceleration of thin flyers, in Schmidt, S.C. and Tao, W.C. (eds) *Shock Compression of Condensed Matter 1995*, American Institute of Physics, Woodbury, NY, pp. 1225–1228.

[73] Hatt, D.J. and Waschl, J.A. (1996) A study of laser-driven flyer plates, in Schmidt, S.C. and Tao, W.C. (eds) *Shock Compression of Condensed Matter 1995*, American Institute of Physics, Woodbury, NY, pp. 1221–1224.

[74] Labaste, J.L., Doucet, M. and Joubert, P. (1996) Shocks induced by laser driven flyer plates. 1: Experiments, in Schmidt, S.C. and Tao, W.C. (eds) *Shock Compression of Condensed Matter 1995*, American Institute of Physics, Woodbury, NY, pp. 1213–1215.

[75] Cazalis, B., Boissière, C. and Sibille, G. (1996) Shocks induced by laser driven flyer plates. 2: Numerical simulations, in Schmidt, S.C. and Tao, W.C. (eds) *Shock Compression of Condensed Matter 1995*, American Institute of Physics, Woodbury, NY, pp. 1217–1220.

[76] Davison, L. and Graham, R.A. (1979) Shock compression of solids. *Physics Reports*, **55**, 255–379.

[77] Bourne, N.K., Rosenberg, Z., Johnson, D.J. *et al.* (1995) Design and construction of the UK plate impact facility. *Measurement Science and Technology*, **6**, 1462–1470.

[78] Paisley, D.L. (1990) Laser-driven miniature flyer plates for shock initiation of secondary explosives, in Schmidt, S.C., Johnson, J.N. and Davidson, L.W. (eds.) *Shock Compression of Condensed Matter - 1989*, Elsevier, Amsterdam, pp. 733–736.

[79] Trott, W.M. (1996) High-speed optical studies of the driving plasma in laser acceleration of flyer plates, in Schmidt, S.C. and Tao, W.C. (eds) *Shock Compression of Condensed Matter 1995*, American Institute of Physics, Woodbury, NY, pp. 921–924.

[80] McDaniel, O., Moore, C. and Tindol, S. (1990) Laser ordnance initiation, in Schmidt, S.C., Johnson, J.N. and Davidson, L.W. (eds.) *Shock Compression of Condensed Matter - 1989*, Elsevier, Amsterdam, pp. 787–790.

[81] Hafenrichter, E.S., Marshall, B.W. and Fleming, K.J. Fast laser diode initiation of confined BNCP, AIAA Paper 245 (2003).

[82] Chernai, A.V. and Sobel, V.V. *et al.* (2003) Laser Initiation of explosive formulations on the base of di-(3-hydazine-4-amine-123-triazole-copper (II) perchlorate. *Fizika Goreniya i Vzryva*, **39**, 127.

[83] Wsng, Y., Sheng, D., Zgu, Y. and Chen, L. (2008) Study of laser sensitive coordination compound primary explosive. *Initiators and Pyrotechnics*, **2**, 30–33.

[84] Yang, L.C. and Menichelli, V.J. (1971) Detonation of insensitive high explosives by a Q-switched ruby laser rent. *Applied Physics Letters*, **19**, 473.

第3章　激光原理及激光技术

3.1　激光的定义

激光又称镭射（LASER），LASER 一词源于 light amplification by stimulated emission of radiation 提取首字母的组合，意为"光的受激辐射放大"，这只是指出激光的产生过程，并未说明激光的本质。激光是由激光器发出的具有特殊性质的光，如今 LASER 一词可表示激光光束，也可表示激光源。本节结合含能材料激光点火的实际情况对激光原理及激光技术做出简要说明。与普通光源相比，激光不但具有单色性好、发散角小和相干性好的特点，而且输出功率很高。这些特点可使激光向远距离传输能量时频率仍控制在一定的范围内。

首先需要定义光的特性参数，将常见的光源和激光进行比较后发现激光是一种应用广泛的能量源，含能材料受到激光作用后可能发生分解、爆燃、爆炸等现象。虽然激光具有其他光所不具有的性质，但它本身也属于光的范畴，也同样具有光所具有的一切特点，可以以此作为揭示激光与含能材料相互作用的机理的出发点。

3.2　光 的 概 念

1677 年丹麦科学家奥勒·罗默提出光是一种以有限速度运动的"物质"，随后 1678 年荷兰科学家惠更斯提出了光的波动学说，他认为从波源发射出的子波中的每一点都可以作为子波的波源，每个子波波源波面的包络面就是下一个新的波面。瑞士科学家欧拉在 1768 年首先提出与声波的波长决定其音调类似，（可见）光波的波长决定光的颜色。但很快英国科学家牛顿在 1704 年又提出了光的粒子说，认为光束是由很多微小粒子组成并沿直线运动。大约一个世纪以后的 1801 年，英国医生托马斯·杨设计了著名的"杨氏双缝干涉实验"，使一束光通过干涉后在观察屏上得到明暗相间的干涉条纹，首次用实验证明了光的波动性。

牛顿对光的认识是以光的本质属性为基础，而托马斯·杨则通过实验证明了光是具有波的特点,属于一种波,两种观点相互矛盾。一个粒子只能在某一时刻存在于空间内的某一点,而波可在任意时刻遍布空间内的各个角落。此后有关"粒子说"和"波动说"的争论从未停止,直到 19 世纪人们才逐步认识到光不仅呈现波动性,而且也呈现粒子性,即光的波粒二象性。

在 19 世纪,电磁学正在发展,人们发现光与电磁场之间存在相互作用关系。1845 年英国物理学家法拉第发现在介质上施加磁场后,可以改变其中光的偏振方向。20 年后,苏格兰物理学家麦克斯韦提出完整的电磁场理论,导出了电磁场的波动方程,说明电磁波的波速与测得的光速相等,论述了光是电磁波。随后,人们得出了完整的电磁波的波谱(图 3.1),它以波长和频率为坐标,涵盖了从高频的 γ 射线到红外辐射谱线的所有电磁波。我们所说的"光"称为可见光,对应的波长范围为 400～700nm,在电磁波谱中只占很小一部分。

1900 年,德国科学家普朗克通过反复实验得出发光物体如炙热金属(可视为黑体)所发光的颜色(以波长 γ 表示)和发光强度的基本经验式,称为普朗克辐射定律,用于描述在任意温度 T 下从黑体任意表面单位立体角上发射的电磁辐射的辐射率 $I(\lambda, T)$ 与辐射波长的关系:

$$I(\lambda, T) = (2hc^2)/\lambda^5 \{ \exp(hc/kT\lambda) - 1 \}^{-1} \tag{3.1}$$

式中:λ 为辐射光波长,与辐射光有关;T 为辐射体(黑体)的温度(K);h 为普朗克常数(6.62×10^{-34}J/s);K 为玻耳兹曼常数(1.38×10^{-22}J/K);c 为光速(3×10^8m/s)。

为了从理论上证明式(3.1)的正确性,普朗克假设原子受热(激发)后以"波包"的形式向外发出,每个"波包"的能量为 E,与原子振动(振荡)频率 υ 大小成正比,即

$$E = h\nu = \frac{hc}{\lambda} \tag{3.2}$$

麦克斯韦电磁波频率和相关光子能量间的关系[式(3.2)]为光的波粒二象性确定了理论基础,维恩(Wein)给出了一个普朗克假设的经验表达式:

$$\lambda_{max} = \frac{b}{T} \tag{3.3}$$

式中:λ_{max} 为波长的最大值;T 为黑体温度;b 为比例常数,又称"维恩位移常数",2002CODATA 公布的数值为 2.9×10^{-3}mK·s。

图 3.2 为理想黑体在不同温度下的热辐射强度。

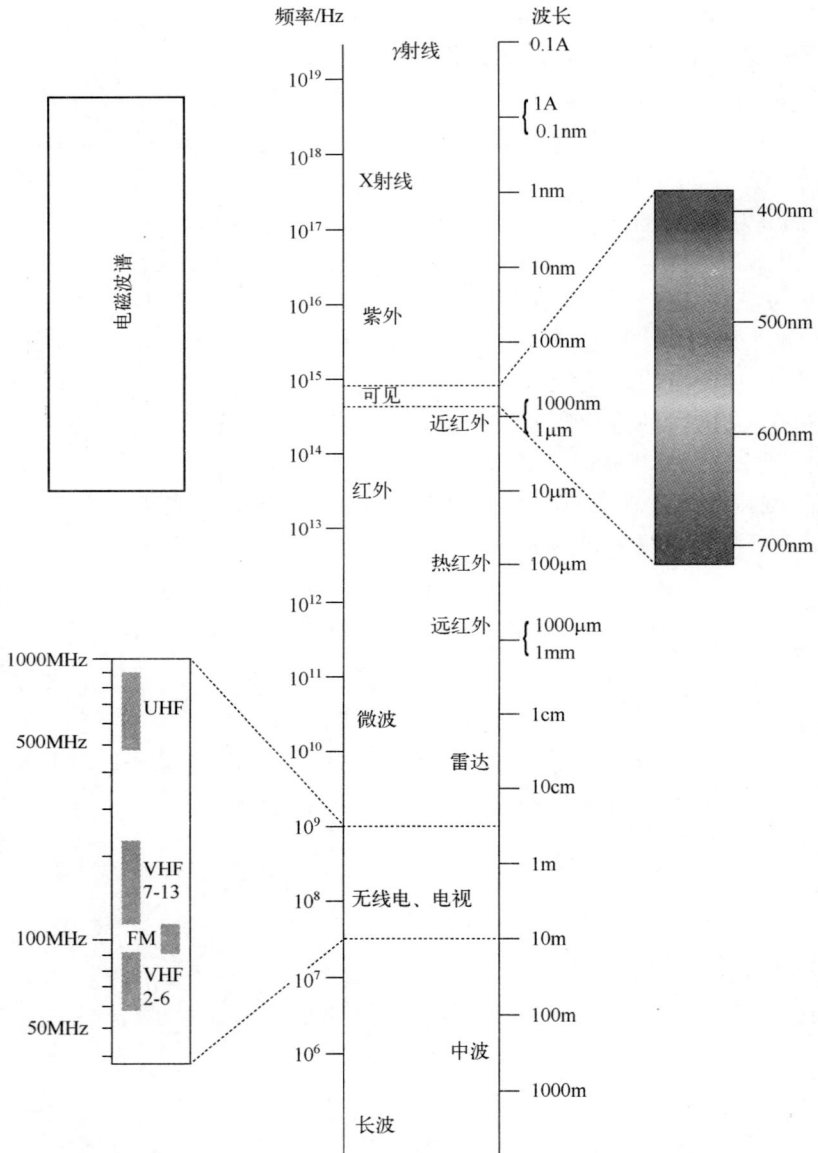

图 3.1　电磁波谱的分布(从无线电波到 γ 射线)

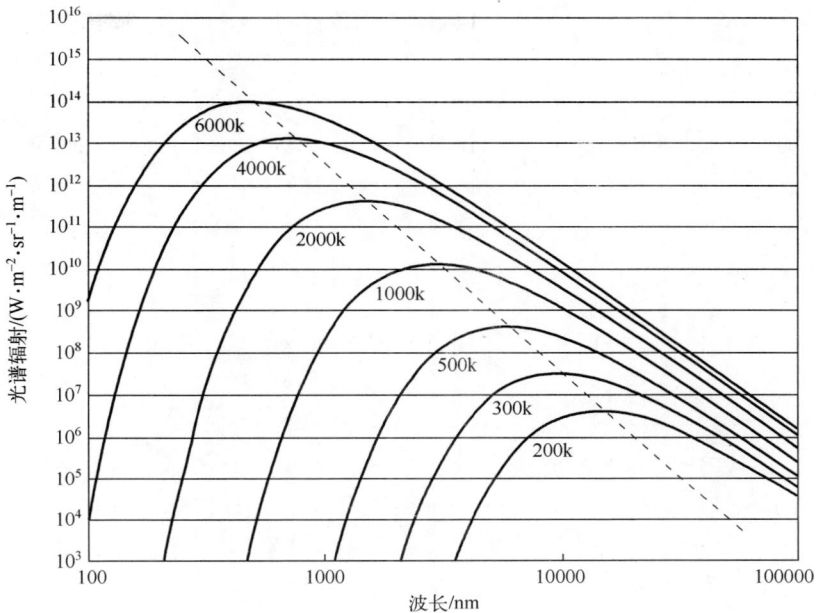

图 3.2　理想黑体在不同温度下的热辐射强度

　　1905 年爱因斯坦深入分析了光电效应实验,用不同频率的光照射光电管的阴极,检测通过光电管的电流,若光能连续地被电子吸收,只要光强足够强,阴极中的电子就可以得到超过逸出功的动能,自阴极逸出形成光电流,得出结论,即频率为 v 的光波是由能量为 v 的微粒组成的,后来将这种粒子称为光子,爱因斯坦因此获得诺贝尔奖。爱因斯坦和托马斯·杨的观点各有道理,也各有不足之处,如何将二者有机地联系起来是当时物理学家所关心的问题。1925 年法国科学家德布罗意在光的波粒二象性的启发下想到,自然界在许多方面都是明显地对称的,既然光具有波粒二象性,微观粒子也应具有波粒二象性。与普朗克公式的推理类似,他给出了粒子的动量 p(质量与速度的积)与波长 λ_D 的关系,$p = h/\lambda_D$,其中 λ_D 是"物质波"的波长,h 是普朗克常数。随后的相关工作都证明电子、质子、氢原子乃至像富勒烯 C_{60} 这样的大分子都具有波动性。

　　1926 年奥地利著名物理学家薛定谔在微观粒子波粒二象性的基础上提出用波动方程描述微观粒子(包含光子)运动状态的理论,为了定量描述微观粒子的状态引入了波函数 ψ。一般来讲,波函数是时间和空间的函数,并且是复变函数,即 $\psi = \psi(x, y, z, t)$。波函数模的平方对应于微观粒子在某处出现的概率密度,据此可认为波函数所代表的是一种概率的波动。应用薛定谔方程可以很好地解释光的本质属性,这一点已得到爱因斯坦以及其他科学家的肯定,但该方程仍未具体说明光是什么。

这便产生了一门新的学科——量子电动力学,它以量子力学和麦克斯韦经典电磁理论为基础研究光与原子、分子的相互作用关系,但目前只能针对一些简单的原子、分子进行理论分析。要研究光与含能材料相互作用的机理,需要从已有的能量吸收规律、光能转化为热能的动力学以及热能在介质中的传导规律等因素综合考虑。

3.3　有关光源的物理量

一般采用以下 6 个参量对可见光和激光进行描述。

(1) 谱线宽度:光源发光光谱或光谱特性的波长范围的量度,谱线宽度越窄,光的单色性就越好。一般以单位面积发光功率(单位 W/m^2)——发光波长(nm 或 μm)的曲线图来表示。图 3.3(a)和(b)分别是太阳光和常见氦氖激光器所发红光的谱线宽度图。

由图 3.3 可看出,激光的谱线宽度比传统光源小几个数量级,所以在一般情况下激光可看作单色光源,激光光谱线可称为"激光线"或"光谱线"。

(2) 脉冲宽度:描述一个光脉冲持续时间,例如,自光源发出的光束的单脉冲或持续脉冲的持续时间。脉冲调制光可由连续光源发出,可通过机械手段如斩波器或快门进行调节,或由其他电子开关进行调节。激光脉冲可通过泵浦光源进行调制,通过激光技术可将单脉冲激光的脉宽控制在很小的范围内。激光的脉冲宽度采用半高宽度(FWHM)表示,即一个脉冲的相对辐射强度最大处高度 1/2 时谱带的全宽。图 3.4 所示的是一种固体调 Q 激光器的单脉冲光谱。

(3) 横模:表示激光光强在横截面内的分布情况。激光是一种电磁波,电磁波理论表明,在具有一定边界条件的有限空间内,电磁场只能以一系列分立的本征状态存在,场的每一种本征状态都具有一定的振荡频率和空间分布。光学谐振腔的模式可分为轴向场分布所决定的场的空间周期的分布——纵模,以及横向场分布所决定的场在垂轴方向振幅的分布——横模。图 3.5(a)所示的是一种典型的基横模高斯光束的强度在横截面上的分布图,其光强分布与光的衍射图像相似;图 3.5(b)为多模激光的光强分布,在光线中传播的激光的强度分布如礼帽的帽顶状,一般来讲,大多数激光在横截面上都有多个高光强点,并非高斯分布。

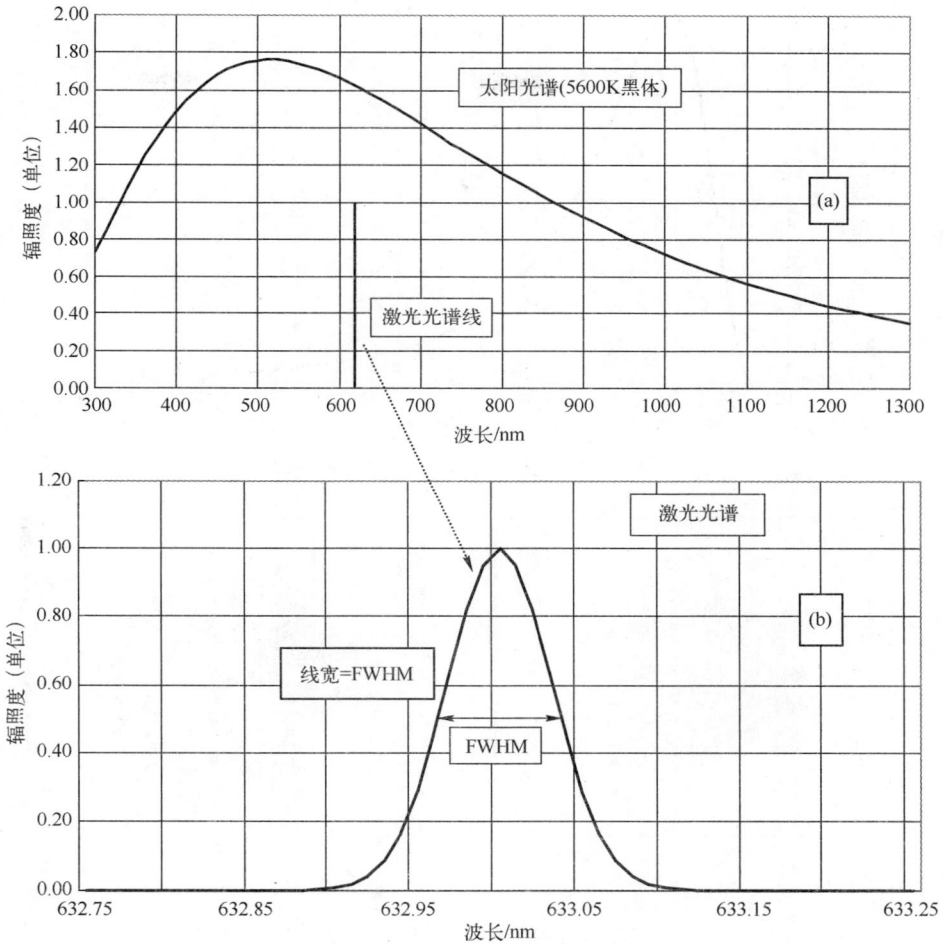

图 3.3　太阳光与氦氖激光器所发红光的光谱

（4）光的发散性：用于描述激光的单向性。因为光都具有发散性，所以激光在介质中传播了一段距离后的光束直径大于自激光器出后的光束直径。光的发散性的大小以光腰处的半发散角（θ_d）表示，其中光腰是指近场处光束横截面积的最小处。国际标准度量局（ISO）建议用光束质量因数（M^2）作为度量光束质量的统一标准。

$$M^2 = \frac{\pi(\theta_d \times w)}{\lambda} \tag{3.4}$$

式中：w 表示光腰半径，通过测量出光口处的光束得到；（$\theta_d \times w$）可同时描述光束的近场和远场特性。

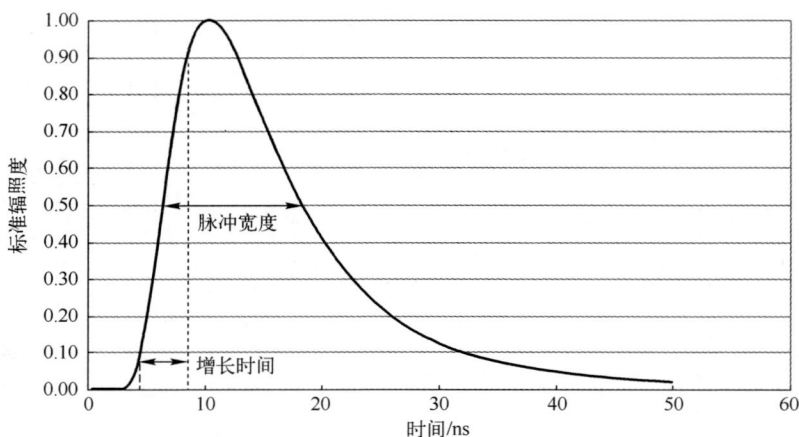

图 3.4　一种固体调 Q 激光器的单脉冲谱线

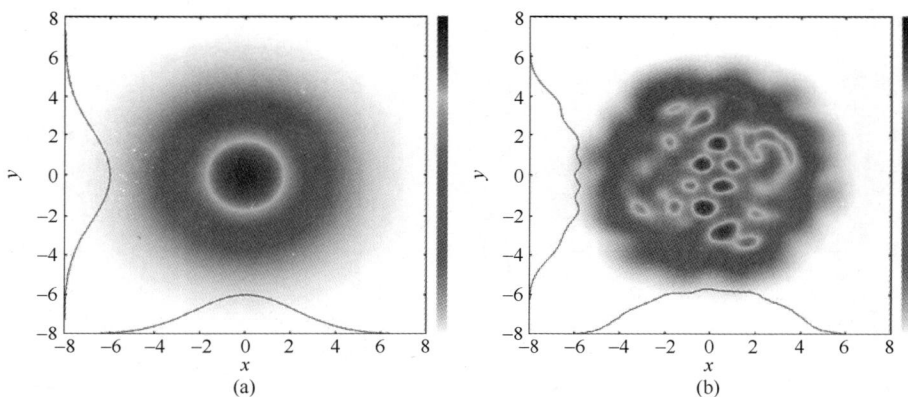

图 3.5　高斯光束的强度分布图（a）和多模激光束的强度分布
图（b）（Rudiger Paschotta 允许转载）

　　一般来讲，光束经过无相差的光学系统后，θ_d 和 w 乘积保持不变。对于基模高斯光束具有最小的 M^2 值（$M^2 = 1$），其光腰半径和发射角也较小，达到衍射极限。高阶、多模高斯光束或其他非理想光束的 M^2 值均大于 1，M^2 值越大，光束发射越快。

　　激光种类不同发散角大小也不同，例如氦氖激光器发出的 630nm 基模激光的半发散角小于 1mrad，点火常用的中等能量的激光器如二极管激光器出光的半发散角是高质量氦氖激光器的成千上万倍，因此该类激光器出光不易在目标处聚焦。激光波长较小或使用短焦距透镜都可降低激光聚焦难度。本书中已充分说明二极管激光器在含能材料激光点火过程中的重要性，在后续章节中还将介绍其他二极管激光器如高亮二极管(LD)的一些特性。二极管激光器的出射激光截面的光强度分布呈矩形且并不均匀,可以近似看做准高斯分布,可通过无相差透镜聚焦,所得中心光斑的半径 r_f 为

$$r_f = \frac{1.7 \times \pi f \lambda}{r_b} \tag{3.5}$$

式中:f 为透镜焦距;r_b 为出射光束截面半径。在透镜处只有激光照射的理想条件下,r_b 应为聚焦透镜的半径。

由上式可知激光波长 λ 与透镜焦距 f 减小时,聚焦点的横截面积将会增大。例如,某种实验室常用的波长 633nm、功率 1mW 的氦氖激光器的出光光斑直径为 1mm,光束经 50mm 透镜聚焦后焦点处的光斑直径达 4×10^{-3} mm,能量密度达 2×10^{-3} W/cm^2,氦氖激光器的标准线宽为 10^{-4} nm,因此焦点处的光谱能量密度为 2×10^7 W/(cm^2·nm)。将传统的单色平行高亮光源的光线经过滤波和准直聚焦处理后也可在焦点处获得较高的能量,但仍比激光的能量密度小数个数量级。

(5)脉冲重复率:是指光源发光脉冲序列中相邻两脉冲的时间间隔。连续光的脉冲重复率可通过斩波器控制,脉冲激光的脉冲重复率由激光器中泵浦等高压电路或用于激发过程的充电装置决定。大多数大功率固体激光器因为高压开关的限制,在部分降低脉冲能量的条件下脉冲重复率为 200Hz 左右。一般常用激光器的脉冲重复率为数千赫兹,想要获得更高的脉冲重复率就必须降低激光器输出能量。

(6)光(源)强度:指光源向外辐射能量的大小。分别从光源和接受光照物体两个角度进行定义,采用单位发光(光照)面积、单位线宽或单位球面度表示。对于近场区域入射到目标上的小发散角激光,常用辐射照度(W·m^{-2})表示光强度。辐照度量是用能量单位描述光辐射能的客观物理量,其基本物理量名称及其定义如表 3.1 所列。

表 3.1　辐射度量的定义及其单位

辐射度量	定　义　式	单　位	说　明
辐射能 Q	Q	J	以辐射的形式发射、传播或接收的能量
辐射通量 Φ	$\Phi = \dfrac{\mathrm{d}Q}{\mathrm{d}t}$	W	单位时间内辐射的能量,也称辐射功率
辐射强度 I	$I = \dfrac{\mathrm{d}\Phi}{\mathrm{d}\Omega}$	W·Sr^{-1}	单位立体角离开辐射源的辐射通量
辐射亮度 L	$L = \dfrac{\mathrm{d}I}{\mathrm{d}S\cos\theta} = \dfrac{\mathrm{d}^2\Phi}{\mathrm{d}\Omega\mathrm{d}S\cos\theta}$	W·m^{-2}·Sr^{-1}	单位立体角、投影面积上的辐射通量

（续）

辐 射 度 量	定 义 式	单 位	说 明
辐射照度 E	$E = \dfrac{\mathrm{d}\Phi}{\mathrm{d}A}$	$W \cdot m^{-2}$	接收面上单位面积所照射的辐射通量。也称光强度
辐射出射度 M	$M = \dfrac{\mathrm{d}\Phi}{\mathrm{d}S}$	$W \cdot m^{-2}$	面辐射表面单位面积上发射的辐射通量

对于脉冲激光束,光束对目标的照射强度由"峰值功率或功率密度"或简单的(峰值)辐照度来量化,为了更精确地定量描述脉冲激光束对目标的光强,引入了脉冲能量的概念,在应用中激光脉冲的能量可以通过假设激光脉冲为三角形脉冲来估算,即

$$E_p = \frac{P_{\mathrm{pk}} \cdot \tau_p}{2}$$

式中: P_{ek} 为峰值功率(W); τ_p 为脉冲宽度(s)。

与功率密度相似,能量密度也可以用照射到单位面积目标的方法来表述。对于重复的脉冲激光器,通过平均功率表示光源或光束的强度,平均功率 P_{av} 等于单脉冲能量与脉冲频率的乘积,单位为 $J \cdot s^{-1}$。

需要指出的是,光功率通常定义为能量在照射目标上积聚的速率,单位为 $J \cdot s^{-1}$,依据普朗克辐射定律(认为光由持续的光子流组成),光束中每个光子的能量与波长的关系为

$$\varepsilon_p = \frac{hc}{\lambda}(\mathrm{J})$$

式中: h 为普朗克常量,$6.625 \times 10^{-34} J \cdot s$; c 为光速,$2.99 \times 10^8\ m \cdot s^{-1}$。

若每秒通过截面 A 射向的光子数为 n,则光功率可通过光子速率定义为

$$P = n \cdot \frac{hc}{\lambda}(\mathrm{W}) \qquad (3.6)$$

连续激光器和脉冲激光器的激光功率的概念有所区别,常见的激光器如氦氖激光器、氩离子激光器、二极管激光器等为连续激光器,而红宝石激光器、Nd-YAG 激光器等多为脉冲激光器。在脉冲工作模式下,若要分析的某种性能与单脉冲有关,则考虑脉冲内的峰值功率和能量,如前所述。如果考虑脉冲重复率(即脉冲频率,单位 Hz)的影响,则需引入平均功率的概念,平均功率可由下式计算:

$$P_{\mathrm{av}} = z \cdot E_p(\mathrm{W}) \qquad (3.7)$$

3.4　激光原理概述

本章开头已经提到 LASER 意为"光的受激辐射放大",为了理解激光产生的基本原理,需要了解受激辐射及其放大的概念。众所周知,能量以多种形式存在,并不能产生也不能消亡,只能从一种物体传递到另一种物体,或从一种形式转化为另一种形式,其总量保持不变。可燃物如煤、石油、天然气燃烧时,化学能转化为光能和热能;电流通过电灯泡的灯丝发光时,电能转化为光能和热能;在太阳和其他恒星内部极高温度下进行剧烈的 He 和 H 原子间的热核反应向外发光。由此可见,能量转化过程是通过物质媒介,如燃料的含能分子、金属丝中的原子、恒星中的原子气体等。因此需要从物质的原子结构和原子间相互作用的角度来讨论光量子生成机理。

现有的分析是建立在原子是组成一切物质的基本粒子的观点上的,物质不同,分子和原子的种类和结构也就不同。能量的吸收和辐射过程与原子中绕核旋转的带负电荷的电子有关,原子核由质子和中子组成,质子带正电荷,数量与核外电子数相等,中子不带电荷且数量不定,某些原子内还不包含中子,整个原子呈电中性。核外电子分布在不同的轨道(能级)中,能级越高电子所具有的势能就越低。图 3.6 是原子结构示意图(以碳原子为例)。

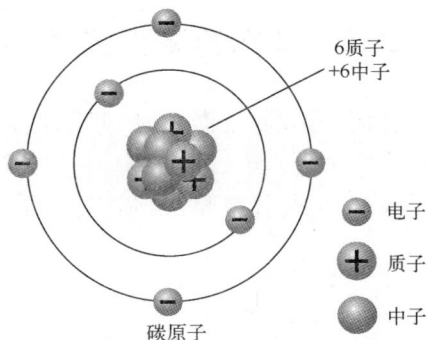

图 3.6　碳原子的原子核及核外电子组成结构示意图

在外界光能或热能的作用下原子可被激发,受激原子(分子)在激发态持续一段时间后(几纳秒)后返回基态,在此过程中,能量以光量子形式自发向外辐射,辐射过程中无任何相差,该现象存在于任何自然光源和人造光源中。当激发源为光时,自发辐射光与入射光子的相位、波长无关。

从理论上验证普朗克黑体辐射定律时,1917 年爱因斯坦在其《辐射的量子理论》一文中提出如下观点：依据能量守恒定律，系统吸收能量后必定要向外释放能量，能量以光子形式释放，光子所具有的能量与基态和激发态的能量差有关，如图 3.7 所示。

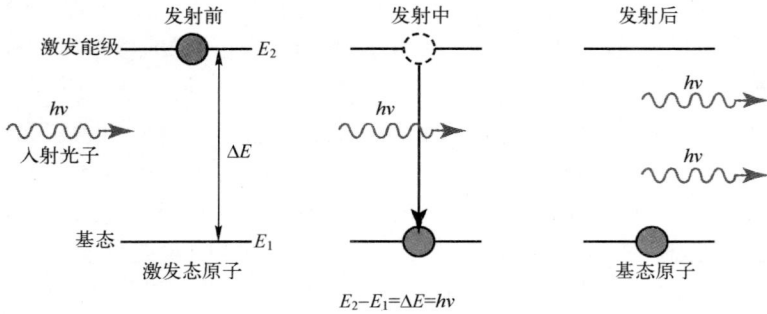

图 3.7　原子跃迁受激发射过程示意图

这种受激发射的量子(波包)具有相同的相位，在介质中传播的过程中数量迅速增加，当受激原子(分子)数目大到一定程度时，就会发生电子发射和辐射放大。受激辐射过程必然会在较短时间内在含有激活粒子介质中引发辐射放大，但这种放大往往不足以将自然光转变为激光。因此需要采用一定的技术手段使光束在工作物质间不断往返，达到理想的放大效果。

3.5　基本的激光技术

若干年以后，人们在爱因斯坦的"受激发射"假设的思想下提出了早期激光器的设计思路，以含有激发态原子(分子)的晶体作为工作物质，在其两端分别配以全反射镜和半透半反镜组成谐振腔，增强受激辐射放大过程，如图 3.8 所示。

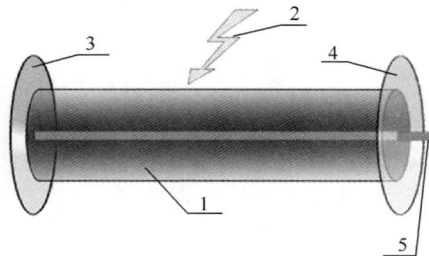

图 3.8　典型固体激光器结构示意图

1—工作物质；2—泵浦光源；3—全反射镜；4—半透半反镜；5—输出激光束。

　　在受激辐射放大过程中,在谐振腔的半透半反镜的一段会损失部分能量,其余的大部分能量转化为激光能量输出。此外,大量研究证实该过程所辐射的波长并不限于可见光波段,在紫外区和红外区均有分布。人类历史上第一台可见光激光器于 1960 年由 Theodore H. Maiman 研制成功,它属于脉冲固体激光器,工作物质为红宝石,发光波长 694nm。

　　1960 年晚些时候,Ali Javan 等人研制成功了气体激光器,其工作物质为氦氖混合气体,发射连续光,波长 633nm。此后人们又相继研制了各种不同工作物质、不同输出波长和各种工作模式的激光器,图 3.9 列出了部分常见激光器的工作物质与出光波长。需要特别指出的是,研究含能材料激光点火常用的激光器为出光范围在 $9.2 \sim 11 \mu m$(红外段)的 CO_2 激光器,此波段的激光具有良好的热效应,在工业上常用于金属切割、钻孔等加工过程。但 CO_2 激光器同时具有重量重、体积大及使用成本高等缺点。

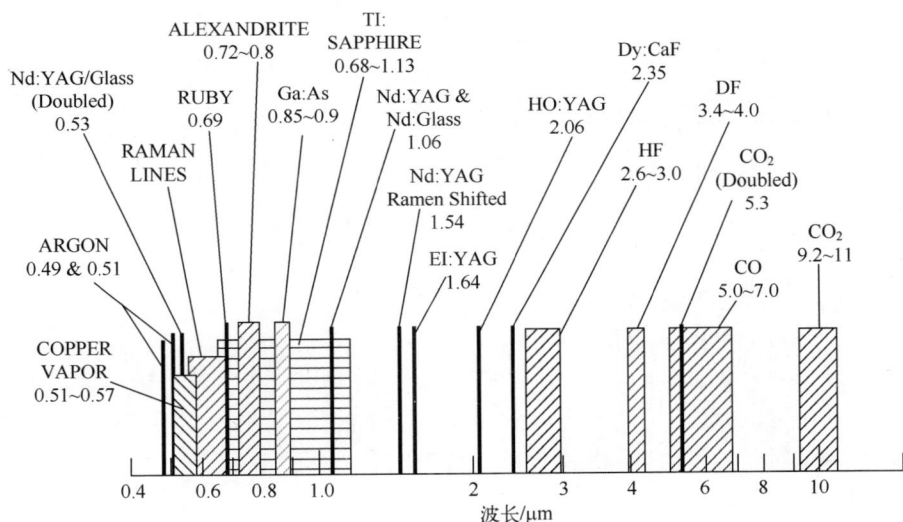

图 3.9　不同工作物质激光器的出光波长范围

3.6　激光与普通热源的对比

　　本章 3.3 节定义了一些描述光源基本性能的物理量,表 3.2 分别列出了普通热光源和激光光源的各个参量值。由表中的数值对比可看出激光具有很好的单色性及单向性,辐射强度(单位面积、波长的能量)也比普通光源高。从图 3.9 可知,目前波长范围从红外到紫外的各种激光器在市场上均有销售。

表 3.2　激光与常见热光源的性能对比

物 理 量	说　明	传统热光源	激　光
线宽（相干性，单色性）/nm	一个辐射脉冲的波长长度	约 0.01nm（钠灯，相干长度约为 0.5m）	小于 0.0001nm（氦氖激光器,相干长度约为 50m）
脉冲宽度（脉冲持续时间）/s	一个辐射脉冲的持续时间	10^{-6} m 到 300m 不等（电机械开关控制）	10^{-8} m 以下到 3m 不等（对于锁模激光器可达约 10^{-12} m 到 3mm）
光的发散性（光的单向性）/rad	光从光源发出后的发散角	0.01（探照灯）	约为 10^{-9} m（经准直后的激光）
脉冲重复率（s^{-1} 或 Hz）	自光源发出光脉冲的速率	约 1000,机械装置所能达到的极限	约 100000,使用电光调制
辐射能（能量强度）/（$W \cdot m^{-2} \cdot sr^{-1}$）		约 2×10^7（太阳辐射超过 10^{15} Hz）	3×10^7（1mW 普通氦氖激光器超过 10^6 Hz）
光谱辐射强度/（$W \cdot m^{-2} \cdot sr^{-1} \cdot Hz^{-1}$）		2×10^{-8}（每波长单位太阳辐射）	30（小型氦氖激光器）

3.7　含能材料激光点火研究中常用激光器

一般来讲需要根据含能材料特有的性能选用合适的激光器。含能材料包括烟火药、推进剂和炸药,它们的用途各不相同。例如在大多数情况下炸药点火后应发生爆炸对外做功,推进剂点火后应燃烧产生大量气体。炸药有两种不同的点火爆炸机理,因此需要两类不同的激光源提供能量,含能材料激光点火所用设备必须满足轻便性和经济性要求,目前常采用以下两种激光器:

（1）Nd:YAG 激光器;

（2）二极管激光器（包括 LED 激光器）。

二极管和发光二极管激光器具有轻便、耐用、价格低等特点,适用于烟火药和推进剂的点火研究。Nd:YAG 激光器功率较高,适用于炸药的点火起爆研究,但与半导体激光器相比,体积较大且价格昂贵。下文将对两种激光器进行详细说明。

3.7.1　Nd:YAG 激光器

Nd:YAG 激光器是一种典型的固体激光器,工作物质为掺钕钇铝石榴石（Nd:YAG）晶体,它是在 YAG 晶体（$Y_3Al_5O_{12}$）中掺杂约 1% 的 Nd^{3+} 离子而成。

激光器采用闪光灯或发光二极管的可见光作为泵浦光,与同类型的红宝石激光器相比,Nd：YAG 激光器具有更高的能量转化效率、更低的价格,因此在各行各业得到了非常广泛的应用。Nd：YAG 激光器出光波长 1064nm,属于红外段,通过一定的激光技术可得到调制脉冲或连续激光。

脉冲 Nd：YAG 激光器通常具有调 Q 功能,调 Q 技术是激光单元技术之一,是为压缩激光器输出脉冲宽度和提高脉冲峰值功率而采取的一种特殊技术。这种技术在激光器谐振腔内引入一个快速光开关(调 Q 开关),它在光泵脉冲开始后的一段时间内处于"关闭"或"低 Q 状态",此时腔内不能形成振荡而粒子数反转不断得到增强。在粒子数反转程度达到最大时,腔内调 Q 开关突然处于"接通"或"高 Q 状态",从而在腔内形成瞬时的强激光振荡,并产生调 Q 激光脉冲输出到腔外,通常输出功率可超过 250MW,脉宽 10~25ns,射束直径达几毫米,该输出光通过倍频技术可获得波长为 532nm、355nm 和 266nm 的其他激光。

3.7.2　二极管光源(LED 光源)

LED(发光二极管)光源是一种电致发光器件,实质为具有 P-N 结的电子二极管,具有单向导电性。当加上正向电压后,从 P 区注入到 N 区的空穴和由 N 区注入到 P 区的电子,在 P-N 结附近数微米内分别与 N 区的电子和 P 区的空穴复合,产生自发辐射的荧光。LED 是一种优质光源,具有体积小、耗能少的特点,还可将多个同样的 LED 放在一起组成发光阵列使用以增大照射强度。LED 的发光波长(颜色)与半导体材料种类有关,不同的半导体材料中电子和空穴所处的能量状态不同,当电子和空穴复合时释放出的能量不同,释放出能量越多时,发出的光的波长就越短。表 3.3 列出了一些常见 LED 的发光波长、工作电压和半导体材料。一般民用 LED 功率在 50W 左右,脉冲宽度超过 100nm。

表 3.3　一些常见 LED 的发光波长范围(颜色)、工作电压及工作物质

发光颜色	波长范围/nm	工作电压/V	半导体材料名称
红外	$\lambda > 760$	$\Delta V < 1.9$	砷化镓(GaAs) 铝砷化镓(AlGaAs)
红光	$610 < \lambda < 760$	$1.63 < \Delta V < 2.03$	铝砷化镓(AlGaAs) 磷砷化镓(GaAsP) 磷化铟镓铝(AlGaInP) 磷化镓(GaP)
橙光	$590 < \lambda < 610$	$2.03 < \Delta V < 2.10$	磷砷化镓(GaAsP) 磷化铟镓铝(AlGaInP) 磷化镓(GaP)

（续）

发光颜色	波长范围/nm	工作电压/V	半导体材料名称
黄光	$570<\lambda<590$	$2.10<\Delta V<2.18$	磷砷化镓（GaAsP） 磷化铟镓铝（AlGaInP） 磷化镓（GaP）
绿光	$500<\lambda<570$	$1.9<\Delta V<4.0$	铟氮化镓/氮化镓（InGaN/GaN） 氮化镓（GaN） 磷化镓（GaP） 磷化铟镓铝（AlGaInP） 铝磷化镓（AlGaP）
蓝光	$450<\lambda<500$	$2.48<\Delta V<3.7$	硒化锌（ZnSe） 铟氮化镓（InGaN） 碳化硅（SiC）衬底材料 硅（Si）衬底材料——仍处于研究阶段
靛光	$400<\lambda<450$	$2.76<\Delta V<4.0$	铟氮化镓（InGaN）
紫光	多波长合成光	$2.48<\Delta V<3.7$	红光 LED 与蓝光 LED 合成 蓝光 LED 覆盖红色荧光粉涂层 白光 LED 加紫色面罩
紫外光	$\lambda<400$	$3.1<\Delta V<4.4$	钻石，发光波长 235nm 氮化硼（BN），发光波长 215nm 氮化铝（AlN），发光波长 210nm 氮化铝镓（AlGaN） 氮化铟镓铝（AlGaInN），波长最低至 210nm
白光	全可见光段	$\Delta V=3.5$	蓝光 LED 上覆盖淡黄色荧光粉涂层

光束发散率高，实际向四面八方发射，但由于外部（完全）反射器的作用而有一定的方向性，聚焦能力较低，空间相干性极低，在较宽的波长范围内功率相对较低（≈100nm），使得此类激光器的应用主要局限于光纤通信行业。近年来，近红外波段大功率二极管激光器得到了长足的发展。由此可推测，经过一段时间研究和发展，这种激光器将在军用及民用高能材料的点火起爆中得到广泛的应用。

3.7.3 二极管激光器

二极管激光器，在有些文献中使用"LD"（laser diodes）表示。与 LED 类似，二极管激光器也是基于半导体的基本原理，在 P–N 结的两端加载反向电压，具体原理如图 3.10 所示。

二极管激光器的放大过程与普通激光器类似，都是在谐振腔中完成，它还采

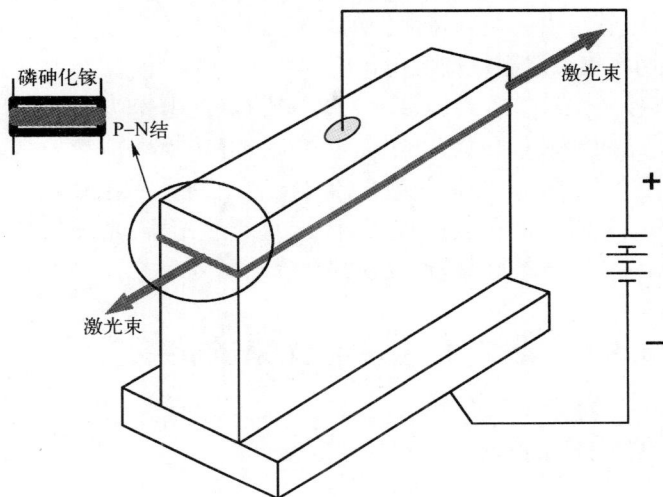

图 3.10　半导体激光器工作原理示意图

用了其他技术来获取更高的输出功率。大多数二极管激光器的输入波长在近红外波段，大约 $800\sim930\text{nm}$，输出功率范围较宽，可满足不同用户的需求。详细说明如下：

边缘发光二极管激光器的主要特点是将半导体片置于谐振腔的一端，阈值电流低，转化效率高，体积小，出光功率可达 0.5W，光束质量好（M^2 因数接近1）。所发激光需使用单模光纤传输以保持光的均匀性和近高斯性，但是发散现象仍很严重。

面发射二极管激光器是另一种不同类型的半导体激光器，其出光方向与顶面垂直。此类高亮度激光器发光时具有较宽的条纹，通常 $300\sim400\mu\text{m}$ 宽，$100\sim150\mu\text{m}$ 长，出光功率可达几瓦特。光束质量较差但优于二极管带，锥形激光器可改善光束质量和亮度。

小型二极管激光器由分布反馈激光器（DFB laser）或分布布拉格反射激光器（DBR laser）和短谐振腔构成，可实现单频出光且波长大小可调。

外腔二极管激光器包含一个加长谐振腔的激光二极管和其他一些改变出光性质的光学器件，如激光镜、衍射光栅等。这类激光器具有出光波长可调、发散角小的优点。

宽条纹二极管激光器出光功率可达几瓦特。光束质量较差但优于二极管带，锥形激光器可改善光束质量和亮度。

平板耦合光波导激光器（SCOWL）在波导内有一个多量子增益区域，可发出具有圆环截面的衍射极限光，功率可达几瓦特。

大功率二极管带由一系列宽面发射器组成,可产生数十瓦特的低品质因数的激光,尽管功率很大但亮度却低于相应的宽面发光二极管。

大功率堆栈式二极管阵列由多个二极管带构成,出光功率可达上千瓦特。

单集成电路面发射半导体激光器(VCSEL)可产生数毫瓦的高品质因数激光,它同样采用外腔设计。二极管激光器可向空间发射一束激光,但很多二极管激光器在光线耦合时才能得到应用,如作为光纤激光器、光纤放大器的泵浦光源,从而得到更高功率、更好品质因数的激光束。

3.8　激光点火用激光束的传播方式

3.8.1　自由空间传播

激光点火过程需要将激光聚焦于试样的表面,聚焦点越小激光的功率密度就越高,但存在一些局部热动力学作用使聚焦点的尺寸不能无限减小。聚焦点的最小尺寸极限与光波的自然属性有关,还与光学器件(如透镜)的边缘衍射现象有关。对于平行光线和理想透镜系统(无球差、色差、场曲、畸变等)的衍射点的极限尺寸可由式(3.5)计算。光在空间中传播时主要利用棱镜、透镜和平面镜等光学器件来改变传播方向,光束直径可以被放大,不同方向的光束也可通过平行光管准直。平面镜用来改变激光的传播方向使其射向目标样品,凸透镜则将射向样品的激光聚焦于样品表面上的一点。

光在不同的空间中自由传播时均存在发散现象,即使是激光也不例外,所以光长距离传播时光束直径会越来越大,因此需要借助光学器件进行修正。凸透镜的直径大小决定最小焦距,但当直径大到一定程度后球面相差就很明显,会对能量聚焦产生影响。此外,一般情况光学器件的位置都是固定的,一旦位置发生微小改变后就必须重新对光路进行准直。激光和透镜的位置以及透镜的试样表面的位置发生改变时,聚焦点都会变化,甚至可能诱发安全事故。因此在含能材料激光点火实验中推荐采用光纤传输激光,这样光路及光学器件的位置就能相对灵活一些,调整起来比较容易。激光在光纤中传播时可减小高功率激光灼伤人体的可能性,降低安全隐患,同时激光在光纤中可长距离传播而其本身不会发生太大的改变。

在实际中,从激光器出射的小光束经一定距离传播后可能发散成直径非常大的光束。例如 Nd:YAG 激光或 Ar 离子激光需要用凸透镜进行聚焦,理论焦点直径即"衍射极限直径",可由式(3.5)得到,如图 3.11 所示。

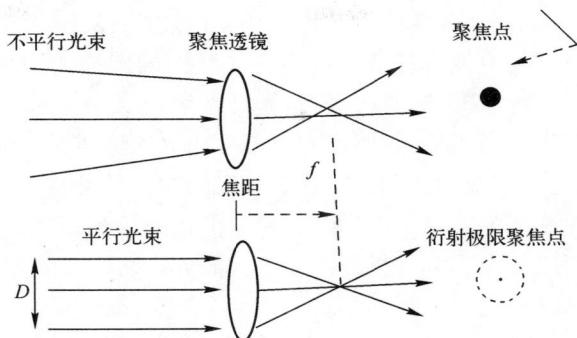

图 3.11 平行光线经凸透镜聚焦后的聚焦点的衍射极限直径

3.8.2 光纤传输

LD 和 LED 光源发出的光线具有很强的发散性,目前还没有任何光学器件能将其聚焦在一个非常小的点上获得足够高的能量密度,通常将该类光源与其他光学器件耦合在一起,使光线通过光纤传输。光纤与二极管激光器可紧密连接,具体示意图如图 3.12 所示。

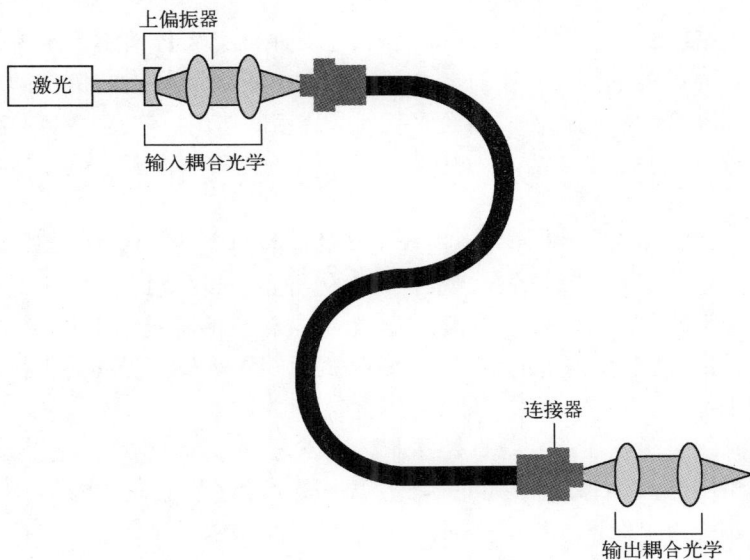

图 3.12 激光光纤耦合系统示意图

光纤一般由高纯硅制成,直径 0.1~0.6mm,可适当弯曲。通信中常用的光纤的纤芯是一根透明圆柱内核,周围包覆一层透明低折射率材料,外部包裹

Kevlar 纤维一类的高强度塑料起到保护作用,并防尘防潮。光在纤芯内通过全反射的形式向前传播,损耗率极低。按光在光纤中的传播模式可将光纤分为多模光纤(MMF)和单模光纤(SMF)。多模光纤顾名思义就是能传播多种模式光波的光纤,由于有多个模式传送,所以存在有很大的模间色散,可传输的信息容量较小。多模光纤纤芯较大,模的数量取决于纤芯的直径、数值孔径和波长等,多用于小容量、短距离传输。单模光纤就是只能传播一种模式电磁波的光纤,多用于大容量、长距离传输。含能材料激光点火研究中所用激光多为大功率、短距离传输,对所用光纤提出了更高的要求。

为了传输和实际应用的需要,有时要把光纤拉制成锥形,当光锥形的大段入射时,锥形光纤可以提高入射端损伤阈值,可以准直入射光束,提高光束质量。根据激光原理,"理想"的激光束截面必须是圆环形且能量线性分布,且不随光功率变化而改变。实际上大多数高功率激光器的出射光并非处于"理想"状态,能量分布不均,往往集中于某一点。激光的截面形状也随功率大小不同而不同,可能还与激光器的新旧程度有关。上述因素均可能造成激光能量损耗或光纤损坏,使用锥形光纤时入射直径增大,可降低光纤单位面积上接受的光能量,还可保证所有的激光能量得到传输。

我们经常要把两条光纤或与其他光电器件(如 LED、LD、调制器等)连接在一起,这不仅需要将光纤接口处连接牢固,还要保证光束传播不受影响,使用透镜可以解决光纤内部传输介质与空气间因折射率不同而带来的耦合问题,通常的做法是将光纤的一端打磨成曲面而起到凸透镜的作用。连接光纤时必须仔细将光纤束分开再将其加热后一一接好,一些特种光纤可采用快速拔插式接头连接。

对光束的直径、发射角和光束进入光纤的入射角度、入射点等参数优化后可有效提高单模光纤的传输效率,对于性能优异的光束,耦合效率可达 70% ~ 90%。端面经过合理打磨后的单模光纤,再配备合适的透镜后即可输出近乎完美的高斯光束,甚至在远场也是如此。透镜的直径大小应与光纤的直径相匹配,还不应产生像差,通常多采用非球面透镜。

选取光纤时还应注意光纤直径并非越小越好,要综合考虑激光光纤系统的可靠性与耐用性,为了防止激光的热效应损伤光纤,激光的聚焦点的直径应小于光纤的纤芯。为了保证光纤的牢固性,应尽量避免将两根光纤直接连接,推荐采用拔插式连接器。一般来讲,选取光纤时应主要考虑光束品质因数与光纤数值孔径(NA)间的关系,但是,这样又使一些不同焦距的透镜受到了限制,由方程可知决定聚焦点大小的激光品质因数 M^2 因数与两个变量有关,它们最终决定了光纤的最小直径。

激光品质因数定义为在波长一定时实际光束的腰斑半径与远场发散角的乘积比上基模高斯光束的腰斑半径与基模高斯光束的远场发散角的乘积。光束的能量分布由光纤出射的光束品质因数决定,而非光纤的模式。光纤出射光的品质因数还决定了光的入射条件。在阶跃多模光纤中,假设光功率随模式分布均匀,数值孔径由实际光束的发散性所决定,品质因数 M^2 因数可由式(3.8)简单估算:

$$M^2 \approx (\pi\alpha) \times \lambda^{-1} \times NA \qquad (3.8)$$

式中:α 为光纤纤芯半径;品质因数 M^2 因数越接近 1 说明激光质量越好。

3.9　激 光 安 全

外科医生用激光代替手术刀切割皮肤和组织以减少出血量,在工业和军事领域激光可用于切割、钻孔、灼烧等。普遍认为一个有效的工具必须具备锋利的刃,激光也不例外。因此需要深入了解激光与生物组织的作用机理,有效避免在使用激光过程中可能造成的危害,在含能材料激光点火研究过程中更应如此。激光安全问题极其重要,它是"激光与物质相互作用"研究的一个重要分支,详细内容请读者参阅相关文献。这里将主要分析不同激光与不同人体器官间的相互作用过程,从而获得避免激光伤害的有效途径。

3.9.1　激光与人体器官间的相互作用

考虑到在使用激光过程中皮肤和眼睛最容易受到伤害,这里主要讨论激光与眼睛和皮肤间的作用过程。因为较低功率或能量密度的激光(包括二极管激光和 Nd∶YAG 激光等)照射即可严重灼伤人眼,所以本节主要讨论激光照射人眼的过程及作用。

眼睛的瞳孔可看作是一个理想的光学透镜,不存在任何的球差和色差,可将平行光线完美地聚焦于一点,一般连续光激光器(如氦氖激光器,632.8nm)或脉冲激光器(如 Nd∶YAG 激光器,1643nm)聚焦于该点后的能量密度要比它们自激光器出射时高五六个数量级,对于大功率高发散性的二极管激光器来讲,经瞳孔会聚后的能量密度就更高了,可使视网膜细胞发生永久性病变而导致失明。一般强度的可见光范围内(400~780nm)的激光就可射穿瞳孔(眼球)导致视网膜损伤,这是一个光化学作用的过程。近红外波段(780~1400nm)的激光可导致白内障和视网膜灼伤,近紫外波段(180~315nm)和近红外波段(1400~3000nm)不会导致瞳孔周围病变但会损伤角膜,引起光性角膜炎、白内障和角膜灼伤等疾病,这是光致热作用的结果。

3.9.2　眼睛损伤的预防

无论在实验室还是在野外,操作使用激光时都必须佩戴护目镜。此外,必须了解激光直射、反射和散射进入人眼时眼睛所能够忍受的最小激光功率。护目镜是在普通眼镜的镜片上镀了一层薄膜,可以吸收一定波长的激光,因此必须选择与所用激光波长一致的护目镜,护目镜的光透过率的大小由所用激光的最小允许曝光因数(MEP)决定。不同激光因为波长频率不同,能量和功率密度也不同,即使是同一种激光,可能会存在单模、多模、连续、脉冲等差异,其能量和功率密度也有所不同。

为了选择合适的护目镜,就必须准确测定特定条件特种类型激光的 MPE 因数(单位 W/cm^2 或 J/cm^2)。护目镜必须有效防止激光射入人眼时对眼睛产生的损伤。依据定义,激光对人眼损伤概率非常低,大概为 10%,在假定最苛刻的条件下可达 50%。对于可见光辐射来讲 MPE 极低。例如,连续波氦氖激光器的 MPE 值为 $10^{-2}W/cm^2$(相当于 $10^{-8}W$,横截面积 $1mm^2$),而可见脉冲激光的 MPE 更小,比上述激光低几个数量级。总体上讲大多数激光包括准直激光的能量远远大于 MPE 所表述的能量值。

根据激光对人眼的危害大小将激光分为不同等级作为选取护目镜的依据,详细如下:

1 级:安全。指示激光和高发散二极管激光器属于该级。

1M 级:安全(显微及望远用光学系统除外)。

2 级:基本安全,指在一眨眼瞬间(小于 0.25s),仅应用于可见光(400～700nm)。2 级激光仅限 1mW 以内的连续激光、发射持续时间小于 0.25s 或无空间相干性的激光。一些激光指示器和测量用激光归于此级。

2M 级:基本安全(显微系统除外)。

3 级:在光路可控的条件下安全。可视连续激光的 MPE 限制在 5mW 以内,其他波长和脉冲的激光可根据具体情况灵活掌握,禁止激光直接照射人体,但经漫反射后的光对于裸眼是安全的。

4 级:高度危险。即使是漫反射光也可造成严重视觉损伤。该级别光线可灼伤皮肤,直射或漫反射后对眼睛可造成破坏性、永久性的伤害。还可点燃易燃物体引发火灾,操作使用该类激光时最好采用可靠的机械装置,并制定详细的安全操作规程,操作人员必须佩戴相应的护目镜进行操作。

本管理规程参考欧盟标准 EN207,其中对护目镜也做了相应的说明。所有出售的激光护目镜必须通过质量认证,贴有 CE 标签,美国标准(ANSI Z 136)较欧盟标准相对宽松。EN 207 规范可能会读取 IR 315-532 L6。这里,字母 IR 表示激光工作模式,在这种情况下是脉冲模式。范围 315-532 表示以纳米为单位的波长范围。最后,刻度数 L6 表示光密度的下限,即该波长范围内的透射率小于 10^{-6}。

参 考 书 目

[1] Xinju, L. (2010) *Laser Technology*, 2nd edn, CRC press, ISBN: 142009081X.

[2] Hecht, J. (2008) *Understanding Lasers*, 3rd edn, IEEE press, ISBN: 978-0-470-08890-6.

[3] Hitz, B., Ewing, J.J. and Hecht, J. (1998) *Introduction to Laser Technology*, 3rd edn, IEEE press, ISBN: 0 7803 3440 X.

[4] Csele, M. (2004) *Fundamentals of Light Sources and Lasers*, Wiley, ISBN 0-471-47660-9.

[5] Siegman, A.E. (1986) *Lasers*, University Science Books, ISBN 0-935702-11-3.

[6] Silfvast, W.T. (1996) *Laser Fundamentals*, Cambridge University Press, ISBN 0-521-55617-1.

[7] Crisp, J. and Elliott, B. (2005) *Introduction to Fiber Optics*, 3rd edn, Newnes/Elsivier (pub.), ISBN 0750667567.

[8] Schroder, K. (ed.) (2000) *Handbook on Industrial Laser Safety*, Technical University of Vienna (pub.).

[9] British Standard BS EN 6085: 1992 Radiation safety of laser products, Equipment Classification, requirements and users guide, BSI Linford Wood, Milton Keynes, MK14 6LE.

[10] Paschotta, Rudiger (2007), 'Beam Profiler', http://www.rp-photonics.com/beam_profilers.html (Last accessed 3rd December 2013).

[11] Coffey, Jerry (2010), Atomic Structure, http://www.universetoday.com/56747/atom-structure/ (Last accessed 3rd December 2013).

[12] Vladislav, I (2008), 'Description of Stimulated Emission', http://en.wikipedia.org/wiki/File:Stimulated_Emission.svg (Last accessed 3rd December 2013).

[13] Wikipedia (2013), Laser – Design, http://en.wikipedia.org/wiki/Laser (Last accessed 3rd December 2013).

[14] Wikipedia (2013) Laser-holowiki, http://holoinfo.no-ip.biz/wiki/index.php/Laser (Last accessed 3rd December 2013).

第4章 含能材料基本特性

4.1 引 言

在考虑含能材料(特别是炸药)的特性之前,有一点对于含能材料来说非常重要,即将含能材料简单定义为一种可提供化学能的材料,这一点是其有别于其他非含能材料的一个重要特性。相对于含能材料而言,非含能材料的定义更容易,涵盖的材料范围也更广。为了对工程师、科学家以及军事人员有用,含能材料必须能够在没有任何其他外部材料干预的条件下以做功的形式迅速提供其可用的能量。

需要格外说明的是,含能材料在制造、贮存和使用过程中必须是绝对安全的,不可以有意外事故的发生,但在特殊需要的情况下其又能表现出高能特性并迅速释放其能量。易发生爆炸的材料的范围非常广,范围涉及物质的所有物理物态,既包括简单的化合物也包括复杂的混合物。简单地说,一提到炸药,人们首先会想象炸药即是一种可发生爆炸的材料,因此任何可产生爆炸的材料都可以说是含能材料(炸药),但事实上绝对不是这样的。下面有关什么是爆炸的一个简短讨论将有助于深入理解什么是含能材料。

4.2 爆炸的性质

相对于炸药的定义而言,爆炸现象更容易定义,即爆炸是一种高压气体发生剧烈膨胀的现象。气体膨胀的这一特性可用来做有用功。爆炸在自然界中非常普遍,其爆炸规模可大可小,爆炸的位置既可以是整个宇宙也可以是我们所涉及的各种场所。在整个宇宙范围内,我们常说宇宙的起源为"大爆炸",在这样的环境条件下,没有任何有机生物能够在这样的大爆炸中存活下来。火山岛,例如印度尼西亚的喀拉喀托火山,也可以并且已经产生了巨大的爆炸,并造成了大规模的破坏。从更小一点的范围上说,闪电的放电在地球上的传输过程中也可对一定的物体产生爆炸性的损害,如没有任何避雷设施的树干或建筑物。这两个陆地上的例子均是由于水的汽化产生的爆炸,而没有发生任何的化学变化。

另一些物理爆炸可能是一些人为原因造成的爆炸,如高压锅炉的爆炸。对于充有压缩气体的钢瓶,在某些情况下(如发生火灾时)如果钢瓶内的压力超过了钢瓶的极限耐压压力也同样会产生爆炸。所有这些爆炸的例子都不需要通常所说的爆炸性物质的存在,但是物理爆炸也是具有巨大的破坏性的,其爆炸产生的气体冲击波以及高速运动的破片都会带来巨大的破坏。许多工作场所的危险隐患也都来自于物理爆炸。

第二类爆炸为核爆炸,这类爆炸主要是由于原子核发生的核裂变或核聚变。在核裂变或核聚变这两个过程中会产生一些质量损失,这些损失的质量会转化为巨大的能量,这一巨大的能量会以电磁辐射的形式迅速释放,辐射光谱范围涉及整个光谱范围,从短波的伽马辐射经可见光到红外辐射,以及光谱末端的热辐射。实际上,核爆炸过程中发生的气体膨胀主要来自于爆炸装置周围空气由于高温而产生的膨胀,因为在核爆炸过程中周围空气的温度会在很短的微秒时间内从 293 K 迅速升高至约 2×10^6 K,从而产生一个很强的局部超压。大部分地球上的材料在接触到这样的高温时都会瞬间汽化,进而进一步提高了气体压力。核爆炸产生的破坏主要是由于爆炸冲击波、高温以及强电磁辐射。太阳是一个巨大的核聚变体系,其也在不断地向地球方向辐射电磁辐射,但由于在太阳和地球之间是一个真空环境,没有气体介质存在,因此在地球上并不会感受到任何由于太阳内发生的核聚变反应而产生的核爆冲击波。太阳耀斑产生的大量电磁辐射会对地球大气层产生巨大的影响。

可产生核爆炸的放射性元素并不是我们通常意义上所讲的炸药,因为它们对于传统的起爆方式没有任何响应。事实上,要引发核爆炸,必须采用经特殊设计的炸药装药,通过炸药爆炸产生的高温高压迫使亚临界的质量聚集,从而引发核爆。

第三类爆炸为化学爆炸,其主要是由于物质的快速分解而产生大量的气体以及热。但值得注意的是,化学爆炸并不一定需要产生热。一般而言,分解过程通常表现为燃烧的形式,即一个可产生一些可见的火焰或烟(某些化合物的爆炸分解过程不会产生氧化产物除外)的放热氧化反应过程。

目前,许多已知物质是非常不稳定的,它们在室温下即可发生爆炸,甚至是在量很少或没有任何外界刺激的情况下也会发生爆炸。这方面的一些典型例子即浓氨水与碘反应生成的氨合三碘化氮(这一内容将在后面讨论)以及一些可用于发火帽的金属配合物。

可以看出,如果我们只是将炸药简单定义为一种可产生爆炸现象的物质,则可能会包含一些没有任何实用价值,实验研究非常危险的一类物质。因此对于有一定实用价值的炸药,其必须具备在一定条件下才可能发生爆炸的特性。实际上,这也在一定程度上表明,作为一种具有实用价值的炸药,其必须在通常条件下与所可能接触到的其他物质呈现化学惰性,在正常的环境温度条件下可稳定保存。同时,其点火温度也必须足够低,以保证采用传统的起爆方式能顺利起爆。有实用价值的炸药的一个突出特点即其最小起爆所需要的能量必须始终低于其起爆后炸药装药所释放出的能量。

这些不同属性共同构成了实际炸药所需要的两个基本要求的基础,即安全性和可靠性。炸药在生产、贮存和使用时必须足够安全,对外界的意外刺激有较高的抵抗能力,但在需要的条件下又能轻易起爆。根据这两个判定标准可有效地将一些爆炸性物质排除在炸药范围之外。研究炸药激光热点火特性的一个重要原因即获得一些较传统起爆方式更安全的起爆方式。

另一个需要进一步考虑的基本要求即炸药的效能。所有的化学类炸药都能产生热,但有一些炸药爆炸产生的气体很少或几乎没有。这一类材料则可以用于烟火药中,因为烟火药的目的是产生一些特殊的效应(即烟雾或光)而不是用以做功。炸药要具有足够的做功能力,则其既需要产生热也需要产生气体。与核反应所释放的热量相比,化学爆炸产生的热量要比核反应所释放的热量低数个数量级。因此,化学爆炸不可能使其周围空气产生足够高的温度,即其不可能像核爆炸那样利用核爆炸形成的高温气体作为工作介质(或工作流体)以做功。化学类炸药必须能产生其自己的工作介质,这些工作介质主要是炸药周围的气体或爆炸反应生成的气体,而且这些气体的总摩尔数必须非常高,这主要与爆炸反应生成的气体量有关。

因此我们可以定义炸药为"在适当条件下起爆后可发生爆炸分解反应并产生热和气体的一类物质"。通过化学爆炸与物理爆炸和核爆炸在毁伤效能方面的比较可以看出:化学爆炸产生的破坏主要来自于其爆炸产生的冲击波,爆炸飞片以及在一些情况下可能由于爆炸热效应而产生的燃烧。一般来说,化学爆炸的破坏作用介于物理爆炸和核爆炸作用之间。

4.3　炸药的物理化学特性

化学类炸药存在各种实物形式,既可以是单一的化合物也可以是混合物。如果其为混合物,则其混合物组分既可以全是化合物也可以是单质与化合物,甚至可以全部为单质。化学类炸药的物理状态可以是固态、液态或者气态,而且易爆混合物通常为两相体系,如广泛应用于采矿业和土木工程业的硝酸铵(AN)基乳化(或凝胶)炸药。同样重要的另一类炸药即硝酸铵与不同液态烃燃料形成的铵油炸药(ANFO)。

最具实用价值的炸药通常是固态或液态炸药,即主要为"凝聚态"类物质。气体物质由于其密度低,爆炸后的体积变化远低于固体和液体,因此这类物质爆炸时的破坏力较小,其冲击波速度约为 2km/s,远低于典型固态炸药的 8km/s。然而,在某些工作场合如果存在某些易燃易爆性气体时也是非常危险的,比如地下煤层中甲烷气体是最常见的易燃易爆气体。尽管由气体爆炸产生的爆炸效应低于固态炸药,但气体爆炸产生的爆炸效应在整个爆炸气体云范围内均一致,因此,其爆炸效应产生的范围较广。此外,由易燃气体爆炸产生的冲击波压力仍然超过人体所能承受的强度,因此仍会造成致命的事故。

将可燃性燃料分散在空气中后形成的混合物经点火后可作为一种可实际使用的武器(FAX),并且具有较强的爆炸效应,因此,在加油站附近应严格限制吸烟或开放式电开关的使用。乙炔即是一个在适当点火条件下可产生剧烈爆炸的典型例子,而且这种气体还存在另一种潜在爆炸的危险。它可与一些金属(如铜和银)反应形成金属乙炔化合物,该类化合物对摩擦和静电火花非常敏感,因此,乙炔气体的使用管理非常严格,必须精心挑选相应的金属管道——通常采用不锈钢或衬镍材料。

4.4　燃料和氧化剂的概念

大多数爆炸过程中发生的化学反应为一种或多种燃料的氧化反应。对于所有的含能材料而言,这种燃料和氧化剂之间的反应对含能材料是至关重要的。如果所需的反应是为驱动弹丸,则必须可产生有用功且产物必须为气态。另外,烟火药旨在产生特殊的烟火效果,因此严格意义上说,它们可能并不需要产生气体。这就增加了燃料和氧化剂的可选择性。表 4.1 列出了一些适合作为氧化剂或燃料的组分。这个表只是一个象征性的表,许多其他材料既可以作为燃料也可作为氧化剂。

表 4.1　常见的燃料与氧化剂

燃料		氧化剂	
金属类			
铝	Al	氧气	
铁	Fe	四氧化二氮	N_2O_4
镁	Mg	液氧	
锰	Mn	发烟硝酸	
钛	Ti	过氧化氢	H_2O_2

57

（续）

燃料		氧化剂	
金属类			
钨	W	固体	
锆	Zr	次氯酸盐	$Ca(ClO)_2$
铅	Pb	氯酸盐	$KClO_3$
非金属类		高氯酸盐	$KClO_4$
氢	H	碘酸盐	KIO_3
硼	B	硝酸盐	$NaNO_3$
碳	C	铬酸盐	$BaCrO_4$
硅	Si	重铬酸盐	$K_2Cr_2O_7$
硫	S	氧化物	Fe_3O_4
磷	P	氧化铅	Pb_3O_4
可燃碳氢化合物		氧化锌	ZnO
木炭		氧化铜	CuO
锯末		过氧化物	$BaO_2(Ba+IV)$
石蜡		过氧化合物	
煤油		过硼酸盐	$Na_2H_2B_2O_8$
柴油		过碳酸盐	$K_2C_2O_6$
萘		过硫酸盐	$K_2S_2O_8$
甘油		卤代烃	
硫磺		六氯乙烷	C_2Cl_6
糖		聚四氟乙烯粉	
环六亚甲基四胺			
肼			
(ii)可爆炸物			
硝基苯			
硝基甲苯			
二硝基甲苯			
环氧乙烷			
(iii)易爆物			
乙炔			

从元素周期表中可以看出,只有一些非金属元素存在气态氧化物,其中只有一氧化碳(CO)、二氧化碳(CO_2)和水(H_2O)具有适合于爆炸产物气体的性能。卤素元素的氧化物也为气体,但其不稳定,有时甚至会发生自爆炸,并生成氧气。氮的氧化物通常可作为炸药中的氧源,主要由于氮原子之间的键是比任何的氮氧键都强。然而,有一些炸药爆炸时会生成一些氮氧化物类的副产物,而这些副产物并不是所希望的产物,因为这些副产物是一些带有刺激性气味的气体。

碳和氢是常见的可燃性元素。氧化性元素通常为氧,但在烟火剂中,其他类型的氧化剂也是可能的。作为一种气体,氧气本身由于密度较低,因此,它并不是一个有效的氧化剂。然而,将氧气液化后的液氧在探空火箭用发动机中扮演着重要的角色(氟元素的氧化性虽然最强,但研究发现,其并不适合于合成炸药,而且氟化物还有一定的毒性)。一般情况下,氧通常来源于含氧阴离子在加热时所释放的氧,常见的含氧阴离子有硝酸根离子(NO_3^-)、氯酸根离子(ClO_3^-)和高氯酸根离子(ClO_4^-)。与其他原子以共价键相连的硝基($-NO_2$)也可作为氧化剂(见后文)。对于大多数炸药而言,其体系中均包含燃烧所需的氧。因此,通过引发物提供一定的热量引发后,炸药随后即可发生快速分解反应并释放出氧原子,氧原子再与其他可燃元素结合从而放出大量的热。

事实上炸药自身携带有足够的氧,这使得其既可以在空气中燃烧也可以在不存在空气的环境中燃烧,这也是炸药有别于其他易燃物质的一个重要特征。发射药在炮管中燃烧时是不存在空气的,其发出的明亮火光是由于发射药在炮管中的燃烧产物遇到空气后进一步燃烧的结果。相比之下,普通的可燃固体(如纸、木头和织物等)并不能快速(或加速)燃烧,除了在燃烧过程中提供大量充足的空气。当一个深平底锅中的油着火后盖上一块湿布即可将火有效地扑灭,因为其有效地隔绝了空气,从而阻止了燃烧。燃料在发动机中的燃烧也需要提供充足的空气。

然而,由于炸药自身会携带氧,而且氧元素在炸药中所占的比例还很高,因此,当炸药发生燃烧时,其单位质量所释放出的能量会小于普通可燃材料在空气中燃烧所释放出的能量。例如,相同质量的汽油在空气中燃烧所产生的热量约是相同质量的高能炸药燃烧所释放出的能量的 8 倍(表 4.2),但汽油在燃烧时必须提供大量的空气以保证其充分燃烧。值得注意的是,随着氢碳比的降低,其燃烧所释放的能量也随之降低。

表4.2　普通燃料与含能材料的能量特性对比

燃　　料		摩尔质量	燃烧焓	
			/(kJ·mol⁻¹)	/(kJ·g⁻¹)
氢气		2	242	121
炭		12	394	32.8
甲烷		16	890	55.6
乙烷		30	1492	52.1
丙烷		44	2223	50.5
丁烷		58	2882	49.7
辛烷(汽油)		114	5513	48.4
炸药	EGDN	152	1022	6.73
	RDX	222	1139	5.13
	TNT	227	926	4.08

炸药是一种二次能源,其真正具有实用价值的是其在某些约束条件下的高能量释放速率,而并不是其能量释放量。从表4.3中的数据可以看出,能量释放速率非常重要。而且,炸药在完全密闭的条件下(如枪炮的弹药壳和水下环境)也可起作用。

表4.3　燃料燃烧所释放的能量及能量释放速率与性能优良炸药的对比结果

100g 的材料	能量/kJ	功率/W
蜡烛燃烧 (≈24h)	4360	50
炸药爆炸 (≈22μs)	513	2.3×10¹⁰(23GW)
典型电力站		3×10⁹(3GW)

蜡烛的燃烧通常需要24h,而且还需要多根灯芯以保证液态的碳氢燃料与空气能充分接触以维持其燃烧。而炸药经起爆到完全反应仅需22μs,且会产生冲击波。另外值得注意的是,发生爆轰反应时的能量输出功率要比依靠碳燃烧提供能量的发电站的能量输出功率高几个数量级。

4.4.1　爆炸性混合物

炸药存在多种不同形式,最简单的分类方法即将其分为混合物和单一化合物。首先看一个气态混合物的例子,氢气和氧气按体积比为2:1比例充分混合后的混合气体在有火花或小火焰存在时极易发生爆炸。其反应方程式为

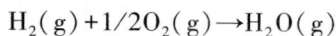

$$H_2(g)+1/2O_2(g)\rightarrow H_2O(g)$$

　　该反应所释放的能量大于 13260J/g,该能量所产生的爆炸强度从常见的玩具气球爆炸即可看出。氢气和氧气按化学计量比混合形成的混合气体经点燃后会发生燃烧转爆轰现象,其爆炸作用足以完全破坏盛有该混合气体的容器。然而在实际应用中,这类混合气体并不适合作为炸药使用。因为气体的体积相对较大,在使用时也很不方便,而且正常环境条件下通过加压的方式也很难使其液化,只有在温度足够低的条件下才能使其液化,但其液态的密度仍然相对较低,且在低温状态使用时非常危险。由于氢气的临界温度为 15K,其沸点为 22K(-253℃),而相应氧气的临界温度为 80K,沸点 90K(-183℃),因此这些气体的液态很不稳定,自身很容易发生物理爆炸。

　　多年前,人们曾尝试用液氧来作为一种炸药使用,但由于各种原因最终都放弃了。目前,液氧最成功的应用或许是其在探空火箭中的应用,这主要是由于液氢、液氧燃料的比冲较高,且由于外太空环境温度约为 5K,在此条件下液氢、液氧燃料很容易贮存,因此非常适合在外太空中使用。如最早登月用的氢/氧火箭发动机,最初的阿特拉斯火箭的主发动机以及美国航天飞机的主引擎均采用的是液氢、液氧燃料。

　　实际上,要产生瞬间的爆炸,参与反应的材料必须能够压缩成几乎凝聚态的状态。因此,作为另一个爆炸性混合物的例子,我们考虑一种固态的物质,即人们所熟知的最古老的炸药——黑火药或火药。尽管在过去的几个世纪它们的比例和制备方法已经得到不断的改进,但直到今天,该类炸药的三个组分仍然未发生改变。

　　Roger Bacon(1214—1292)被认为是第一个在其教会著作中描述黑火药的欧洲人,他所描述的黑火药的组分按质量百分比近似为:37.5%硝酸钾、31.25%木炭、31.25%硫磺。

　　随着现代科学的发展,人们逐渐认识到,硝酸钾(氧化剂)的比例必须增加,而燃料木炭和硫的比例应减小,所以,现代黑火药的组分比例大约为:75%硝酸钾、15%木炭、10%硫磺。

　　硫磺在黑火药组分中不仅作为燃料使用,而且其还可以降低黑火药的孔隙度以及点火温度。黑火药的制备过程并不是其组分的简单混合过程,其所需的制备工艺必须尽可能保证各组分之间紧密接触。现代的粒状黑火药较过去的粉末状黑火药燃烧得更快。黑火药中个别组分是在地面上通过地面的灰尘与少量水混合粘连在一起的,之后经压制而最终形成固态球状药粒。球状药粒经干燥处理后更容易形成易处理的小颗粒。由于小颗粒中各种组分黏结非常紧密,因此其不仅需要除尘而且燃烧性能还非常好。火药在几个世纪的发展中有各种各样的应用,如烟火药、爆破拆除、枪炮发射药、火箭推进剂以及弹丸和岩石爆破的装药。在这些方面的应用中,与其他材料相比火药性能更高,但作为炸药使用时,即使是性能最好的火药配方,其仍然存在许多缺陷。这主要归因于:

(1)黑火药是一些非爆炸性组分的混合物,相对于炸药的爆炸过程,其反应时间较长。对于黑火药而言,其主要发生的是燃烧反应,而不容易发生燃烧转爆轰现象,只能通过冲击波起爆的方式才能够形成爆炸。

(2)黑火药中含有约36%的金属元素钾,燃烧后会产生大量的固体产物而不是气体,因此严重影响其做功能力。

黑火药的发明远早于现代化学的出现,但即使是现在,对于黑火药的燃烧反应仍然不能通过一个简单的化学方程式来准确描述。在目前课本中使用的一个最简单的描述黑火药燃烧反应的化反应方程式为

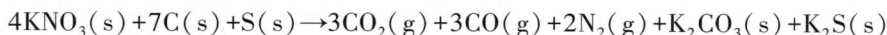

$$4KNO_3(s) + 7C(s) + S(s) \rightarrow 3CO_2(g) + 3CO(g) + 2N_2(g) + K_2CO_3(s) + K_2S(s)$$

从这个反应式可以看出,5个主要产物中只有3个为气体。事实上,大量实验也表明,黑火药的燃烧产物中气体组分约为黑火药质量的43%,这只相当于相同质量现代炸药爆炸所产生的气体体积的1/4。此外,由于产生的热量主要受生成的CO_2和CO量的影响,因此黑火药燃烧产生的热量只有现代炸药产生的热量的1/2。相比于前面所提到的相同质量的氢氧混合物燃料的燃烧性能,黑火药燃烧产生的热量只有氢氧燃料产生的热量的1/4。

目前,黑火药的使用量很少,即使是作为推进剂的点火药使用,其用量也很少,其正逐渐被其他含能材料所取代。现代炸药混合物在很大程度上取代黑火药在商业爆破作业中的应用,而且现代炸药在很多方面应用效果更好。目前,最常见的现代炸药即硝酸铵(AN)基炸药。硝酸铵本身也是一种炸药,也曾发生过重大的安全事故,如一艘停靠在佛罗里达州港口并载有大量硝酸铵肥料的货船就因货船货舱起火而发生爆炸。关闭的舱门导致船舱内空气压力上升,从而加速了硝酸铵的燃烧并最终形成爆炸,给货船和港口带来了灾难性的破坏。纯硝酸铵并不容易起爆,要产生稳定爆轰其最小直径必须超过1m,因此人们很容易忘记它是一种炸药。硝酸铵与固体燃料(如铝粉或蔗糖)混合可形成较普通火药性能更佳的混合物(ALAN或ANS)。硝酸铵固体与碳氢燃料(如柴油)可形成铵油炸药(ANFO)。这类炸药由于其所用原材料来源广泛,易于制造,因此通常是简易爆炸装置的最佳选择。同时,通过与其他材料混合可使硝酸铵的临界爆轰直径由米级降低到厘米级。

将硝酸铵溶解在热水中并与其他碳氢燃料形成含硝酸铵的乳液即可制备出非常安全的"乳化炸药"。这种炸药几乎不会发生意外爆炸。这种炸药的突出优点即其制造成本低,原材料来源广泛,可以在使用时现场混合。乳化炸药由于其安全性较高,在没有雷管起爆的条件下很难发生爆轰,因此广泛应用于采矿和

采石行业。此外,乳化炸药很难用激光引发其分解,除在加入一定敏化剂的条件下,由于敏化剂可吸收激光辐射从而才可引发放热分解。

然而,与普通单质炸药相比,上述混合物的性能仍相对较差,这主要由于在普通单质炸药中氧化性元素与可燃性元素在每个分子内以原子键相结合,因此其能量释放速率较高,这也是目前主要选用单质炸药的原因。而且,与不同形态固体(如粒径和密度)材料的混合过程相比,单质炸药的质量控制更为容易。由于硝酸铵与蔗糖的密度不同,因此,在任何时候都有可能因为振动而使硝酸铵与蔗糖发生分离,从而导致其性能大大降低。甚至通过乳化方式制备的乳化炸药也有可能因为分散相尺寸及密度的问题而发生相分离现象,这主要取决于乳化炸药的制备工艺。

另一类燃料与氧化剂的混合物为液态,如常用于液体火箭推进剂的肼与过氧化氢的混合燃料。当硝基甲烷与胺混合后即可形成一种与 TNT 性能类似的易爆炸药。某些这种混合物甚至在混合过程中即可能发生自点火,因此常将此类混合物划归为"自点火"材料,其主要用于液体推进剂中。燃料与氧化剂的混合物的另外两个重要应用领域即前面所提到的烟火药以及后面将要介绍的固体推进剂。下面将对这方面的内容作一定的简要介绍,后面的章节将作更为详尽的讨论。

4.4.2　烟火药

目前,烟火药仍然是一类主要依靠采用不同组分相混合的方式制备的含能材料。对于不同的烟火药,其发生化学反应时产生的烟火效应也不同。表 4.4 列出了部分烟火药的烟火效应以及其相应的用途。

表 4.4　一些特殊的烟火效应及用途

烟火效应	用　途
热	点火源、起爆药、点火药、发热剂、延期药
光	照明弹、信号弹、跟踪、红外诱饵弹、闪光剂
烟	可见和红外遮蔽、杀伤
声音	信号烟火警报、铁路警示装置、模拟战场、汽笛
气体	裂解热机械、推进、膨胀
化学制剂	合金及无机非金属材料的制备

从表 4.4 中可以看出,只有在需要产生声音的情况下,烟火药才需要产生气体,对于大部分用途的烟火药,气体通常是一种副产物。

烟火药往往是通过外界机械刺激(如针刺或撞击)的方式来引发并点火的,有关这方面的内容将在第 7 章的点火部分作详细的介绍。烟火药的燃烧速率主要依赖于材料的以下几个参数:①混合物的组成;②组分的颗粒尺寸;③燃烧表面的维度;④构型热损失结构(主要依赖于容器的材质、厚度和几何尺寸);⑤环境压力。

可燃烧烟火药通常可分为两类:液态混合物和固态混合物。简单的碳氢化合物燃料是一种在一定区域很容易分散并且很容易点火的液体,但其一般不容易采用激光进行点火。液态的烷基铝与碳氢燃料的混合液在与空气接触时会发生自燃,因此其非常危险,在贮存时应非常小心。它们接触空气发生自燃时所放出的热足以引燃一些像木头和纤维织物这样的软目标。固态混合物通常更难点火,最常见的固态混合物即"铝热剂",其燃料为铝粉,氧化剂为氧化铁,该混合物的反应方程式为

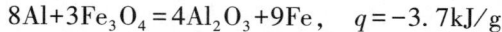

$$8Al+3Fe_3O_4=4Al_2O_3+9Fe, \quad q=-3.7kJ/g$$

虽然该反应放出的热量并不是特别高,但其反应所能达到的温度却非常高,足以形成熔融态的铁,同时生成一些低密度的氧化铝熔渣,这种氧化铝是一种非常好的隔热材料。尽管铝热反应是一个理想的热反应,但对于铝热剂而言,并不容易引发,其用能量很高的点火药(如硅和氧化铅的混合物)来引发其反应。像这样的点火药,其输出的能量较上述的铝热剂所输出的能量低,但其可产生温度很高的熔渣,并且产生的气体量也很少,这些少量气体主要来源于高温熔融的铅蒸气。硅-氧化铅的混合物对火花以及摩擦非常敏感,使用处理时应非常小心。铝热剂也常用于原位焊接工艺,如高速铁路所需的数千米长的无缝铁轨,若采用普通的气焊或电弧焊是很难实现的。

延迟元件主要是在可预测的特定时间间隔后通过燃烧的方式为主装药提供初始点火所需的能量。延迟药必须装在不可燃烧的管中,其燃烧过程类似于香烟的燃烧。含延迟药的最简单的装置即手榴弹,这种装置可保证投弹者在投出去后才启动该爆炸装置。但需注意的是,这种爆炸装置的延迟期只有几秒钟。延迟时间由许多参数控制,如具体配方组分、组分颗粒的大小、壳体约束、含延迟药的药管长度等。常见延迟药组分参数对其燃烧时间的影响见表4.5。

表4.5 常见延迟药组分参数对其燃烧时间的影响

编号	含量/%				燃速/($cm \cdot s^{-1}$)
	钨	铬酸钡	高氯酸钾	硅藻土	
1	27	58	10	5	16
2	33	52	10	5	11
3	49	41	5	5	4
4	80	12	5	5	0.6

表 4.5 所列出的这些延迟药所需的化学试剂均为同一批次,所有试样均经过各种严格复杂的工艺制备流程,以避免试样中组分发生相分离现象,从而保证产品尽可能达到完美的均匀混合。所有试样经相同的压力压制成型,每个试样测试 5 次,结果取 5 次测试结果的平均值。安全引信即是延迟装置一种,主要用于常见的雷管中(见第 7 章)。

烟火药所需产生的光强主要取决于其具体的应用领域。对于高速摄像而言,其所需的闪光灯的光强很强(通常为 200×10^6 cd),但其照明时间却很短(约 10ms)。而对于大面积观察所需的照明装置而言,其所需的光照强度通常相对较低(约为 6×10^6 cd),但其所需的照明时间却很长(约 3min)。通常,最有效的发光体即热的固体,因此,燃烧产物中固体颗粒的温度越高,其产生的光强即越强。由金属粉(如铝粉和镁粉)和氧化剂(如氯酸盐和硝酸盐)组成的烟火药组分,其燃烧时的发光效应最好。通过控制烟火药中各组分的颗粒尺寸和颗粒形貌即可有效地控制其燃速。固体颗粒的比表面积越大,点火燃烧过程越容易在其整个表面进行,则其燃烧发出的光也就越强,而如果所需发光的时间需要持续数分钟,则可选用粒子尺寸较大的材料,使其燃烧过程越类似于香烟的燃烧过程。

在目前已知的氧化剂中,高氯酸盐是一种首选的氧化剂,因为含氯物质的存在可提高烟火药以发光形式所释放出能量的比例。光的颜色主要取决于氧化剂中的阳离子。如果需要产生白光,则所选用的阳离子通常为铵离子。如果需要产生彩色光,则所选用的阳离子通常为元素周期表中第一主族和第二主族的碱金属或碱土金属离子。铜离子也是一种常用的可产生蓝光或绿光的阳离子,其具体产生的光的颜色主要取决于实际的燃烧条件。最令人关注的一个发光体系即可产生频闪光的发光组分,其发光过程实际上是一个振荡反应过程,通过控制其化学组分和燃烧方式从而产生振荡形式的光。当可燃材料离开体系表面时,反应速率降低,光强也随之降低,之后当可燃材料落回体系表面时,可燃材料被加热,反应速率增加,光强也随之增加。聚四氟乙烯(PTFE)是一种性能特殊的氧化剂,其常与镁粉混合用于可产生强烈光信号的诱饵弹,产生热辐射的固体颗粒为聚四氟乙烯与镁粉反应生成的氟化镁。这类材料的能量输出约为 10.2kJ/g (高于大多数的炸药配方),可作为热追踪导弹的干扰源,同时其燃烧时产生的高强光也是其突出的优点。此外,这类材料可在不到 1s 的时间内达到其光能的最大释放功率(约 20kW/sr),而且在合适的燃烧条件下,这类材料可以保持这种能量释放功率约 5s。

烟主要可用于情景效果制造、烟雾信号以及在公共秩序混乱情况下使用的烟雾弹等。烟是悬浮于空气中的微粒对光产生的散射而形成的一种效果。虽然可产生雾的水也是一种可产生舞台烟雾效果的材料,但相比而言,固体颗粒产生的烟雾效果更好,特别是当固体颗粒的尺寸分布范围较广时,其效果更佳。荧幕上出现的白色的烟很容易通过化学反应过程产生,既可以选用易挥发的金属卤化物(如氯化锌),也可以选用易燃的磷(最好是红磷,因为白磷暴露在空气或氧化剂中很容易发生自燃,不易贮存)。低毒的白烟可选用一些易升华的有机材料,如苯甲酸。

彩色烟雾信号相对更难制造,其颜色主要取决于所选用有机颜料的颜色。不同颜色的有机染料由于烟火剂(通常为高氯酸钾和糖的混合物)燃烧产生的热量而发生升华形成气体,之后在冷的空气中又发生凝结形成悬浮于空气中的细小固体颗粒,从而产生不同颜色的烟。发生升华过程的条件对烟雾的产生至关重要,如果混合物的燃烧过程太强,则有机颜料将会发生燃烧而不是升华,产生的烟将是黑烟而不是有颜色的烟。这类不同颜色的烟雾对一定波长的激光可产生很好的吸收和散射效果。不同颜色的有机颜料也可用于含能材料中,以提高含能材料对激光的敏感性。本章的末尾列出了几本有关烟火药物理化学性能的书,有兴趣的读者可以参考。

声音和气体通常是相伴而生,唯一不同的是在速度和压力方面,这些主要来源于气体的作用。要产生"爆炸"声,则其必须能在密闭容器中快速地产生大量气体,同时容器破裂时的压力决定了爆炸声的大小。手榴弹爆炸时的巨响可使人在短时间内丧失听觉意识。在装有烟火药的一端封闭的管中,烟火药燃烧时产生的鸣响主要来自于气体燃烧产物的振动。由于气体产物的产生使可燃物离开燃烧表面,反应速率降低,气体产物减少,可燃物又落回燃烧表面,反应速率增加,气体产物增加。这种间歇式的反应过程是产生间歇式声音的主要原因,其间歇发生频率主要取决于烟火药组分的粒度及其使用场合和表演方式。

推进系统需要类似的燃烧时间,但不需要在密闭空间中并产生高压。主要依赖于所产生气体的量的烟火药的两个重要的应用领域即出于安全考虑的汽车安全气囊和民航客机的安全逃逸滑梯。最初在这两个领域使用的混合物中含有叠氮化钠,但由于叠氮化合物有毒,因此后来逐渐被硝化纤维素基的推进系统所取代。飞机弹射座椅的弹射装置中所使用材料也主要是可产生大量气体的烟火药,但称其火箭推进剂更为确切,这将在下一节中讨论。

烟火药混合物还可以用以制备采用常规化学手段很难制备的高温陶瓷。如金属氧化物的混合物,其很难通过将相关氧化物熔化的方式来制备,但可以通过金属与可提供第二金属元素的氧化剂反应来制备。通常,要连续不间断地制备均一性好的硅酸铝等陶瓷,则需要反应温度高于1500℃,而这个反应温度对于铝基烟火药而言是很容易实现的。

目前,烟火药中添加有各种不同的组分以改善其性能,总结如下(其中某些可能物质对激光点火性能有一定的影响):

(1)改善混合物的物理性质;

(2)提高安全性;

(3)改善燃速;

(4)提供或提高某些特殊性能。

固体粉末的混合物在贮存过程中可能会发生相互分离的现象,因此需要一些材料来保持各组分之间能紧密接触而不发生彼此分离,这种材料即通常所说的黏结剂。黏结剂也可提高混合物的强度,降低感度,改善某些特殊性能。天然的黏结剂包括石蜡、蜂蜡、熟亚麻油、虫胶和印刷用的清漆。

人工合成的黏结剂包括酚醛树脂、聚合物树脂、环氧树脂和聚硫橡胶。相比于天然黏结剂,人工合成黏结剂具有更高的机械强度,而且这类黏结剂还可以降低燃速,通常会选用燃速改良剂(如草酸钙)以更准确地控制混合物的燃速。有时还可选用某些对激光辐射吸收敏感的黏结剂,以增强其激光点火性能。通常,PVC 可以满足大部分要求,但它的一个致命缺点即其燃烧产物的毒性,同时在某些条件下其燃烧可产生 HCl 气体,而 HCl 又很容易与混合物中的金属反应,从而使其安全性降低,增加了混合物的使用风险。有关这方面的详细内容可参见本章末尾列出的有关烟火药物理化学性能的几本专著。

4.4.3　火箭推进剂

燃料与氧化剂的混合物的另一个广泛应用领域即固体火箭推进剂领域,它完全可以替代传统的含能化合物体系。目前常用的两类火箭推进剂为液体推进剂和固体推进剂。

1. 液体推进剂

液体推进剂常采用液体肼用作为燃料,无论是无水肼还是水合肼,都很容易贮存和使用。常用的氧化剂有过氧化氢、二氧化氮和四氧化二氮。含缓蚀剂的红烟硝酸(IRFNA)是一种溶解有四氧化二氮的浓硝酸与约 0.5% 的氢氟酸的易贮存混合物,氢氟酸的加入可有效降低浓硝酸对不锈钢贮罐的腐蚀。这些氧化剂与燃料组成的推进剂体系都是可以自燃的,当燃料与氧化剂在火箭发动机中相互接触即可发生自点火。这类推进剂的推力或比冲性能与性能最好的液氢-液氧推进剂体系的性能相当。

虽然液体火箭发动机的推力控制相对容易,只需通过燃料输送泵控制液体的流量即可有效控制其推力大小,但液体推进系统的液体输运管路设计复杂,操作危险,很容易发生燃料泄漏事故。如 ME 262 喷气式战斗机就曾发生了一系列因燃料泄漏而引发的著名事件,这种喷气式战斗机主要采用过氧化氢与甲醇/肼的燃料。由于子弹击穿过氧化氢贮罐而导致贮罐内液体泄漏到飞行员的降落伞伞包上,之后自燃起火,导致飞行员无法跳伞逃生。所有这些体系都不适合采用激光点火。

2. 固体推进剂

最常见的固体火箭推进剂即硝化纤维素与硝化甘油形成的凝胶混合物,该混合物的安全性高于两种组分的安全性。这种推进剂可加工成各种不同的药型,以通过各种不同的燃面燃烧来控制发动机的比冲。虽然这种推进剂的性能很好,但其对外部刺激相对较敏感,存在长储安全性的问题。如在双基推进剂中必须加入一定量的安定剂以改善其长储安定性。而且安定剂的加入可提高双基推进剂的激光点火性能,但即便如此,添加安定剂的双基推进剂的激光点火能仍然很高,有关这部分内容将在后面的章节作详细讨论。在双基推进剂中加入铝粉和氧化剂可有效改善其性能,这类含铝粉和氧化剂的双基推进剂称为复合改性双基推进剂。

另一种相对安全的固体推进剂即由碳氢类聚合物燃料和固体氧化剂组成的复合固体推进剂。这类推进剂所采用的氧化剂通常为高氯酸盐,特别是高氯酸的铵盐。这类氧化剂的热稳定性高,不吸湿,感度低,对摩擦、撞击和静电等相对不敏感,但由于其燃烧过程中易与碳氢燃料反应产生氯化氢,因此会给环境带来巨大的破坏。硝酸铵的燃烧产物相对清洁,环境污染小,但其易升华,在高压条件下的燃速较高氯酸盐低。研究者们曾尝试采用高氯酸盐和硝酸盐的混合物以作为氧化剂,但可实际应用的很少。由于铵盐的燃烧产物全部为低分子量的气体,因此其是固体推进剂的一种最理想组分。高氯酸铵(AP)的一个致命缺陷即其与燃料混合后易发生爆炸,如凡士林和高氯酸铵的混合物可作为简易的塑性炸药,同时铝粉与高氯酸铵的混合物在适当引发下也可发生爆炸。

常用的燃料主要是基于碳氢链的聚合物材料。这种聚合物可分为热塑性聚合物和热固性聚合物,热固性聚合物也是橡胶的重要组成部分。典型的热塑性聚合物有聚丙烯、聚异丁烯和聚乙烯等。典型的热固性聚合物有聚氨酯、端羟基聚丁二烯和端羧基聚丁二烯等。复合固体推进剂可通过不同形状的模具制成各种复杂的药型,其成型过程主要是先将氧化剂和预聚物均匀混合,之后在混合物中加入固化剂浇入模具中固化成型。与其他含能化合物相比,这类推进剂由于加入了一些惰性组分,因此其感度相对较低,但是这种推进剂所用的一些交联剂的毒性很高。铝粉也常作为燃料添加剂加入这类推进剂中以增加其燃烧焓,有关这方面的内容将在后续章节中详细讨论。在固体推进剂燃烧过程中,固体燃烧产物是最不希望出现的,因为燃烧过程中产生的高温固体颗粒会对喷管产生烧蚀,从而会降低发动机的有效推力。但这种烧蚀与身管武器的烧蚀相比,由于发动机的喷管通常是一次性的,因此这种烧蚀作用对发动机的性能影响并不十分明显。

　　这种固体燃料与氧化剂组成的混合物的性能主要取决于两个因素,即混合物组分的粒度以及混合物的均匀性。在发射药中主要采用小药粒的形式,以提高其燃烧性能。这主要是由于化学反应的速率主要受固体颗粒接触界面的影响,因此,固体组分间接触越紧密,其反应速率越高,也即燃烧速率越高。如果氧化剂和燃料包含在同一分子中,则其接触将更紧密,其反应距离将是纳米级而不是固体颗粒间的微米级,这也是下面节将要介绍的炸药分子的特性。

4.5　易爆类化合物

　　19 世纪中叶,随着有机化学的快速发展,作为有机合成的一个重要发现,采用浓硝酸与浓硫酸的混合物进行的硝化反应一经发现便催生出大量的新型有机化合物。这些化合物与它们的反应物相比都含有较高含量的氮元素和氧元素,这主要由于在硝化反应过程中,硝基($-NO_2$)会取代反应物中的氢原子,并且随着硝化技术的不断发展,硝基可取代的氢原子也越来越多。这类化合物被称为硝基化合物。之后,随着化学技术的发展,分子中含有硝基的含能化合物分子根据与硝基相连的原子的不同可将其分为三类。这种分类方式对于预测含能化合物的感度非常有利,更为详细的介绍可参见后面的相关章节。

4.5.1　硝酸酯类化合物

　　第一类含能化合物主要是含硝酸酯基($-ONO_2$)的硝酸酯类化合物。这类化合物主要是醇与硝酸经酯化反应的产物。在此硝化过程中,$-NO_2$会取代反应物中一个或多个羟基($-OH$)中的氢原子。因此,$-NO_2$主要通过一个氧原子与可燃的主链碳原子相连。通常认为,与其反应物相比,这类新化合物的热稳定性相对较低。它们也更容易点火,甚至在某些情况下,它们很不稳定,一个微小的碰撞即可使其发生爆炸。这类化合物的一个典型例子即最早合成的硝化纤维素(NC),NC 的制备过程主要通过浓硝酸和浓硫酸的混合物与纤维素(一类主链中单体单元为糖类化合物的高聚物)中的醇羟基反应而制得,其制备反应示意图如图 4.1 所示,聚合度(n)一般大于 200。

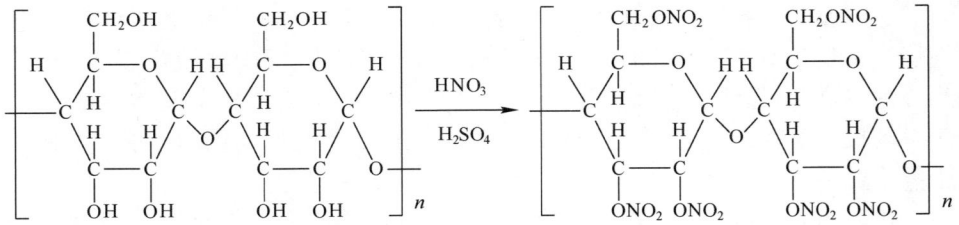

图 4.1 NC 制备反应示意图

值得注意的是,硝化过程中硝基仅与分子中羟基中的氧结合而不会与分子中单独的氧原子结合。由于纤维素是一种有机聚合物,因此由于聚合物链的空间位阻效应,使得分子中的羟基并不能全部发生硝化反应,而且随着反应的进行,位阻效应增加,硝化反应速率也会越来越慢。硝化纤维素的硝化度主要取决于纤维素的分子量、混酸的浓度以及硝化反应的温度。由于反应进行并不完全,因此最终的硝化纤维素产物是一种含有硝基单取代、二取代和多取代化合物的混合物。硝化纤维素准确的化学式主要取决于硝化度的高低,而硝化度主要通过测定产物的含氮量来确定。如果纤维素中每个结构单元上只有一个羟基与硝酸发生了酯化反应,则其氮含量为 11.1%;如果每个结构单元上三个羟基全部与硝酸发生了酯化反应,则其氮含量为 14.14%。通常根据一系列硝化纤维素溶液黏度的变化即可近似估算出其氮含量。如果将纤维素放在强碱溶液中煮沸,则其经一次水解后的分子中将带有 6 个羟基,这些羟基也可以进一步与硝酸反应生成硝酸酯,但是这一水解过程很容易生成糖,如甘露糖,而甘露糖也会与硝酸进一步反应生成甘露糖六硝酸酯。

硝化甘油(NG)是另一种重要的硝酸酯,其主要通过甘油(丙三醇)与硝酸(有时也使用硝酸与硫酸的混合物)在温度低于环境温度下反应制得,其反应示意图如图 4.2 所示。NG 正式命名方式为:1, 2, 3-丙三醇三硝酸酯。

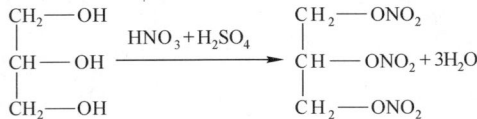

图 4.2 NG 制备反应示意图

硝化甘油是一种黏稠的油状液体,轻微的外界刺激即可产生剧烈的爆炸。由于其发生爆炸时产生的产物主要为气体,固体产物很少,因此与黑火药相比,其爆炸性能更好。值得注意的是,硝化甘油的生产和使用都非常危险。诺贝尔在海伦伯格的硝化甘油生产线就曾发生过爆炸事故,这表明硝化甘油的生产存在一定的困难,而且也很危险。但当用惰性粉末吸收后,可降低硝化甘油的感度。

诺贝尔最早采用的惰性粉末为硅藻土,生产上称这种炸药为硅藻土炸药。液态硝化甘油由于其自身所具有的流动性使得其在重力作用下很容易向下流动。现代硝化甘油的生产工厂主要通过将硝化甘油在硝酸溶液中形成分散的乳液状液滴,以降低大量的硝化甘油贮存时容易发生爆炸的危险。硝化甘油的贮存和运输都非常困难,通常其生产出后会立即使用。目前,硝化甘油主要与硝化纤维素一起混合使用,即双基推进剂,其混合过程主要是通过将生产制备的硝化甘油的水相悬浮液加入湿的硝化纤维素中以形成一种凝胶状的物质。此外,硝化甘油也可用于民用爆破作业用的胶状炸药中,但其贮存和使用都必须严格遵守爆炸危险品的贮存和使用规范。

硝化甘油在爆炸反应过程中其分子首先发生键断裂,形成大量处于杂乱状态的原子,这些原子又立即结合成气态产物分子,其相应反应过程为

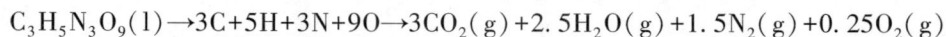

$$C_3H_5N_3O_9(l) \rightarrow 3C+5H+3N+9O \rightarrow 3CO_2(g)+2.5H_2O(g)+1.5N_2(g)+0.25O_2(g)$$

在该爆炸反应过程中,由于反应原子处于同一分子中,与黑火药这类混合物相比,其氧化性元素与可燃元素的反应距离更近,为纳米级,而非黑火药中氧化性元素与可燃元素之间毫米或微米级的反应距离,因此硝化甘油的爆炸反应速率更快。从硝化甘油的爆炸反应式也可以看出,每227g硝化甘油发生爆炸反应后可产生3mol的CO_2和2.5mol的H_2O,其爆炸反应热为6275J/g,高于黑火药的3035J/g。产生的气体为740cm³/g,高于黑火药的265cm³/g。很明显,硝化甘油的性能更好。

另外两种重要的硝酸酯炸药为乙二醇二硝酸酯(EGDN)和季戊四醇四硝酸酯(PETN)。EGDN主要作为硝化甘油的添加剂,通过降低NG的熔点以降低其感度。PETN主要用作电雷管的起爆药。所有这些硝酸酯化合物的分子式可见本章末尾的附录部分。这些大部分都是性能最好的含能材料,但同时其感度也最敏感。由于硝酸酯的生成反应为可逆的酯化反应,因此即使在有极少量残酸存在的条件下,硝酸酯也容易与水发生酯化反应的逆反应,故为防止其在贮存过程中发生分解,在制备过程中必须严格纯化以除去残酸。

4.5.2 硝基类化合物

硝基化合物类炸药,其硝基直接与一个碳原子相连,最简单的硝基化合物为硝基甲烷(CH_3NO_2)。硝基甲烷由于制造成本低,安全性高,需要在有敏化剂和雷管起爆的条件下才可起爆,因此大量应用于各种炸药配方中,而且其性能与TNT相当。最重要的一类硝基化合物即分子含有苯环的硝基化合物,主要包括

三硝基甲苯(TNT)、苦味酸和斯蒂芬酸。这些化合物主要通过浓硝酸、浓硫酸的混酸与芳香化合物的反应制得。尽管三硝基苯爆炸性能和熔点都比 TNT 高,但甲苯比苯的硝化相对容易。甲苯的简单硝化反应过程如图 4.3 所示。在所有三个产物中,对称异构的三硝基甲苯(图 4.3 中左下第一个)约占所有产物的95%。三硝基甲苯的现代制造工艺主要采用回流装置进行甲苯的硝化,发烟硝酸首先会经历蒸发过程,因此液相中的硝酸浓度会相应降低,使得纯甲苯在反应初始阶段由于硝酸浓度较低,因此很容易生成单硝基甲苯和二硝基甲苯,且由于单取代和二取代过程反应放热量较大,因此采用回流装置可有效降低硝酸的初始浓度,降低反应速率,从而可有效降低反应的危险性。

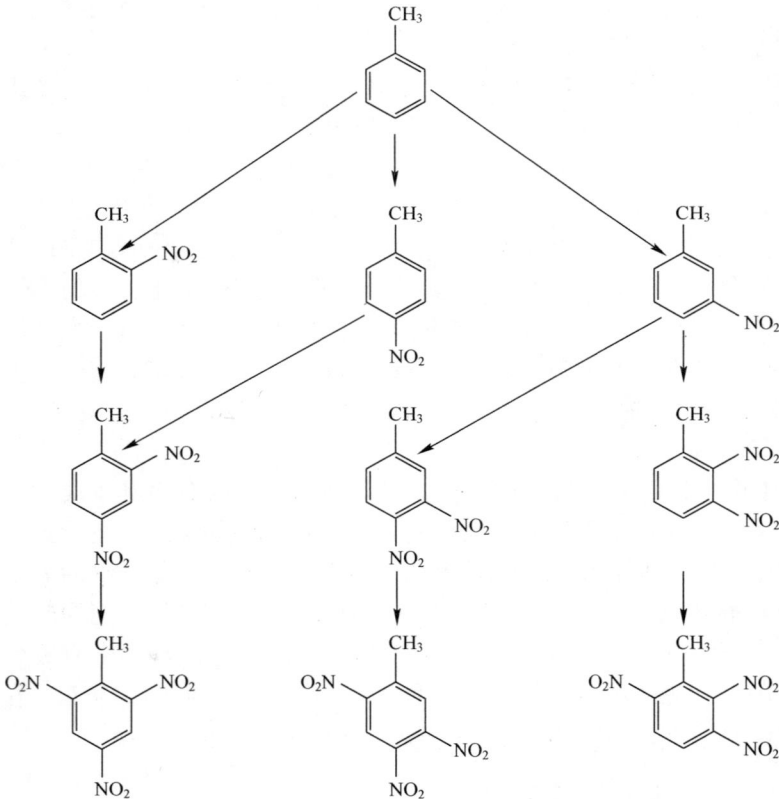

图 4.3　甲苯的硝化反应示意图

由于甲苯的苯环上有 5 个氢原子,而三硝基甲苯仅取代其中的 3 个氢,因此该硝化过程可产生许多不同的同分异构体,如图 4.4 所示。在所有三硝基甲苯的同分异构体中,3,4,5-三硝基甲苯是最不希望出现的副产物,因为该化合物的熔点接近甚至高于 373K(100℃),不易采用熔铸工艺;而对称取代的 2,4,6-三硝基甲苯即理想的目标产物,其熔点为 82℃,点火温度约为 270℃,因此非常适合采用水浴加热的熔铸工艺。苦味酸和斯蒂芬酸分别由硝酸与苯酚和间苯二酚反应制得,其结构见图 4.5。

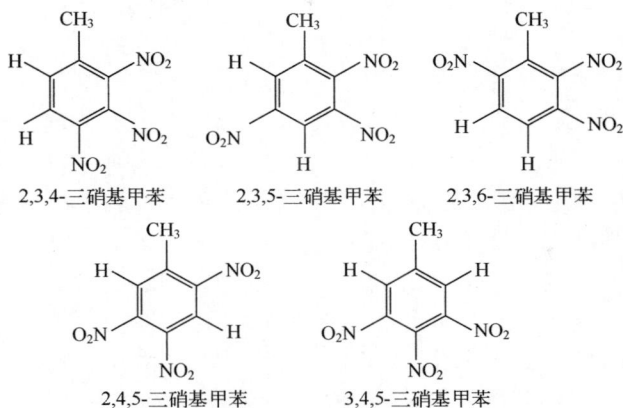

2,3,4-三硝基甲苯　　　2,3,5-三硝基甲苯　　　2,3,6-三硝基甲苯

2,4,5-三硝基甲苯　　　3,4,5-三硝基甲苯

图 4.4　三硝基甲苯的同分异构体

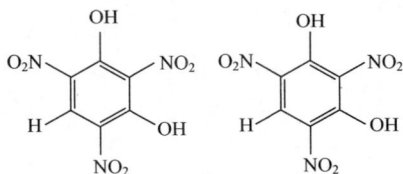

图 4.5　苦味酸和斯蒂芬酸的结构

在 20 世纪早期,苦味酸主要用作高爆炸药,但由于其在使用中发生了大量事故,因此逐渐停止使用,这主要是由于苦味酸自身很容易与一些金属反应生成感度更高的苦味酸盐。由于酚上的氢很容易电离,因此其具有一定的酸性,很容易与金属反应生成盐,如常见的起爆药斯蒂芬酸铅即通过斯蒂芬酸与相应的铅盐反应制得。同样,二取代的二硝基间苯二酚也可与铅盐反应生成相应的可用于起爆药的二硝基间苯二酚酸铅(LDNR)。这两种物质对各种刺激都非常敏感,主要用作雷管中叠氮化铅的起爆剂以及推进剂的点火药。其他一些硝基苯化合物的性质可参见本书其他部分的介绍。二氨基三硝基苯(DATB)、六硝基芪(HNS)和 TNT 可在热水中熔化,而 TNB 则不能。这些化合物的具体化学式和结构式见附表 4.A。

4.5.3 硝胺类化合物

第三类重要的硝基化合物即硝胺类化合物。硝胺类化合物是含有一个或多个硝基通过氮原子与碳原子相连的化合物。由于含—C—NH$_2$基的化合物统称为胺,所以将硝化后的胺类化合物简称为硝胺。硝胺基团的链接可表示为

$$—C—N—NO_2$$

四个重要的硝胺化合物即黑索今(1,3,5-三硝基-1,3,5-三氮杂环己烷,RDX)、奥克托今(1,3,5,7-四硝基-1,3,5,7-四氮杂环辛烷,HMX)、硝基胍(PICRITE)和特屈儿(CE)(所有这些化合物的化学式和属性在本章附表4.A也可以找到)。硝基胍的制备最为容易,只需要将硝酸胍脱水即可制得。制备时将硝酸胍在搅拌状态下缓慢滴加到带冰水浴的浓硫酸溶液中即可脱去水。实验过程中应确保反应温度不超过278K(5℃)。当硝酸胍完全添加后,经充分搅拌后将混合物倒入冰水中即可析出白色的硝基胍。使用热水可对其进行重结晶。

RDX和HMX主要通过硝酸与六次甲基四胺(乌洛托品)反应制备,其反应过程见图4.6。六次甲基四胺是一种双环胺化合物,在野营用的燃烧器中常可以见到。从图4.6可以看出,六次甲基四胺的硝化过程是生成RDX还是HMX主要取决于反应条件,但不管是哪种产物都含有不同量的杂质,还需进一步纯化。

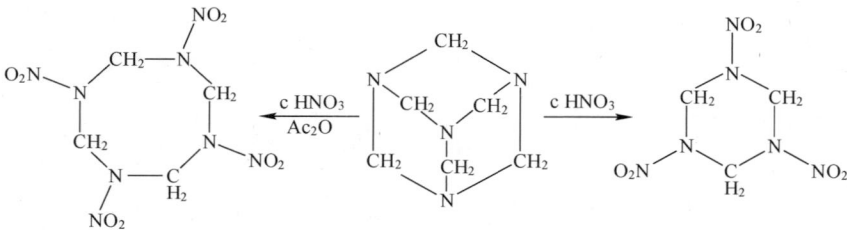

图4.6 由乌洛托品制备HMX和RDX的反应过程

通过在硝酸中添加硝酸铵可提高黑索今的产率。目前,许多高性能炸药根据其结构均属于硝胺化合物。按化学结构方式分类的优点在于其对预估各种感度性能非常有用。这主要是由于炸药类化合物的感度主要受化学键强度的影响,化学键强度越高,其相应化合物的感度越低,而化学键的强度随化合物中氮原子数的增加而增加。例如,硝酸酯类化合物由于其化合物中N-O键非常弱,因此这类化合物通常很不稳定;而硝基化合物(如TNT等)由于其化合物中主要为强度相对较高的C-O键,因此其非常稳定;硝胺类化合物(如RDX等)由于其N-N键的强度介于N-O键和C-O键之间,因此其稳定性也介于硝基化合物和

硝酸酯类化合物之间。值得注意的是,通过引入硝基的方式以降低 C—N 键的强度,也可提高硝基化合物(如 TNT 等)的感度。

一种特殊的高能化合物即四氮烯,这种化合物的正常命名为一水合四唑胍基四氮烯。这种结晶水可起到稳定的作用。一水合四唑胍基四氮烯的爆炸性能相对较弱,其主要用作其他炸药的敏化剂,起敏化的作用,如在叠氮化铅中添加 2% 的四氮烯可使叠氮化铅的冲击波和针刺感度增加 10 倍。

4.5.4　金属盐类化合物

另一类必须要提到的炸药即金属盐类炸药。这类化合物中最早得以使用的即雷汞,其主要是汞与硝酸在乙醇溶剂中反应生成的二异氰酸盐。将雷汞装入铜管中即可制成炸药起爆用的雷管,诺贝尔就曾首次使用这种雷管来起爆用硅藻土吸收的硝化甘油。目前雷管中使用的炸药主要是一类更安全、更稳定的金属盐类炸药,主要为由叠氮酸(HN_3)、斯蒂芬酸[$C_6H(NO_2)_3(OH)_2$]或二硝基间苯二酚[$C_6H_2(NO_2)_2(OH)_2$]与重金属形成的金属盐衍生物。这些盐中最重要的有叠氮化铅(PbN_6)、叠氮化银(AgN_3)和斯蒂芬酸铅[$PbC_6H(NO_2)_3O_2$]。值得注意的是,叠氮类爆炸化合物不同于目前在本书中所提到的所有其他类炸药,其自身并不携带氧,但这类化合物仍然遵循存在可燃元素和氧化性元素的原则,即在叠氮化铅中,铅离子(Pb^{2+})作为氧化剂以氧化叠氮离子(N_3^-)使其失去电子而形成氮气。所有这些金属盐类炸药的热化学性能均劣于常见的 $C_aH_bN_cO_d$ 类炸药(如 RDX),但它们的一个突出优点即激发能较低,可作为其他炸药的起爆药。

叠氮化铅的制备过程主要是将叠氮化钠的水溶液加入到硝酸铅的水溶液中以产生叠氮化铅的沉淀。此外,由于叠氮化铅的感度非常高,因此在滴加过程中必须非常小心。为了提高叠氮化铅制备过程中的安全性,通常可采用在沉淀过中加入糊精,以使糊精能包覆在叠氮化铅固体沉淀物的表面以降低其感度。此外,还可通过形成叠氮化铅与氢氧化铅共沉淀的方式以降低叠氮化铅的感度。

三硝基二苯酚(斯蒂芬酸)中酚基上的氢显酸性,可与碱反应生成盐。将斯蒂芬酸溶液与氧化镁反应可产生斯蒂芬酸镁,该物质可进一步与铅盐反应生成可作为起爆药的沉淀物斯蒂芬酸铅。通过二硝基二苯酚,采用类似的方式,可生成另一种重要的起爆药二硝基二苯酚铅(LDNR)。

另一类既可作为一类新型主炸药使用又可作为现有起爆药的金属盐类炸药开始被广泛研究,这类炸药将在后面的章节中详细介绍。

此外,还有一类非常重要盐类炸药,即基于氮类化合物的硝酸肼($N_2H_5NO_3$)和硝酸脲。这两种化合物均通过将硝酸加入相应的呈碱性的肼和脲溶液中制备。在制备过程中必须严格控制硝酸的用量,因为在酸过量时会生成二硝基盐类副产物,而这种固体二硝基盐的感度非常高,而且这类化合物的长期稳定性也较差。硝酸肼是一种性能非常好的炸药,其爆速非常高,约为8700m/s,Astrolite型炸药的基本组成即这类化合物与超细铝粉的混合物。

4.6 爆炸热力学

所有的化学类炸药都是不稳定的,在温度高于0K时都会发生缓慢分解反应。在正常环境条件下,该分解速度非常缓慢,因此通常条件下,其性能相对稳定。由于炸药发生分解爆炸反应生成气态产物的过程是一放热过程(即产生热),因此根据体系焓的定义可知,爆炸反应过程中其焓变(ΔH)为负值(体系失去能量)。这些气态产物主要包括炸药中可燃元素的氧化物,通常为二氧化碳(CO_2)、一氧化碳(CO)和气态的水(H_2O),其气态产物的具体组成主要取决于炸药的氧燃比。炸药爆炸反应过程中的大部分或所有焓变(ΔH)则主要是由于这些高放热化合物的生成,其具体的反应过程为

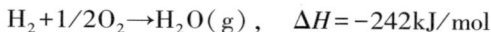

$$C+O_2 \rightarrow CO_2, \qquad \Delta H = -393.3 kJ/mol$$
$$C+1/2 \rightarrow CO, \qquad \Delta H = -111 kJ/mol$$
$$H_2+1/2O_2 \rightarrow H_2O(g), \qquad \Delta H = -242 kJ/mol$$

炸药的爆炸反应过程即是将自身的生成热(既可以是负值也可以是正值)通过这些元素释放出来的过程。物质的生成热即在标准状态下由稳定单质生成1mol该物质的反应热。因此,在计算炸药爆炸反应过程中总的热变化时,即计算爆热(ΔH,有时也用Q表示)时,也必须考虑炸药的生成热。具体可表示为

$$\Delta H = \Sigma \Delta H_f(产物) - \Delta H_f(炸药)$$

通常,$\Sigma \Delta H_f(产物)$的值远大于$\Delta H_f(炸药)$的值,因此,不管$\Delta H_f(炸药)$的值是正值还是负值,其爆炸反应过程都是一个放热过程。为了提高炸药的性能,通常希望炸药的生成焓为正值,这样在爆炸反应过程中即可有更多的热放出。而且,由于爆炸反应会生成气态产物,而与固体相比,气体的自由度更大,熵值也更大,因此爆炸反应过程的熵变(ΔS)增加,且为正值。

无论是物理爆炸、核爆炸还是化学爆炸,其爆炸过程的本质都是热力学变化的过程,在爆炸过程中,一部分释放出的能量可转化为有用功,而炸药体系的对外做功能力可用吉布斯自由能(ΔG)来表征。对于自发反应过程,其反应的吉布斯自由能为负值。对于所有的炸药来说,其ΔG值都是一个很大的负值。

由于

$$\Delta G = \Delta H - T\Delta S$$

式中: T 为反应的温度; ΔS 为反应过程中的熵变。从式中可以看出,要使 ΔG 的负值越大,则要求 ΔH 的负值越大,而且 ΔS 的值为正值(甚至为很大的正值)。所有这两个条件对于化学类炸药而言,其都满足,因为化学类炸药在爆炸反应过程中不仅放出热量,而且由于气体产物的生成,其 ΔS 值也会增大很多。表 4.6 列出了三种爆炸过程的热力学特性,通过表 4.6 可以对三种不同的爆炸过程进行简单的对比。

表 4.6　炸药的热力学特性

爆炸类型	ΔG	ΔH	ΔS
物理爆炸	大的正值	近似为 0	大的负值
核爆炸	大的正值	非常大的正值	近似为 0
化学爆炸	大的正值	大的正值	大的负值

上节中提到,碳燃烧后既可以生成一氧化碳(CO)也可以生成二氧化碳(CO_2)。由于碳燃烧生成 CO 所放出的热量仅为生成 CO_2 所放出热量的 1/4,因此燃烧产物对爆炸反应过程的热效应有很大的影响。而且最终生成哪种产物主要取决于氧的含量。所有的硝酸酯类、硝基类以及硝胺类炸药,其化学组成元素均为 C、H、N 和 O,因此其化学通式可简单表示为

$$C_aH_bN_cO_d$$

其中, a 、 b 、 c 和 d 通常不超过 12。

对于硝化甘油的爆轰反应过程,其首先发生如下反应:

$$C_aH_bN_cO_d \rightarrow aC+bH+cN+dO$$

这些元素相互结合生成气态产物,具体生成何种气体主要取决于相对于碳原子和氢原子数量($a+b$)的氧原子数量(d)。如果 d 足够大,则最终生成的气态产物为 CO_2 、 H_2O 、 CO 和 N_2;如果 d 较小,则最终生成的气态产物为 CO 、 H_2O 和 N_2;如果 d 极小,则最终生成的气态产物为 CO 、 H_2 、 N_2 和 C(可以看到黑烟)。在炸药中氧原子相对于碳和氢的比例称为炸药的氧平衡,用 Ω 表示,其具体定义为:炸药在爆炸反应过程中将可燃元素(C 和 H)完全氧化为 CO_2 和 H_2O 所多余或不足的氧的百分含量。

由于一个碳原子完全氧化为二氧化碳需要消耗两个氧原子,一个氢原子完全氧化为水需要消耗半个氧原子,因此 Ω 与($d-2a-b/2$)值成正比。如果这两个值的差接近于零,则意味着该炸药中的氧恰好可以将所有的可燃元素完全氧化,即该炸药的化学组成恰为化学计量比组成,单位质量的该炸药爆炸反应过程中所产生的热量也最大。

从硝化甘油的化学式($C_3H_5N_3O_9$)中可以看出,

$$2a = 6$$
$$b/2 = 2.5$$
$$d = 9$$

因此,

$$d - 2a - b/2 = 9 - 6 - 2.5 = +0.5$$

这表明,一个硝化甘油分子(平均分子量为227)中多余0.5个氧(平均分子量为8),即硝化甘油是具有非常小的正氧平衡炸药:

$$\Omega = 0.5 \times 16 \times 100 \ / \ 227 \approx 5\%$$

上式表明,硝化甘油发生爆炸反应时有1/4的剩余氧气。硝化甘油的这一近乎零氧平衡特性,使得其成为一种性能非常优异的炸药。目前,大多数的军用炸药都是负氧平衡的,部分原因是因为在炸药的合成中,过度引入硝基会使其自身很不稳定,极易发生危险,考虑到实际生产和使用的需要,硝基的引入量是有限的。目前,已经有研究者正在尝试解决这一缺氧的问题。例如,三硝基甲苯($C_7H_5N_3O_6$,TNT)是一种严重负氧的炸药,而为了提高其性能,有时会将其与正氧平衡的硝酸铵混合(NH_4NO_3,AN)。阿马托炸药即采用这种方式来提高TNT炸药的性能。阿马托炸药中约含75%的AN和25%的TNT,而这种炸药中由于固含量很高,熔融的TNT并不能完全润湿AN,因此这类炸药并不是严格意义上的TNT熔铸炸药。

诺贝尔(1833—1896)在炸药化学中的一个最重要的发现即发现将正氧平衡的硝化甘油与负氧平衡的硝化纤维素混合后会形成一种近乎零氧平衡的胶状炸药。这种胶状炸药的感度远低于液态的硝化甘油,而且可作为黏结剂基体,填充其他氧化剂(如无机硝酸盐)和燃料(如木屑)。基于这一发现,诺贝尔又开发了一系列这类性能范围广而且不怕水(与黑火药相比)的炸药。之后诺贝尔又基于这一性能优异的胶状炸药开发出了第一种双基发射药和推进剂,这些仍然是今天某些常规推进剂的基本组分。

附表 4.A

4.A.1 常见炸药性能数据

关键数据:

Q:	爆热
Gas Vol.	1g炸药发生爆炸反应生成的气体产物的量
T_d	爆温

m. pt.　　　　熔点

V　　　　　　爆速

4. A. 1. 1　TNT(三硝基甲苯)

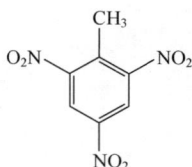

类型:	硝基化合物
化学式:	$C_7H_5N_3O_6$
Q:	4080J/g
气体体积:	790cm³/g
T_d:	2595K
m. pt.:	80. 7℃
V(1. 6g/cm³):	6900m/s

类型:　　　　　　硝基化合物

化学式:　　　　　$C_7H_5N_3O_6$

Q:　　　　　　　4080J/g

气体体积:　　　　790cm^3/g

T_d:　　　　　　2595K

m. pt.:　　　　　80. 7℃

V(1. 6g/cm^3):　　6900m/s

TNT 现在主要用作熔铸炸药中熔点更高的炸药(如 RDX)的黏结剂。

4. A. 1. 2　HNS(六硝基芪)

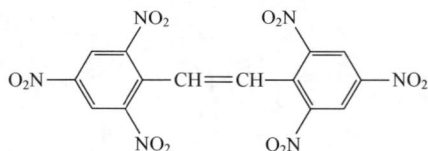

类型:　　　　　　硝基化合物

化学式:　　　　　$C_{14}H_6N_6O_{12}$

Q:　　　　　　　4208J/g

气体体积:　　　　700cm^3/g

T_d:　　　　　　2900K

m. pt.:　　　　　318℃

V(1. 74g/cm^3):　7100m/s

通过 TNT 的氧化制备,用于改变熔融态 TNT 的结晶性能,其也可作为高熔点炸药用于高温环境中。

4. A. 1. 3　DATB(1,3-二氨基-2,4,6-三硝基苯)

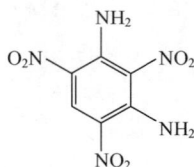

类型:　　　　　　硝基化合物

化学式:　　　　　$C_6H_5N_5O_6$

Q:　　　　　　　3805J/g

气体体积:　　　　1015cm^3/g

T_d:　　　　　　2595K

m. pt.:　　　　　286℃

V(1. 79g/cm^3):　7520m/s

通过 1,3-二氨基苯与浓混酸反应制备,反应产物是一种亮黄色的结晶固体。

4.A.1.4　TATB(1,3,5-三胺基-2,4,6-三硝基苯)

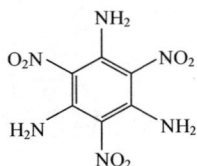

类型：	硝基化合物
化学式：	$C_6H_6N_6O_6$
Q：	3496J/g
气体体积：	781cm^3/g
T_d：	2880K
m. pt.：	340℃
$V(1.8g/cm^3)$：	7350m/s

由三氯三硝基苯与氨反应(干法或湿法)制备。TATB 是一种高熔点低感度炸药。随着对"钝感"弹药的要求越来越高,TATB 的用量可能会增加。可用于某些核弹头。目前生产成本非常高。

4.A.1.5　苦味酸(2,4,6-三硝基苯酚)(译者注:原版书上有错误)

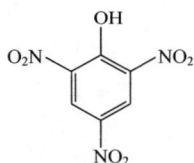

类型：	硝基化合物
化学式：	$C_6H_3N_3O_7$
Q：	4350J/g
气体体积：	845cm^3/g
T_d：	3545K
m. pt.：	130℃
$V(1.71g/cm^3)$：	7570m/s

4.A.1.6　斯蒂芬酸(2,4,6-三硝基-1,3-二羟基苯)(译者注:原版书上有错误)

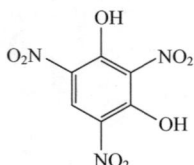

类型：	硝基化合物
化学式：	$C_6H_3N_3O_8$
Q：	4350J/g
气体体积：	845cm^3/g
T_d：	3545K
m. pt.：	130℃
$V(1.71g/cm^3)$：	7570m/s

通过间苯二酚与硝硫混酸反应制备。仅用作制备其铅盐的中间体,具体见下文。

4. A. 1. 7　特屈儿(三硝基苯甲硝胺)(译者注:原版书上有错误)

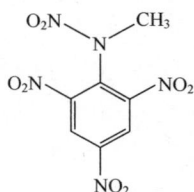

类型:	硝基或硝胺化合物
化学式:	$C_7H_5N_5O_8$
Q:	4350J/g
气体体积:	845cm^3/g
T_d:	3545K
m. pt.:	130℃
$V(1.71g/cm^3)$:	7570m/s

特屈儿已被广泛应用于推进剂中,但由于其毒性,因此目前已被 RDX 所取代。

4. A. 1. 8　PICRITE(硝基胍)

类型:	硝胺化合物
化学式:	$CH_4N_4O_2$
Q:	2680J/g
气体体积:	1077cm^3/g
T_d:	2100K
m. pt.:	204℃
$V(1.76g/cm^3)$:	7650m/s

通过硫酸与硝酸胍反应制备。由于其每克可产生的气体更多且燃温低,因此广泛应用于三基药中。

4. A. 1. 9　RDX(研究部炸药)

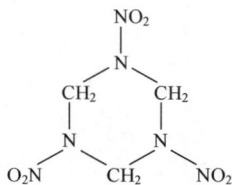

类型:	硝胺化合物
化学式:	$C_3H_6N_6O_6$
Q:	5130J/g
气体体积:	908cm^3/g
T_d:	4255K
m. pt.:	204℃
$V(1.76g/cm^3)$:	8750m/s

通过乌洛托品与硝酸在有水条件下反应制备。RDX 是一种在军用炸药中主要使用的高能炸药,如 PE4 和 SX2 等塑性黏结炸药。其也用于熔铸或压装配方中。

4. A. 1. 10   HMX(高分子量炸药)

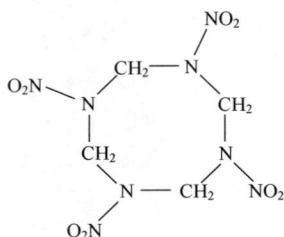

类型：	硝胺化合物
化学式：	$C_4H_8N_8O_8$
Q：	5130J/g
气体体积：	910cm^3/g
T_d：	4200K
m. pt. ：	278℃
$V(1. 9g/cm^3)$ ：	9100m/s

通过乌洛托品与硝酸在无水条件下反应制备。也是 RDX 制备过程中的一种副产物。HMX 是一种比 RDX 更贵的炸药,但由于其填充密度较高,因此其具有更好的性能。目前的趋势即用 HMX 来取代 RDX 以提高性能,如聚能装药的炸药配方。

4. A. 1. 11   EGDN(乙二醇二硝酸酯)

类型：	硝酸酯
化学式：	$C_2H_4N_2O_6$
Q：	6730J/g
气体体积：	740cm^3/g
T_d：	4830K
m. pt. ：	−22℃
$V(1. 59g/cm^3)$ ：	8100m/s

$$CH_2 — ONO_2$$
$$|$$
$$CH_2 — ONO_2$$

在低温下通过硝硫混酸与乙二醇反应制备。其为淡黄色液体。

4. A. 1. 12   NG(硝化甘油)

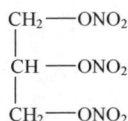

类型：	硝酸酯
化学式：	$C_3H_5N_3O_9$
Q：	6275J/g
气体体积：	740cm^3/g
T_d：	4900K
m. pt. ：	13℃
$V(1. 59g/cm^3)$ ：	7600m/s

$$CH_2 — ONO_2$$
$$|$$
$$CH — ONO_2$$
$$|$$
$$CH_2 — ONO_2$$

在低温下通过硝硫混酸与甘油反应制备,为浅黄色油状液体。NG 是高能双基推进剂中的一个主要组分,另一个为 NC。NG 很容易发生爆炸且其贮存性能差,不能用作军用高能炸药,但它通常与硝化棉形成凝胶炸药在商业炸药中使用。

4. A. 1. 13　NC(硝化纤维素)

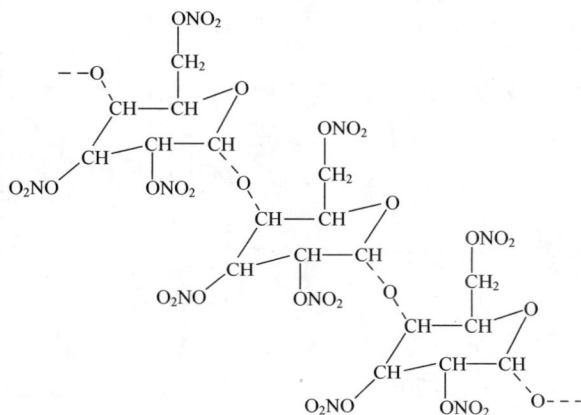

类型：　　　硝酸酯
化学式：　　$(C_6H_7N_3O_{11})_n$
Q：　　　3745J/g
气体体积：　880cm^3/g
T_d：　　　3290K

由硝硫混酸与纤维素在低温下(<283K)反应制备。值得注意的是,硝化纤维素是高度硝化的纤维素。低硝化的硝化纤维素也能制得,其硝化度主要通过氮含量确定。

4. A. 1. 14　PETN(季戊四醇四硝酸酯)

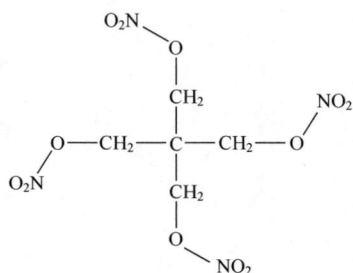

类型：　　　硝酸酯
化学式：　　$C_5H_8N_4O_{12}$
Q：　　　5940J/g
气体体积：　790cm^3/g
T_d：　　　4625K
m. pt. ：　　141℃
$V(1.7\text{g/cm}^3)$：　8400m/s

PETN 是通过硝硫混酸与四氢丁四醇反应制备的。PETN 主要用在导爆索和雷管中。

4. A. 1. 15　金属盐

4. A. 1. 15. 1　LDNR(二硝基间苯二酚铅)

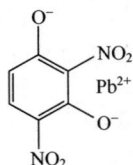

化学式:	$PbC_6H_2N_2O_6$
Q:	4350J/g
气体体积:	845cm³/g
T_d:	3545K
m. pt. :	130℃
$V(1.71g/cm^3)$:	7570m/s

通过碳酸铅与二硝基间苯二酚反应制备。常以混合物形式用于起爆药中。

4. A. 1. 15. 2　斯蒂芬酸铅(2,4,6-三硝基间苯二酚铅)

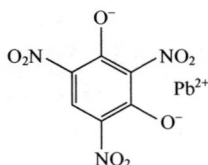

化学式:	$PbC_6HN_3O_8$
Q:	1885J/g
气体体积:	325cm³/g
T_d:	4255K
m. pt. :	274℃
$V(1.76g/cm^3)$:	5200m/s

由硝酸铅以及由斯蒂芬酸与碳酸镁反应制备的斯蒂芬酸镁反应制备。常与其他叠氮化物混合用于起爆药中。

4. A. 1. 15. 3　叠氮化铅

化学式:	$Pb(N_3)_2$
Q:	1610J/g
气体体积:	230cm³/g
T_d:	4625K
$V(1.7g/cm^3)$:	4500m/s

4. A. 1. 15. 4　叠氮化银

化学式:	AgN_3
Q:	2050J/g
气体体积:	225cm³/g
T_d:	4625K
$V(1.7g/cm^3)$:	4400m/s

叠氮化铅和叠氮化银都是在有包覆剂存在,以防止叠氮化物结晶的条件下,通过金属硝酸盐和叠氮化钠之间的反应制备的。这两种叠氮化合物可用作雷管

中的起爆药。

4. A. 1. 15. 5　雷汞

Hg^{2+} $\begin{matrix} ^-O-N\equiv C \\ ^-O-N\equiv C \end{matrix}$

化学式:	$HgC_2N_2O_2$
Q:	1755J/g
气体体积:	235cm^3/g
T_d:	2500K
$V(1.7g/cm^3)$:	4500m/s

由汞与硝酸反应并将其产物倒入95%乙醇中制备。所有这些金属盐被用作起爆药,其中,叠氮化铅和叠氮化银在起爆药中特别重要。

4. A. 2　特殊类炸药

四氮烯

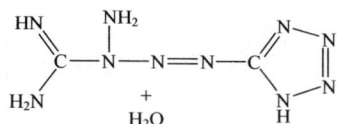

化学式:	$C_2H_6N_{10} \cdot H_2O$
Q:	1755J/g
气体体积:	235cm^3/g
T_d:	2500K
$V(1.7g/cm^3)$:	4500m/s

由复杂的化学合成反应制备。对于其结构中两个碳原子间的四个氮是线性排列还是有一个氮在侧链上,目前还没有明确确定。值得注意的是,该分子中只有所含的结晶水中含有氧。四氮烯(译者注:原书有误)可作为其他起爆药的敏化剂,如叠氮化铅与该物质混合和增加叠氮化铅的针刺敏感性,因此常与叠氮化铅一起用于撞击引信中。

参 考 书 目

[1] Urbanski, T. (1983) *Chemistry and Technology of Explosives*, 1st edn, Pergamon Press, Oxford, ISBN 0-08-026206-6.

[2] US Army (1983) *Encyclopaedia of Explosives and Related Items*, ARRADCOM, Dover NJ.

[3] Kirk-Othmer (1998) *Kirk-Othmer Encyclopaedia of Chemical Technology*, 4th edn, John Wiley & Sons, Chichester.

[4] Myler, R., Kohler, J. and Humbive, A. (2002) *Explosives*, 5th edn, Wiley VCH, Weinheim, ISBN 3-527-30267-0.

[5] Cooper, P.W. and Kerowski, S.R. (1996) *Introduction to the Technology of Explosives*, Wiley VCH, NY, ISBN 0-471-18635-X.

[6] Boddu, V. and Redner, P. (eds) (2011) *Energetic Materials*, CRC press (Taylor and Francis), ISBN 978-1-4398-3513-5.

[7] Akhavan, J.A. *Chemistry of Explosives*, 2nd edn, RSC publish Cambridge.

[8] Teipel, U. (2005) *Energetic Materials Prep & Characterisation*, Wiley VCH, ISBN 3-527-30240-9.

[9] Shidlovsky, A.A. (1964) *Principles of Pyrotechnics*, 3rd edn, American Fireworks News (trans Wright-Patterson Air Base 1977.

[10] Conkling, J.A. (1985) *Chemistry of Pyrotechnics*, Dekker.

[11] Ellern, H. (1968) *Military and Civilian Pyrotechnics*, Chemical Pub. Co. Inc., New York, ISBN 0-08206-032-2.

[12] Russell, M.S. (2009) *The Chemistry of Fireworks*, 2nd edn, Royal Society of Chemistry, Cambridge, 978-0-85404-127-5.

[13] Kosanke, K., Kosanke, B., Von Maltitz, I. *et al.* (2004) *Pyrotechnic Chemistry*, Journal of Pyrotechnics Inc, 978-1-88952-615-7.

第5章　炸药研究进展

5.1　引　　言

像 TNT、硝化甘油、RDX 和 HMX 这类性能优良的高性能炸药,其高性能主要体现在其做功能力和猛度方面。在提高炸药性能方面,广大研究者已进行了大量的研究工作,本章主要从以下几方面详述在这些研究方向的最新研究进展:

(1) 提高炸药的性能(做功能力和猛度);

(2) 提高贮存和使用寿命;

(3) 改善加工性能;

(4) 降低炸药的感度。

一般来说,对炸药性能的上述几个方面的改进只是为了满足某些特殊的生产和使用环境要求,目前还很难开发出一种性能得以显著提高的新型炸药。有关这方面的内容将在后面的内容中作详尽的阐述。

5.2　提高炸药的性能

5.2.1　爆热 $\Delta H_c(Q)$

炸药的做功能力和猛度均取决于炸药的爆热(Q,J/g),它是炸药爆炸过程中用以驱动爆轰波和爆炸气体产物的重要能源。对于由 C、H、N、O 组成的有机化合物炸药,其爆热主要取决于爆炸产物中水和二氧化碳的生成热。在理想氧平衡条件下,对于常见的 CHNO 类炸药,即使其爆炸反应过程中碳全部氧化为二氧化碳,其爆热也不可能超过约 7000J/g。而一些新型的具有正生成焓的炸药,其这部分正的生成焓可看作是一种额外储能,在爆炸反应过程总可作为额外能量释放出来,但即使是这种正生成焓的炸药,其爆热的增加量也不会超过约 500J/g,但这种额外的能量增加会明显增加炸药的感度。如 5-叠氮基四唑,虽然其生成焓为正值(611kJ/mol),且其爆速也远大于叠氮化铅和 RDX,但因其感度很高因此只能作为起爆药使用。有关这方面更详细的介绍可参见高氮化合物部分。

其他元素,如硼、铝、氟等,虽然其 Q 值很高,但硼和铝在爆炸反应过程中的产物却主要为固态氧化产物,气态产物很少。而且实验也表明,氟并不适合合成稳定、安全的炸药。在炸药中添加 20% 的铝粉可明显提高炸药的爆热,但这类炸药的爆炸气体产物却很少。在炸药中添加铝粉会降低炸药的爆速,即降低其猛度,但因为铝粉可增加炸药的爆热,因此添加铝粉会增加炸药的做功能力。炸药的做功能力与炸药的爆热和爆炸产物体积成正比,而对于 CHNO 类炸药而言,其爆炸气体产物的极限体积约为 $1100cm^3/g$。硝基胍爆炸后的气体体积值几乎可以达到该极限值,因此其通常在三基药中使用以增加气体产物的体积。

另一类氧化剂,如硝酸铵(AN)和高氯酸铵(AP)也可提高炸药的爆热和爆炸气体产物体积。在 TNT 炸药中加入 AN 制成的炸药即阿马托炸药,由于 AN 的加入可将 TNT 炸药在爆轰过程中未完全氧化的碳完全氧化为二氧化碳,因此 AN 的加入可明显提高纯 TNT 炸药的做功能力。事实上,Al 与 NH_4ClO_4 按化学计量比反应时的 Q 值约为 $10kJ/g$,这个值远高于 CHNO 类炸药 Q 值的最大值($7.5kJ/g$)。某些燃料空气炸药(FAE),如纯燃料与空气中的氧气反应虽然也有很高的爆热值(辛烷为 $43kJ/g$,而 NG 仅 $6.8kJ/g$),可明显提高炸药的做功能力,而且这类燃料空气炸药的冲击波作用距离也很长(特别是在其中添加铝粉后),但由于这类炸药并不是激光点火研究的重点,因此在以后部分将不对这部分内容作更多的介绍。

5.2.2 炸药密度

目前一些研究的重点还针对提高炸药的猛度方面。猛度,即高爆炸药对接触介质的粉碎效果,其与炸药的爆压成正比,而炸药的爆压是炸药密度和爆速的函数。由于炸药的爆速与炸药密度的平方成正比,因此炸药的爆压与炸药密度的四次方成正比。叠氮化铅即是这样一种性能优良的炸药,其密度约为 $4.5g/cm^3$,远高于有机类炸药(通常其晶体密度低于 $2.0g/cm^3$)。HMX 有各种不同的晶体类型,而 β 型的 HMX,由于其密度最大($1.91g/cm^3$),因此其爆速也最高。

新材料,如 CL-20,其也有各种不同的晶体类型,而 ε 型的 CL-20,由于其密度最大($2.03g/cm^3$),因此其爆速也同样是几种晶型中最高的,这已在实验中得以证实。有机化合物的密度永远不可能超过其晶体密度,即装填密度总低于其晶体密度。任何可提高晶体或装填密度的方式都可提高炸药的性能,而事实上,在有机炸药方面,HMX 和 CL-20 可能已经达到有机类炸药密度所能达到的极限。另一类仍然在研究中的炸药有六硝基苯(HNB)和八硝基立方烷。这两种炸药的理论威力和猛度超过了所有目前已知的炸药,但其稳定性以及制备工艺仍然存在许多问题。HNB 已经制备并有相应的测试结果,但因其蒸气压较高,很容易进入人体的肺中,而且其在肺中还很容易水解,因此其具有很高的毒性。

5.3　仍在发展中的某些领域

目前,高能炸药的发展主要集中在炸药与其实际使用环境的匹配性方面。不管是军用还是民用高能炸药,都必须能够经受各种严酷环境的考验。在保证安全性、可靠性的同时,还必须确保高能炸药在实际使用环境下其性能不会发生改变。

在高能炸药的研究方面,其中最重要的一个研究方向即降低炸药的感度方面。通常情况下,为降低 RDX 的感度,通常需要将 RDX 与 TNT 混合浇铸。但最近的研究表明,RDX 可以通过一定的方式以降低其冲击波感度[1]。这也仅限于降低 RDX 的冲击波感度,目前并没有可降低 RDX 其他感度方面的报道,如炸药的摩擦感度和静电感度。这些处理方式主要用于降低 RDX 晶体缺陷及其晶体中残留的溶剂或气泡的数量和分布。HMX 也同样有这方面的特性[2]。

对于低感炸药,目前还没有一种较简便常规的测试方式可表征其冲击波感度,对于浇铸 PBX 炸药,目前标准的测试方式是采用大隔板实验(见感度部分),在大隔板实验中,炸药经受由惰性隔板隔开的主发装药产生的冲击波。即使是低感 RDX(IRDX),其在大隔板实验中也会出现很薄的隔板厚度实验结果,因此,为获得大隔板实验统计结果,对每一批生产的炸药都必须进行大量的实验。如果将隔板厚度换算为首发 IRDX 装药相应的冲击波起爆压力,则对于普通的RDX,其起爆阈值约为 30,而对于 IRDX,其起爆阈值约为 50。

自作者在梅彭举办的 NATO 会议[3]上第一次提出用晶体显微硬度以表征其感度性能后,该方法得到了迅速的发展[4]。IRDX 的显微硬度远高于普通RDX 的硬度。即使这种方法也需要测定每批炸药多次以获得其统计结果,但该方法所需要的药量很少(约 1g),远少于大隔板实验所需的 300g,而且该方法还不需要制备成 PBX 炸药即可测定,PBX 炸药也会增加测量结果的不确定性。此外,该方法还有一个优点,即显微硬度测试并不需要一系列炸药制备和大药量爆炸测试的相关设备。

5.3.1　耐热性

战斗部中填充的炸药或多或少都会暴露于高温环境中,对于导弹,其炸药在气动加热的条件下温度甚至可达到 200℃,而许多炸药在此温度下会发生熔化或快速分解,见表 5.1。

表 5.1 炸药的熔点和点火温度

炸药	熔点/℃	点火温度	密度/$(g \cdot cm^{-3})$	爆速/$(m \cdot s^{-1})$
EGDN	−20	217	1.48	7300
NG	13.5		1.26	7600
TNT	80.6	270	1.65	6900
Tetryl	129.5	185	1.73	7570
PETN	141.3	202	1.76	8400
Picrite	232	232	1.71	8200
高熔点炸药				
RDX	204(自燃)	213	1.82	8750
HMX	275	280	1.96	9100
DATB	286	300	1.86	8750
HNS	318	318	1.74	
TATB	350	350	1.93	
NTO		273	1.93	8500
CL−20 *			2.02	10250
FOX−7			1.91	

炸药在此状态下可能并不会以预期的方式发挥其效能。对于高点火温度的炸药,其在意外刺激、热环境下烤燃或导弹气动加热下很少会发生危险。而且,高熔点炸药也很少会产生裂纹或渗油的现象。HNS、HMX、TACOT 和 TATB 就属于这类炸药。TATB 是一种特别重要的炸药,其感度很低,非常钝感,因此其发生意外事故的情况很少。大部分低感度的炸药,其都可以形成大的片状结构,这种片状结构之间通过分子中硝基与邻近分子中氢之间的强氢键作用相互连接。而且每个平面分子中由于有 3 个对称的硝基和氨基,因此会形成一种二维的网状结构,如图 5.1 所示。类似情况的炸药如 1,1′−二硝基−2,2′−二氨基乙烯(FOX−7),其结构示意图如图 5.2 所示。这种情况下,氢键可产生长链物质,该物质通过平行堆积形成最终的固态物质。其他一些更奇特的高熔点/低敏感高能材料详见附录。

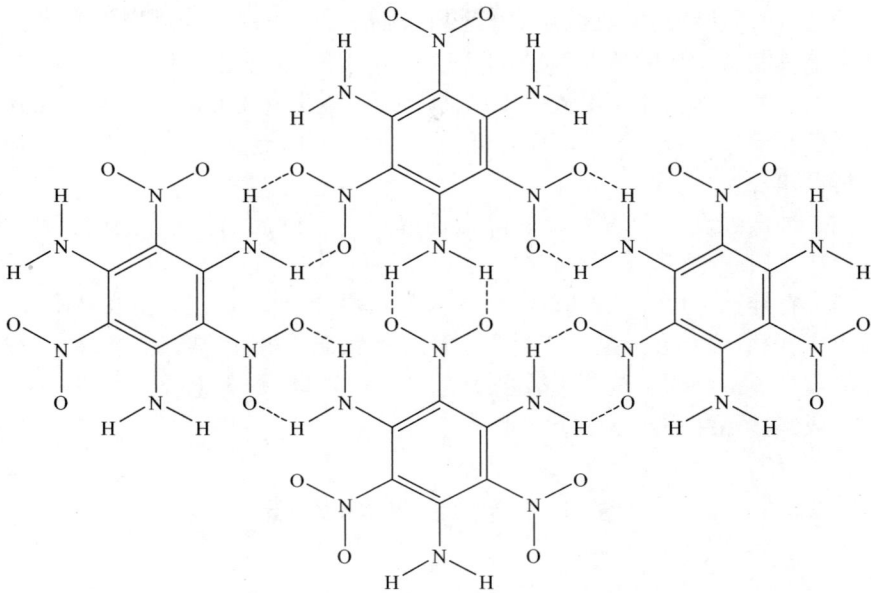

图 5.1　TATB 的结构示意图

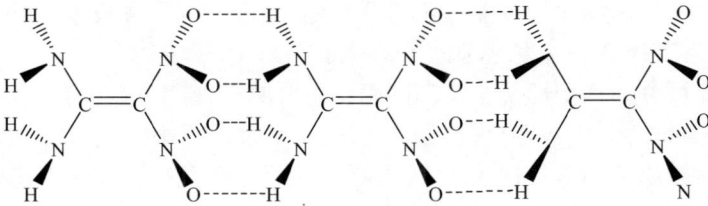

图 5.2　1,1′-二硝基-2,2′-二氨基乙烯(FOX-7)的结构示意图

5.3.2　机械强度和结合强度

高能炸药通常会携带在高性能飞机和导弹上,由于飞机和导弹的起飞、飞行和碰撞的影响,炸药所受到的应力会相应增加。同样,炸药在水下也会受到异常压力的影响。为了有效发挥炸药的功效,其在较宽的温度范围及压强或加速度作用下必须具备良好的机械强度和结合强度。在特殊的成型及装药药型条件下,由于其可靠性和性能主要取决于其装药形状,因此炸药的力学性能相对其作用效能更为重要。类似无药筒装药的情况,由于没有药筒的支撑作用,因此其装药需要很高的结合强度。在任何情况下,装药具有高拉伸强度、高模量以及高冲击强度是必不可少的。许多炸药不能采用熔铸的方法而只能采取造型粉压装的

方式制造,而压装装药的机械强度会下降,在高过载条件下容易发生变形,因此在不影响其制备工艺的条件下提高其机械强度则需要考虑以下几个问题:

(1)高拉伸强度和高模量可以保证炸药不易发生变形甚至发生黏性流动。抗拉强度和模量随着温度升高而降低,在接近炸药的熔点时其拉伸强度和模量降低得更快。

(2)冲击强度会随着温度的降低而降低,在低温条件下炸药装药更容易发脆。

(3)在炸药的可加工性方面,炸药组分必须易于装填,在成型或浇铸过程中不易形成气孔,而且在成型加工过程中还必须保证其组分的感度足够低,以保证操作的安全。提高炸药装药机械强度的一种方法即将炸药组分加入塑性黏结剂中以形成塑性黏结炸药。

5.4 高聚物黏结炸药

5.4.1 高聚物黏结剂

使用长链聚合物作为高能炸药组分的黏结剂可使混合炸药达到更高的熔点与软化点,且在很宽的温度范围内可提高混合炸药的力学性能。商业化的长链聚合物通常可分为热塑性聚合物和热固性聚合物。使用长链聚合物作为黏合剂的高聚物黏合炸药(PBX)有许多优点,其力学性能主要取决于聚合物基体的性能而不是高能炸药组分。PBX材料的研究也是一门科学。如果使用热塑性材料,则它们可以很容易地熔化和挤出。然而,当整个弹药加热后,其机械强度会降低,甚至可能会发生流动。只有那些高熔点的热塑性聚合物才能满足高熔点炸药的需求。

高聚物黏结剂也可以通过减少炸药制备过程中的热点而降低混合炸药的感度。目前,有关高聚物黏结炸药方面的研究主要集中在开发新型环境友好型的高聚物、可简化高能炸药组分回收工艺、废旧弹药再利用以及安全处理方面。以下将主要介绍聚合物黏结炸药方面的研究。

5.4.2 热塑性聚合物

热塑性聚合物是一类稳定的高分子材料,其在加热条件下可发生软化和熔化,在熔化状态下可通过模具成型成各种硬度或韧性的制品。表5.2列出了一些常见的热塑性聚合物。

表 5.2 一些聚合物的热性能

材　　料	软化点/℃
聚氯乙烯(PVC)	82
聚乙烯(ldp)	≈85
聚苯乙烯	82~105
聚甲基丙烯酸甲酯	85~115
尼龙 66	220m. pt.
涤纶	≈230
聚四氟乙烯(PTFE)	>250

所有这些材料在常温下都有合适的机械强度,但只有尼龙、涤纶和聚四氟乙烯在温度高于150℃的条件下仍然有很好的硬度和强度。以尼龙、涤纶或聚四氟乙烯作为基体可能会满足使用温度条件下对结合力和强度的要求。在采用模具进行加工过程中还需采用一些特殊的工艺,以避免高能炸药组分在热塑性聚合物基体软化点温度范围内发生热分解。

5.4.3 热固性聚合物

热固性聚合物主要通过形成强的聚合物交联网络,使其具有很高的强度,同时在加热时不会发生软化。典型的热固性聚合物有酚醛塑料、聚酯纤维、环氧树脂和聚氨酯等。某些热固性聚合物会变得很脆,很容易碎。环氧树脂由于其中的胺易发生迁移,而且胺容易与炸药化合物中的硝基反应,因此其与常见的炸药化合物不相容。硅树脂是一类已经在使用的硅氧烷聚合物,但由于其不容易形成固态产物,因此在炸药中也没用得到很好的应用。聚氨酯由于其固化后体积变化很小,因此是一类非常好的高聚物。一个典型的例子即目前被广泛使用的端羟基聚丁二烯(HTPB),其使用的固化剂主要为二异氰酸酯,如图 5.3 所示。但还存在的问题即这类固化剂的毒性、很容易与水发生反应,而且固化反应过程中产生的气体也很容易破坏炸药的结构完整性。这个反应主要用于发泡聚氨酯的生产。当炸药中存在大量这样的气泡时会使炸药的感度明显升高[5],很容易发生危险。

热固性聚合物的加工可使用液体或模塑粉形式的单体或部分聚合的聚合物,通过加热、加压以及加催化剂的方式使其转变为较硬的聚合物材料,且这类聚合物在加热时不会再发生熔化而软化。这类材料在很宽的温度范围内可满足各种硬度和韧性的使用要求,在200℃条件下仍然可保持稳定。

$$OH-(CH_2-CH=CH-CH_2)_{\overline{n}}OH \qquad OH-(CH_2-CH=CH-CH_2)_{\overline{n}}OH \qquad HTPB$$

$$+$$

$$OCN-R-NCO \qquad 二异氰酸盐酯$$

$$\downarrow$$

$$HO-(CH_2-CH=CH-CH_2)_{\overline{n}}O-\overset{O}{\overset{\|}{C}}-NH-R-NH-\overset{O}{\overset{\|}{C}}-O-(CH_2-CH=CH-CH_2)_{\overline{n}}OH \quad 聚氨酯聚合物$$

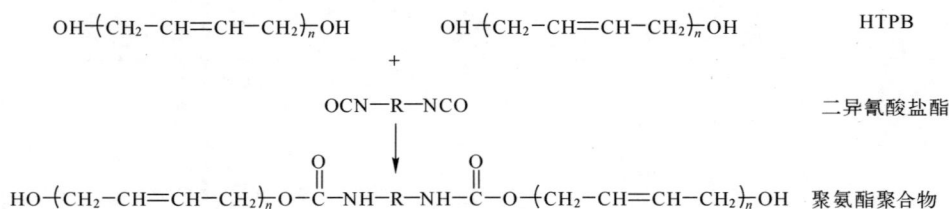

图 5.3 端羟基聚丁二烯(HTPB)

高聚物黏结炸药可以通过使用热固性树脂或模塑粉与主要组分均匀混合后在适当的温度、压力和催化剂的条件下发生聚合反应而很方便地制得。这些操作也可直接全部投入设备中通过原位聚合制备。另外,也可通过预聚物的制模经固化加工后形成相应的产品。此外,聚合反应催化剂会存在一定的毒性,目前一些基于聚酯基的 PBX 炸药也在研制中。

5.5 聚合物黏结炸药组分的选择

所选择的高能炸药必须有很好的热稳定性。在实际应用中发现,这类高能炸药组分通常有很高的熔点,但更为重要的是其需具有很高的点火温度。目前一些常见的可作为 PBX 炸药用高能炸药组分可见表5.1。这些组分的另一个优点即其也具有很高的密度。

5.6 高能黏合剂基体

随着高能聚合物的发展,含硝基的聚合物或许可产生能量更高的聚合物黏结炸药。像 PolyNIMMO 和 PolyGlyn 已经有该方面相应的研究,但仍然没有达到实际应用的水平,这可能由于其存在稳定性问题。这些聚合物的结构和化学名见表5.3。

表 5.3 试验的含能聚合物

聚合物	化 学 名	结 构 式
PolyAMMO	聚 3-叠氮甲基环氧丁烷	$\left[CH_2-\underset{CH_3}{\overset{CH_2-N_3}{\underset{\|}{\overset{\|}{C}}}}-CH_2-O\right]_n$

（续）

聚合物	化 学 名	结 构 式
PolyBAMMO	聚 3,3-二叠氮甲基氧杂丁烷	$\left[-CH_2-\overset{\displaystyle CH_2-N_3}{\underset{\displaystyle CH_2-N_3}{C}}-CH_2-O-\right]_n$
GAP	聚叠氮缩水甘油醚	$\left[-CH_2-\overset{\displaystyle CH_2-N_3}{\underset{\displaystyle H}{C}}-O-\right]_n$
PolyGlyn	聚缩水甘油醚硝酸酯	$\left[-CH_2-\overset{\displaystyle CH_2-ONO_2}{\underset{\displaystyle H}{C}}-O-\right]_n$
PolyNIMMO	聚 3-硝酸酯甲基-3-甲基氧杂丁环	$\left[-CH_2-\overset{\displaystyle CH_2-ONO_2}{\underset{\displaystyle CH_3}{C}}-CH_2-O-\right]_n$
聚磷腈		$\left[-\overset{\displaystyle OR_1}{\underset{\displaystyle OR_2}{P}}=N-\right]_x \left[-\overset{\displaystyle OR_3}{\underset{\displaystyle OR_4}{P}}=N-\right]_y \left[-\overset{\displaystyle OR_5}{\underset{\displaystyle OR_6}{P}}=N-\right]_z$

　　聚合物黏结剂可通过减少制备过程中产生的热点而降低高能炸药组分的感度。典型的例子即通过聚合物与碳氢化合物或有机硅脂形成的聚合物基体。目前,有关高聚物黏结炸药方面的研究主要集中在开发新型环境友好型的高聚物、可简化高能炸药组分回收工艺、废旧弹药再利用以及安全处理方面。从目前的聚氨酯 PBX 体系中重新提取未使用的炸药组分以实现其再利用是非常困难的。在这方面,采用超临界萃取的方式已进行过实验,但仍然存在操作上的困难,仍无法满足大量亟需处理的废旧弹药的需求。一些体系中已用到了聚乙烯醇,但是从该聚合物溶于水即可看出其在不利气候条件下的适应性相对也较差。

聚磷腈是一类含卤素的磷腈类聚合物,目前正在引起研究人员的广泛关注,以作为一种含能聚合物黏结剂。这些研究主要包括采用不同的硝酸酯取代其侧链基团(结构 R 见表 5.3)。典型的侧链研究 R_1、R_3 和 R_5 都是一样的,要么是 CH_2ONO_2,要么是 $CH_2CH(ONO_2)CH_2ONO_2$ 或这两种基团的组合。类似的情况也适用于 R_2、R_4 和 R_6,但是许多研究已经使用四氟乙基作为偶数侧链和端基。这类聚合物有较高的热稳定性和机械强度,但其性能会有所降低。

目前有许多不同的组合,而且其体系非常灵活,可以有不同整数值的 x、y 和 z。这些材料也很容易合成,可以直接通过三取代亚磷酸盐与三甲基叠氮硅烷形成共沉淀后经 N-甲基咪唑引发的阴离子聚合反应制得,而不是会形成三聚物和四聚物的磷腈卤化物的热开环聚合反应。不同聚合物链的长度可以通过选择适当的聚合条件来控制,结合不同的短支链即可获得最终的产物。该类聚合物的燃烧焓随聚合物中含能侧链(如,4-二硝基丙基-1-氧自由基)的增加而增加,最初,它们被研究作为另一种炸药,但其燃烧特性使它们更适合作为黏合剂而应用于 PBX 炸药和推进剂中。

研究发现,许多叠氮基磷腈卤化物的三聚体和四聚物是非常敏感的,但二氨基六叠氮取代的四聚物已可作为点火药使用,这些内容在新型点火药的章节中也作了详细的介绍。其他一些新型的高氮化合物的点火药也将在后面的章节(第 8 章)中详细介绍。

高能发射药的研究主要集中在增加其气体产物以提高其气体产物和改善发射药对炮管的烧蚀性能方面。发射药要求其具有很高的能量利用效率和低的易损性。标准的双基推进剂可以很容易地由于意外刺激而发生爆轰。异形结构和形状装药的双基推进剂更为危险。处于聚合物黏结剂基体中的 RDX 可降低 RDX 的感度并提高炸药的性能。当使用含能黏合剂(如硝化聚合物或聚氧乙烯)后可提高发射药的效率并可以使用无金属弹壳的可燃药筒装药,而通常所使用的金属弹壳对推进剂性能无任何作用。但这种无壳的装药对于确保发射药稳定燃烧是非常困难的。对于无壳的圆柱形装药,在没有弹壳的情况下,其力学性能非常差,当其在不够完美的自动加载系统中装填时很容易发生重大安全事故。

5.7　降低炸药的感度

目前,炸药装药性能的研究已由原来单纯追求其爆炸性能方面逐渐转变为在意外刺激作用下更安全、感度更低的钝感炸药的研究。一些新型材料在提高炸药性能的同时也会提高其安全性。

三氨基三硝基苯(TATB)含有非常强的氢键,且呈二维的片状结构。这使得该化合物具有很高的熔点和很低的冲击感度,需要很高的冲击起爆能才能将其起爆,因此其在意外刺激下几乎不会发生任何危险,由于这些原因使得其已广泛应用于各种导弹弹头中。而对于其他一些常见高能炸药组分(如 RDX 和 HMX),其导弹弹头在高超声速飞行条件下,弹头的气动加热效应很明显,很容易发生危险。

六硝基芪(HNS)也有类似的高熔点以及低的冲击感度,而且其还可在炎热的环境中使用,它也是飞片起爆药的主装药。目前在实验中的两种高熔点的炸药是 TACOT 和 DIPAM,其他一些可能的高熔点炸药的详细信息可见附表。许多这类炸药也只是停留在实验室合成阶段,因为其大规模制备很困难,而且价格也很昂贵(图 5.4)。

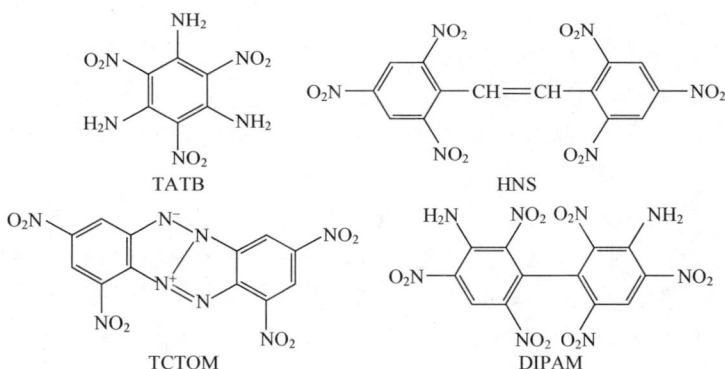

图 5.4　降感炸药

其中一种被广泛研究的低感度炸药为 1,1-二氨基-2,2-二硝基乙烯(FOX-7)。这种炸药相对容易合成[6],而且其性能也很好,最大的优点即其对冲击和摩擦不敏感。它还具有很高的点火温度,这种稳定性主要来自于其结构中硝基与邻近的氨基形成的氢键网络,这对形成聚合结构网络非常有用。与 TNT 相比,FOX-7 是相对缺氧的,且不能像 TNT 那样进行浇铸成型,但其爆炸性能要高于 TNT。

另一种正在研究中的炸药即 3-硝基-1,2,4-三唑-5-酮(NTO),其与 RDX 有相类似的性能(NTO 的爆速为 8510m/s,而 RDX 的爆速为 8850m/s),但其感度低于 RDX(NTO 的冲击感度为 120,而 RDX 的冲击感度为 80),而且 NTO 可以采用一些很常见的原料合成,且其产率很高,合成过程也简单[7]。另一个与众不同的性能即其毒性很低,通常 RDX 的毒性为 200mg/kg,而 NTO 却大于 5g/kg。NTO 很容易溶于水,且很容易被细菌分解生成无菌的产物,这对于炸药来说是很不利的,因为防止炸药接触到水分和细菌是有一定困难的。

与普通的 RDX/TNT(60/40)炸药相比,在一些典型的 NTO 取代 RDX 或 TNT 组分的炸药配方中,NTO 的含量可大于 70%[8],不需要任何特殊的浇铸过程,而且这类炸药的感度仍然很低。但 NTO 易溶于水是其最大的缺点,如果水分进入药柱内部会将内部的 NTO 溶解从而会在 TNT 基体内部形成一些类似蜂窝状的结构,从而增加该类炸药的感度。一些 NTO 的过渡金属盐已经作为起爆药在研究中,这类化合物可在光辐照条件下诱发其电子激发,这部分内容将在新型起爆药内容中详细介绍。

二硝酰胺铵也具有一定的爆炸性质,但其更广泛应用于推进剂中,是推进剂中燃料燃烧所需要的氧的主要来源,而且其产物都是气体并且不含氯。但其吸湿性使得其受空气中水分的影响很大,从目前的研究来看可通过选用合适的聚合物黏结剂来克服该缺点。

三硝基氮杂环丁烷(TNAZ)的氧平衡高于 TNT,其性能有望高于 TNT,有望取代 TNT。如 TNT 一样,TNAZ 在低于其点火温度的热水中可以熔化,并通过熔铸的方式成型,而且其毒性比 TNT 低。其存在的问题主要是其合成困难而且产率低,价格也相对昂贵。

CL-20 是一种典型的高张力环状化合物,由于其环上有氮而且环的张力能高,因此其具有正的生成焓。这种正生成焓的物质在燃烧过程中可释放出更多的能量。其 4 种晶型中的 ε 型晶型的密度高达 2.04g/cm³,使其理论爆速可达 10200m/s。但是其合成非常困难,而且获得正确的晶型也非常重要。在一些特殊的应用条件下,可以考虑使用高性能的 CL-20 炸药。CL-20 的结构及具体性能见表 5.4。

表 5.4 测定中的炸药

简 称	化学名称	结 构 式
ADN	二硝酰胺铵	
HNIW 或 CL-20	2,4,6,8,10,12-六硝基-2,4,6,8,10,12-六氮杂异戊兹烷	

（续）

简　　称	化学名称	结　构　式
FOX-7	1,1′-二氨基-2,2′-二硝基乙烯	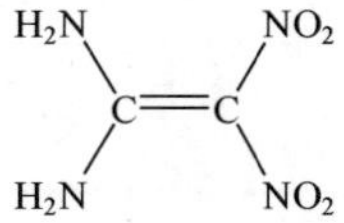 H₂N、NO₂ / C=C / H₂N、NO₂ （H_2N—C=C—NO_2 结构）
NTO	5-硝基-1,2,4-三唑-3-酮	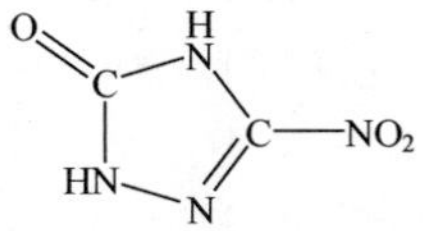 三唑环结构，含 O=, N-H, HN-N, NO_2
TNAZ	1,3,3-三硝基氮杂环丁烷	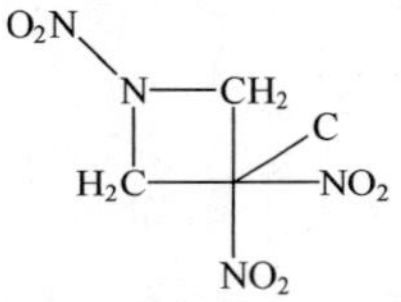 氮杂环丁烷结构，含 O_2N—N、CH_2、NO_2

许多其他可作为炸药的潜在材料也进行了相关的研究。总体上讲,目前的炸药研究的目标主要是在提高其爆炸和推进性能方面,进一步提高其安全性,即降低其对意外刺激的感度和毒性。

目前研究的主要方向由:

（1）高正生成焓的化合物;

（2）高含氮量的化合物;

（3）新型无重金属类点火药(将在后面的章节中详细阐述)。

5.8　高正生成焓类炸药

一些高正生成焓类炸药化合物已经在前面章节有所介绍。这些化合物大多数的骨架碳原子链中都含有一定数量的氮原子,这些化合物包括支链型、芳香型和环状,其中还含有一定量的氧化性元素,如 RDX、HMX、NTO 和 CL-20。TEX 除具有张力环结构外,还是一种高密度硝胺化合物,因此其性能也较好[9]。这些化合物中均含有相对 C—C 键来说更弱的 C—N 键,而且其反应产物中含有更强的 N≡N 三键。如表 5.5 所示,C—C 键强度大于 C—N 键,当 C—C 键形成 C=C 双键和 C≡C 三键后,其键强降低,而 N-N 键形成 N=N 双键和 N≡N 三键后,其键强却升高,其中 N≡N 三键的强度最大,甚至高于 N=N 双键和 N-N 单键键能的总和。

表 5.5　C—C、C—N 和 N—N 键强度对比

键类型	碳碳键	键能/(kJ·mol⁻¹)	碳氮键	键能/(kJ·mol⁻¹)	氮氮键	键能/(kJ·mol⁻¹)
单键	C–C	348	C–N	305	N–N	163
双键	C=C	612	C=N	613	N=N	409
三键	C≡C	518	C≡N	890	N≡N	945

另一种对炸药化合物形成正生成焓有贡献的因素即化合物分子结构中存在高张力环,如 CL-20。一些其他的具有正生成焓的化合物也主要是基于分子结构中存在高张力碳环,同时也存在大量的侧硝基,如四硝基、六硝基、七硝基和八硝基取代的化合物[10]。对于这些化合物的研究可能还有很长的路要走,但如果可以低成本地大规模制备,也许会引起更大的研究兴趣并可能最终产生可实际应用的炸药。

5.8.1　高氮化合物

富氮分子由于其燃烧产物主要为氮气分子,因此是一种非常有应用潜力的绿色含能材料[11]。无论是在高能炸药中还是在推进剂中应用,其都具有一些非常好的性能,特别是当应用于推进剂中时,对于降低推进剂的烟焰特性特别有效,而推进剂燃烧产物的烟和焰主要来自于传统的像硝化纤维素基推进剂燃烧产物中一氧化碳和氢的燃烧。此外,对于发射药来说,其含氮量越高时,燃烧产物中氮离子的浓度越高,氮离子对枪管的烧蚀作用要小于碳离子[12],因此可有效降低发射药对枪炮身管的烧蚀作用。这主要是由于生成的碳化物很容易随弹丸的运动而脱落,而氮化物可提高钢的强度,这些已在高能内燃机的燃烧中得以证实。

5.8.2　全氮化合物

尽管许多理论研究表明可能存在许多聚合氮分子,如 N_4、N_6、N_8、N_{10} 和 N_{12}(图 5.5),但很少有研究可观察到,这可能是由于这些分子存在很低的分解温度。最简单的聚合氮分子预计可能是四面体型的 N_4,其结构类似于 P_4,而白磷可作为烟火药中的发烟剂。从苯和环辛烷的结构分析来看,呈笼型结构的 N_6 和 N_8 化合物可能比其环状结构更稳定。根据价键理论的预测来看,应该采用芳香环化合物来稳定,因为这类化合物存在单双键交替的结构。然而,根据孤对电子相斥的原理,环状 N_6 并不是平面环,因此采用芳香化合物并不能用来稳定环状 N_6 分子。

从这些典型分子分解活化能的计算结果来看,N_4 分子小于 150kJ/mol(约为起爆药的水平),N_8 分子约为 50kJ/mol,而 N_6 分子的分解活化能小于 40kJ/mol,这表明其在环境温度下就可发生分解。计算的另外两个全氮分子 N_{10} 和 N_{12} 的分解活化能更低,所以可能在更低的温度下才能稳定存在。这些全氮化合物的

理论性能均高于 CL-20(爆速为 12 ~ 14km/s)。目前以用金刚石压腔并在高温2000K、高压 110GPa 的极端条件下已可观察到极微量的立方 N_8。

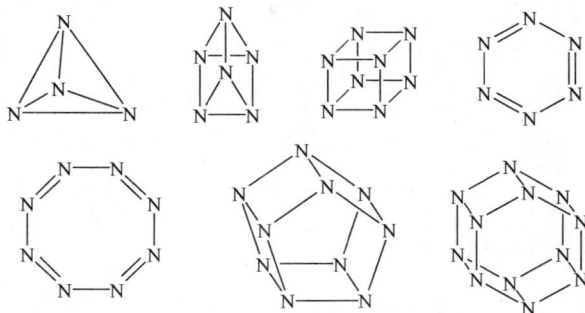

图 5.5　一些预测的全氮分子

一些量化计算表明,环状 N_6 的氮氧衍生物是稳定的,这主要是因为其降低了氮原子数,从而减少了孤对电子数,但目前还没有相关的实验报道。化学研究人员对这类材料尤其感兴趣,因为这些全氮化合物是一类处于稳定的临界状态的物质。目前除了氮气(N_2)分子和由 Eremets 等[13]在高温高压条件下观测到的立方氮结构外,还未发现其他的中性聚合氮分子。

最简单的多氮物质即叠氮离子(N_3^-),其铅盐或银盐已广泛应用于雷管中多年。虽然叠氮化铵的含氮量高达 93.3%,生成焓为正(85kJ/mol)且其爆炸性能也非常好,但它并不实用,因为其感度非常高,而且还严重缺氧(Ω 为 -53%)。另一种设想的全氮化合物为环状 N_5 分子,但是这种分子很不稳定,其主要通过引入电子使其呈阴离子状态而存在。

N_5^+ 阳离子的盐已成功合成,但最初只能与不含能的、无实际应用价值的 AsF_6^- 和 SbF_6^- 阴离子稳定存在。当使用 SnF_6^{2-} 时,还可合成出含氮量更高的(N_5^+)$_2SnF_6^{2-}$ 化合物。这种 N_5^+ 阳离子的结构非常特殊,并不是所想象的环状,而是呈两臂夹角为钝角的 V 字形。最近,Christe 等[14]合成出了 N_5^+ 阳离子分别与 $P(N_3)_6^-$ 阴离子和[$B(N_3)_4^-$]生成的[N_5^+][$P(N_3)_6^-$](N 含量 91.2%)盐和[N_5^+][$B(N3)_4^-$]盐(N 含量 92%)。但是,这些盐通常只能在非常低的温度下才能稳定存在,当温度达到环境温度时极易发生爆炸,而且其合成过程也非常困难,并不适合实际使用,但含 91.2%N 的 $P(N_3)_6^-$ 盐却引起了极大的理论研究兴趣。

全氮化合物[N_5^+]N_3^- 能否稳定存在,目前还不清楚,从目前的计算结果来看,其不稳定,可自动分解为 N_2[15]。试图用氧化性的阴离子取代非含能的阴离子,如硝酸根离子、高氯酸根离子或碘酸根离子的实验也均告失败,未获得任何独立产物,在有可分离的固体产物之前就已发生了分解。

将 N_5^+ 阳离子还原有可能生成环状的 N_5^- 阴离子。理想的 N_5 型全氮化合物可能是 N_5^+ 阳离子与 N_5^- 阴离子形成的化合物。图 5.5 是另一种双 N_5 环全氮化合物。这些 N_5^- 阴离子由于其与环戊二烯是等电体,因此也曾被认为是一种类似于二茂铁结构的类环戊二烯化合物。但是否存在与 N_5^- 阴离子配位的过渡金属目前还存在争议。一些取代的 N_5 环化合物在质谱检测中已有发现,但仍然没有获得相应的产物。

5.8.3 其他高氮化合物

在所有高氮化合物中,叠氮酸(HN_3,N 含量 97.7%)是其第一个成员,其次为叠氮甲烷[$C(N_3)_4$][16]和叠氮化肼($N_2H_5N_3$)[17],通过不稳定的叠氮酸与水合肼、叠氮化铵(NH_4N_3)[18]以及二氮烯(N_2H_2)[19]发生中和反应制得,其氮含量均为 93.3%。纯的液体叠氮酸可以自发地引发爆炸,叠氮化肼对意外刺激也非常敏感。而叠氮化肼可以通过在过量的肼中结晶生成肼合物($N_2H_5N_3 \cdot N_2H_4$)[20]以降低其感度,但其氮含量会降低(为 91.5%.)。

目前,一种二硝酰胺[$N(NO_2)_2^-$]的三氮物质已经可以合成并可生成相应的铵盐,其非常适合作为推进剂的组分使用。这种分子可视为是一种部分氧化的叠氮化离子产物,即在端基的叠氮离子的氮原子上引入氧原子。但是,与其他大多数类似,这类铵盐也有很强的吸湿性,这就限制了其在推进剂中的应用。

胍类化合物的研究产生了许多可用于含能材料的化合物。硝基胍(NQ)[21]有许多应用,例如:

(1)在烟火药中的应用;

(2)改性单基推进剂(主要组分为硝化纤维素(NC));

(3)三基推进剂(NQ+NC+NG)以及其他含 RDX 和 NC 的高性能推进剂。

硝基胍很容易通过硫酸胍的硝化或硝酸胍的脱水制得。它的胺化物如氨基硝基胍(ANQ)和二氨基硝基胍(DANG)也正在研究中[22],有一些已经用于发射药中。此外,ANQ 的卤化物和硫化物也有相应的研究。

有关中性的二硝基胍(DNQ)以及质子化后形成盐的物质[23]的研究报道已有许多。一些盐已作为点火药使用。5-氨基-1,3-二硝基胍就是其中的一种化合物,正在进行相关的研究。

一种特殊的含碳的多氮阴离子化合物将在稍后进行介绍。其他取代的三嗪化合物也有合成并有相关的研究工作。这些化合物中的大部分是取代的氮杂环化合物,其中一些衍生物将作为氮杂环化合物的部分进行介绍。

5.8.4　氮杂环化合物

多氮杂环化合物是一类非常有潜力的材料。这类杂环化合物可有不同大小的环,环上可以有不同数量的氮,而且在环上不同位置处还可以有不同类型和数量的取代基。许多这类化合物是吸热型的,但其分解活化能却很高,具体可详见附录。

1,3,3-三硝基氮杂环丁烷是四元环中含一个氮原子的氮杂环化合物。这种氮杂环丁烷分子由于其熔点低,可以通过熔铸的方法成型,因此在实际应用中非常有用,有可能取代 TNT。另一种含两个氮原子的四元环化合物即嗪类化合物,通过在嗪类化合物的碳原子处引入取代基可使其更稳定。常用的取代基为苯基,因为用苯基取代后可增加电子的离域。这些材料都是非常有研究意义的,因为它们含有生色基团 C_2N_2,这些基团对一些激光有很强的吸收作用,特别是在红外和紫外范围,如二苦基取代的嗪。

5.8.4.1　五元氮杂环

包含一个、两个或两个以上氮原子的五元环化合物是目前研究的一类重要的含能化合物。对于五元氮杂环化合物的表征主要集中在氮原子在环上的数量和位置以及五元环上的取代基方面。一些五元氮杂环化合物可见图 5.6。

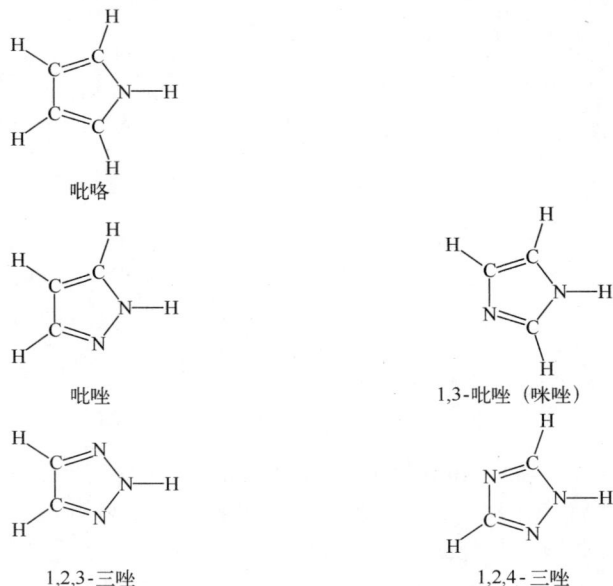

图 5.6　不同的五元氮杂环化合物

这些五元氮杂环化合物的热稳定性非常高(高于 200℃),而且具有正的生成焓,其生成焓的大小取决于氮原子在环上的位置。同时正的生成焓也对其性能非常有利。五元环上的氮原子数量越多,环上对于氧平衡有贡献的硝基取代基就越少,其感度也越高。含一个氮原子的吡咯环其相应地含两个和三个硝基取代基的化合物已有大量的研究。高性能的四硝基吡咯在正常的贮存温度下非常不稳定。一些吡咯盐也已用于底火药中,这些将在后面的章节中详细介绍。

二咔唑和三咔唑是另一类多氮化合物,其叠氮基取代的咔唑化合物已有相应的实际应用。多氮吡唑基含能化合物既有良好的爆轰性能又能在反应后生成大量环境友好的氮气,因此其较传统的含能材料具有更多的优点。环上氮原子和硝基取代基的数量和位置对其性能有很大的影响。图5.7列出了一些不同的硝基吡唑化合物,其主要分为两类,一类是用硝基取代碳原子上的氢,另一类是硝基与环上的氮原子生成硝胺化合物,其不同于环上碳原子的硝基取代。并不是所有这些容易合成的化合物都可以大规模生产,但对于研究其性能,这方面的合成需求还是可以满足的。

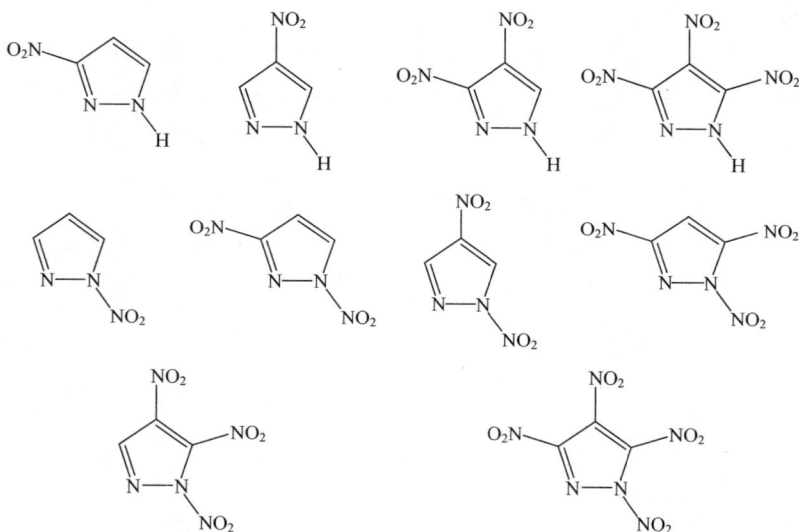

图 5.7　不同的硝基吡唑化合物

由于1,3-吡唑抑制了相邻氮原子结合形成氮气(N_2)的能力,因此与1,3-吡唑(咪唑)类化合物相比,高能多氮1,2-吡唑类化合物可有两个或多个硝基取代基。许多多氮吡唑已有合成,并且也进行了大量的相关研究[24-33]。简单的例子是3,5-二硝基吡唑、3,4-二硝基吡唑和3,4,5-三硝基吡唑(TNP)。TNP的爆速为8651m/s,RDX的爆速为8977m/s,但其感度却与TNT相当(TNP为17J而TNT为15J)。

两种常见的多氮吡唑化合物3,4-二硝基吡唑(DNP)和3,4,5-三硝基吡唑

(TNP),其性能有很大的不同。DNP 的熔点为 85℃,比 TNP 约低 100℃。这两种化合物都具有很高的挥发性,在分解温度之前即可发生升华。动力学研究表明,TNP 的分解反应活化能为 127kJ/mol,DNP 的分解活化能为 70kJ/mol,其活化能与起爆药的活化能相当,但是在其挥发和升华问题得以解决之前,其使用还存在一定的问题。

进一步对吡唑用取代基进行取代可降低其挥发性,同时提高其稳定性,如4-氨基-3,5-二硝基吡唑(LLM-116)[34,35],5-氨基-3,4-二硝基吡唑,5-硝氨基-3,4-二硝基吡唑[36]都具有较高的熔点和较低的蒸气压。其中一些不仅具有很好的爆轰性能还具有较低的冲击感度,如氨基-3,5-二硝基吡唑的爆速为8490m/s,冲击感度大于 20J,而 5-氨基-3,4-二硝基吡唑的爆速为 8640m/s,冲击感度大于 50J。

氮杂环环上的氢使得其呈酸性,因此可以与其他物质反应生成盐以改善DNP 和 TNP 等化合物的挥发性。另一种降低该类化合物挥发性的方法即通过将两个多氮吡唑环连接在一起,如 3,3′,5,5′-四硝基-4,4′-二吡唑,3,3′,4,4′-四硝基-5,5′-二吡唑[37,38],3,6-二硝基吡唑基[4,3-c]吡唑(DNPP)。该类化合物的热稳定性和热分解机理取决于硝基的数量和硝基在吡唑上的位置。对于四硝基吡唑,由于吡唑上呈酸性的氢原子已被硝基取代,因此曾预测具有很好的性能,但实际上其并不特别稳定,而且合成困难,产率也低。

其中一种不太常见的吡唑即含有两个稠环的吡唑化合物。如具有正生成焓(+270kJ/mol)的 3,6-二硝基吡唑基[4,3-c]吡唑(DNPP),其爆速约是 HMX 的85%,但其冲击感度只有 HMX 的 1/2,而且其摩擦感度和静电火花感度也很低,同时其分解温度高于 300℃。但其环上的两个氮原子使得其酸性增加,可能会引起一定的问题,但这个性能使其很容易发生氨基取代或生成其金属盐。二氨基的该类化合物的取代产物预计其性能可能会高于 HMX,即正在研究中的LLM-119 炸药,但其缺点是冲击感度高,其感度接近于起爆药。

另一类稠环化合物为基于糖基脲吡啶(脲的衍生物)的 1,3-吡咯化合物。二硝基化合物 1,4-二硝基脲吡啶(DNGU)是一种密度接近 2g/cm³ 的化合物,曾被认为是 RDX 的一种替代物。四硝基化合物 1,3,4,6-四硝基脲吡啶的密度为2.04g/cm³,其性能高于 HMX。但是,该化合物的冲击感度高于 HMX,即使在较温和的环境温度条件下其在水中也很容易发生水解。

目前,有两类五元氮杂环中含有 3 个氮原子的三唑化合物,分别为 1,2,3-三唑和 1,2,4-三唑。1,2,4-三唑由于 3 个氮原子相互分离,因此相对更稳定。即便如此,即使是最简单的硝基取代三唑也是非常敏感的。5-氨基 3-硝基-1,2,4-三唑(ANTA)的熔点为 238℃。DNTZ 3,5-二硝基-1,2,4-三唑(DNTZ)的性能有所改善,但其酸性更高。DNTZ 的金属盐是一种潜在的起爆药,这些金属盐似乎比中性的 DNTZ 更稳定。

一系列重要的化合物均是基于四咔唑环,如图 5.8 所示。2 号位上的氮原子很很容电离出氢而形成一个离域化的环阴离子,该阴离子能与不同的阳离子反应生成盐。

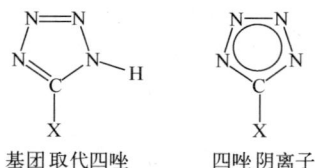

基团取代四唑   四唑阴离子

图 5.8　四咔唑环类化合物

环上的 X 位置可以是各种取代基,其中一种特别重要的化合物即 5–叠氮四唑(CHN$_7$)[39,40],这种化合物在四唑环上有一叠氮取代基,再次引起其性质发生了许多有趣的变化。连接在氮原子上的氢很容易脱去而形成四唑阴离子(CN$_7^-$),该阴离子可与不同的阳离子结合生成各种化合物。四唑的锂盐和钠盐其相应的叠氮化盐对外界刺激相对稳定,而钾盐和铯盐则很容易发生爆炸,铯盐在干燥状态下甚至不容易分离。铷盐在溶液状态即可能发生爆炸。

许多 5–叠氮基四唑在完全干燥条件下,即使在黑暗环境的静置状态也极易自动发生爆炸,这使得对于这类化合物的研究一直处于理论研究状态。尽管这些化合物的金属盐很容易发生爆炸,但其富氮盐(肼盐、铵盐、胍盐和氨基胍盐)却通过氢键的作用,非常稳定,是一类非常有应用价值的含能材料,尤其适用于推进剂中。此外,这些肼盐还具有很高的氮含量,非常适用于推进剂中。一些四唑化合物已经作为起爆药使用,既可用于爆炸体系也可用于燃烧体系。有关这些内容将在新型底火药中详细介绍。

通过氮原子或环上的碳原子将多个四唑环连接起来可得到大量的化合物,一些化合物的结构如图 5.9 所示。最简单的结构即通过 NH 形成二胺,如典型的 2,2′–二氢双四唑胺(H$_2$BTA)。这一化合物通过氨基四唑与氯代四唑反应制得,也可通过二氰胺钠与叠氮化钠在酸性水–乙醇溶液中反应制得。当氨基四唑经重氮化后即可通过类似肼衍生物的 2 个氮原子将四唑环连接起来,而当 2 个四唑取代三嗪上的 2 个叠氮基时,则可得到以三嗪相连接的四唑环。

杂环上的氢环可以很容易地被硝基取代而生成能量更高而且富氧的化合物,使得这类材料可很好地应用于推进剂中。如果没有这些硝基取代基,则在推进剂中还需要添加像高氯酸铵或硝酸铵这样的富氧化合物作为氧化剂。环上的氢以及氨基上的氢还可以发生电离形成阴离子,从而可与大量的富氮阳离子结合,如肼和铵等。其中一些还将在新型点火药部分中详细介绍。

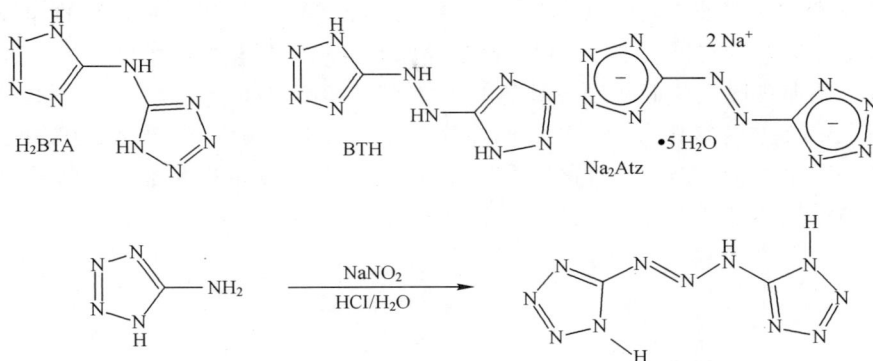

图 5.9　以通过氮或碳连接多个四唑形成的化合物

　　一种令人感兴趣的五元氮杂环系列化合物即五唑。理想情况下,含 5 个氮原子的 N_5^- 环可与 N_5^+ 环化合生成一种全氮化合物,但从目前的研究来看,能否存在未取代的环状 N_5^- 阴离子还存在争议,目前也只是在溶液或质谱分解产物中观察到该离子的存在。五唑芳香环取代物已有报道,多硝基取代的芳香环化合物也正在研究中[42]。在五唑中引入芳香环取代基,可使五唑上的电子发生离域,从而可引入更多的芳香环取代基。

5.8.4.2　六元氮杂环化合物

　　目前已有大量关于含不同氮原子数的六元氮杂环化合物的研究。与五元氮环化合物类似,六元氮杂环化合物中氮原子的数量和位置以及环上的取代基都对其性能有一定的影响,也已进行了大量相关的研究。图 5.10 和图 5.11 列出了部分六元氮杂环化合物的结构式。

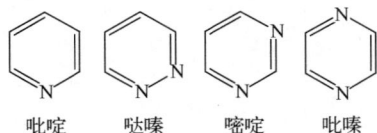

图 5.10　六元氮杂环化合物

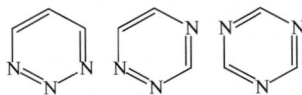

图 5.11　含 3 个氮原子的六元氮杂环化合物

　　已有研究将含一个氮原子的六元氮杂环化合物吡啶以及吡啶的取代物作为熔铸炸药中 TNT 的替代物,而且这些吡啶化合物不像 TNT 那样有一定的毒性,其性能相对 TNT 也无明显提高。含 2 个氮原子的六元氮杂环化合物很难合成,因此只有在特殊需要情况下才会合成相应的化合物。含 3 个氮原子的六元氮杂环化合物如图 5.11 所示,目前也已合成出大量含 3 个氮原子的六元氮杂环化合物的取代物。

目前,已有大量的四嗪取代物应用于烟火药和推进剂中[43]。最稳定的四嗪类化合物即具有对称稳定结构的 2,3,5,6-四偶氮苯,其他非对称的异构体的稳定性较差,而且 1,2,3,4-四偶氮苯异构体的感度与起爆药相当[44,45]。通过 1,4-二氨基四嗪发生硝化反应制备 1,4-二硝基四嗪可生成 1,4-二硝胺类化合物(图 5.12)[46],该化合物有很好的爆炸性能,与 RDX 相比,其爆速为 9350m/s。二硝基四唑类化合物也具有很好的爆炸性能,但其合成相对困难。二肼基化合物在高性能推进剂中的应用目前也正处于研究当中。

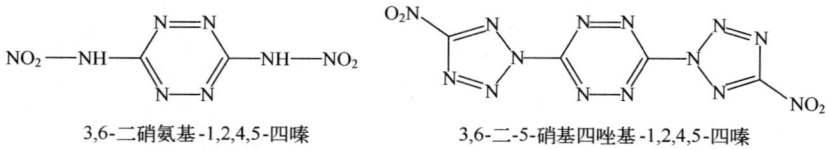

3,6-二硝氨基-1,2,4,5-四嗪   3,6-二-5-硝基四唑基-1,2,4,5-四嗪

图 5.12　四嗪

用磷原子取代氮杂环上的碳原子可形成两种磷腈类化合物,即三聚卤化磷腈和四聚卤化磷腈。如果用叠氮基或硝基取代其上的卤素,则可大幅提高其能量,制成极为敏感的炸药类化合物。用硝基烷烃取代其上的卤素可合成出适用于推进剂的含能聚合物,其感度也相对较低。

表 5.6　一些高熔点耐热炸药的结构和化学名称的术语表

ANPZ	2,6-二氨基-3,5-二硝基吡嗪		$C_4H_4N_6O_4$
BPABF	4,4'-二苦胺基-3,3'-二氮杂环己烷		$C_{16}H_6N_{12}O_{14}$
CL-14	5,7-二氨基-4,6-二硝基苯并呋咱(中国湖第 14 号炸药)		$C_4H_4N_6O_4$
DIPAM	3,3'-二氨基-2,2',4,4',6,6'-六硝基联苯(二苦酰胺)		$C_{12}H_6N_8O_{12}$

（续）

DNDPF	3,4-二硝基-2,5-二吡咯呋喃		$C_{16}H_4N_8O_{17}$
DNPBT	4,6-二硝基-1-苦基苯并三唑		$C_{12}H_4N_8O_{10}$
HNS	2,2′,4,4′,6,6′-六硝基芪		$C_{14}H_6N_6O_{12}$
NDAPDO	5-硝基-4,6-二氨基吡啶-1,3-二氧		$C_4H_5N_5O_4$
NTAPDO	5-硝基-2,4,6-三氨基吡啶-1,3-二氧		$C_4H_6N_6O_4$
NTPP	5-硝基-2,4,6-(三苦基氨基)嘧啶		$C_{22}H_9N_{15}O_{20}$

（续）

PATO	3-（苦基氨基）-1,2,4-三唑		$C_8H_5N_7O_6$
PYX	2,6-二（苦基氨基）-3,5-二硝基吡啶（炸药）		$C_{17}N_7N_{11}O_{16}$
PZO	2,6-二氨基-3,5-二硝基吡嗪-1-氧		$C_4H_4N_6O_5[-]$
TACOT	四硝基苯并-1,3a,4,6a-四氮杂并环戊二烯		$C_{12}H_4N_8O_8$
TADNP	2,4,6-三胺-3,5-二硝基吡啶		$C_5H_6N_6O_4$
TPM	N,N',N''-三甲基三聚氰胺		$C_{21}H_9N_{15}O_{18}$

（续）

TPP	2,4,6-三（苦基氨基）嘧啶		$C_{22}H_{10}N_{14}O_{18}$

参 考 书 目

[1] Klapotke, T.M. (ed.) (2007) *High Energy Density Materials*, Springer, Berlin, ISBN 978-3-540-72201-4.

[2] Marinkas, P.L. (ed.) (1996) *Organic Energetic Compounds*, Nova Science Publ. Inc., N.Y., ISBN 1-56072-201-0.

[3] Agrawal, J.P. and Hodgson, R.D. (2007) *Organic Chemistry of Explosives*, Wiley, Chichester, ISBN 978-0-470-02967-1.

[4] Olah, G.A. and Squire, D.R. (eds) (1991) *Chemistry of Energetic Materials*, Academic Press, NY, ISBN 0-12-525440-7.

[5] Kaplotke, T.M. (2012) *Chemistry of Energetic Materials*, De Gruyter, H., Berlin, ISBN 978-3-11-027358-8.

[6] Boddu, V. and Rednev, P. (eds) (2010) *Energetic Materials*, CRC Press (Taylor and Francis), ISBN 978-1-4398-3513-5.

参 考 文 献

[1] Balliou, F., Dartyge, J.M., Spyckerelle, C.V. and Mala, J. (1993) Proceedings 10th International Symposium on Detonation 816–823.

[2] Kröber, H. and Teipel, U. (2008) Crystallization of Insensitive HMX. *Propellants, Explosives, Pyrotechnics*, **33**, 33–36.

[3] Cartwright, M. (2003) Minutes of Reduced Sensitivity RDX, Proceedings of Nato Technical Meeting WTD91 Meppen, Germany.

[4] Hudson, R.J., Zioupos, P. and Gill, P.P. (2012) Nano indentation as a diagnostic test for IRDX. *Propellants, Explosives, Pyrotechnics*, **37**(2), 191–197.

[5] Cartwright, M., Lloyd Roach, D. and Simpson, P.J. (2007) Non-solid explosives for shaped charges I: Explosive parameters measurements for sensitized liquid explosives. *Journal of Energetic Materials*, **25**(2), 111–127.

[6] Latypov, N.V., Bergman, J., Langlet, U., *et al.* (1998) Synthesis and Reactions of 1,1-Diamino-2,2-dintrothylene. *Tetrahedron*, **54**, 11526–11536.

[7] Chipen, G.L., Bokalder, R.P. and Grinshein, V.Y. (1966) 124traizal 3one ands its nitro and amino derivatives. *Chemistry of Heterocycles Compounds*, **2**(1) 110–116.

[8] Collett, G.C. (1998) EOE thesis Cranfield University.

[9] Karaghiosoff, K., Kaplötke, T.M., Michailowski, A. and Holl, G. (2002) Structure of TEX a nitramine with an exceptionally high density. *Acta Crystallographica*, **C58**, 580.

[10] Zhang, M.-X., Eaton, P.E. and Giliardi, R.D. (2000) Hepta and octanitrocubanes. *Angew. Chemie. Int. Ed.*, **39**, 401.

[11] *Green explosives:* (a) Giles, J. (2004) *Nature*, **427**, 580–581; (b) Carrington, D. (2001) *New Scientist*, 101; (c) Ding, Y.H. and Inagaki, S. (2003) *Chemistry Letters*, **32**, 304. *HEDM general:* Klapötke, T.M. (2007) In *Moderne Anorganische Chemie*, Riedel, E. (Hrsg.), 3rd edn, Walter de Gruyter, Berlin, New York, pp. 99–104. Singh, R.P., Verma, R.D., Meshri, D.T. and Shreeve, J.M. (2006) *Angewandte Chemie*, **118**(22), 3664–3682; *Angewandte Chemie International Edition*, 2006, **45**, 3584–3601. Klapötke, T.M. (2007) In *High Energy Density Materials*; Klapötke, T.M. (Hrsg.), Ed.; Springer, Berlin, Heidelberg; pp. 85–122.

[12] Doherty, R.M. (2003) Novel Energetic Materials for Emerging Needs. 9th-IWCP on Novel Energetic Materials and Applications, Lerici (Pisa), Italy, September 14-18, 2003.

[13] Eremets, M.I., Gavriliuk, A.G. and Trojan, I.A. (2007) Single-crystalline polymeric nitrogen. *Applied Physics Letters*, **90**, 171904/1.

[14] Haiges, R., Schneider, S., Schroer, T. and Christe, K.O. (2004) High-Energy-Density Materials: Synthesis and Characterization of N5 + [P(N3)6]−, N5 + [B(N3)4]−, N5 + [HF2]−n HF, N5 + [BF4]−, N5 + [PF6]−, and N5 + [SO3F]−. *Angewandte Chemie*, **116**, 5027; *Angewandte Chemie International Edition*, 2004, **43**, 4919.

[15] Christe, K.O. (2007) Recent advances in the chemistry of N5+, N5− and high oxygen compounds. *Propellants Explos & Pyrotech*, **32**, 194.

[16] Banert, K., Joo, Y.-H., Rüffer, T. *et al.* (2007) The exciting chemistry of tetraazidomethane. *Angewandte Chemie*, **119**, 1187; *Angewandte Chemie International Edition*, 2007, **46**, 1168.

[17] Curtius, T. (1891) Neues vom Stickerstoffwasserstoff. *Berichte der Deutschen Chemischen Gesellschaft*, **1891**(24), 3341.

[18] Wiberg, N. (2007) In *Lehrbuch der Anorganischen Chemie /Holleman_Wiberg*, 102nd edn, de Gruyter, Berlin, p. 659 (ammonium azide), pp. 692–693 (tetrazene).

[19] Hünig, S., Müller, H.R. and Thier, W. (1965) The Chemistry of Diimine. *Angewandte Chemie*, **77**; *Angewandte Chemie International Edition in English*, 1965, **4**, 271; (b) Miller, C.E. (1965) Hydrogenation with Diimide. *Journal of Chemical Education*, **42**(5), 254–459.

[20] Chavez, D.E., Hiskey, M.A. and Gilardi, R.D. (2000) 3,3_-Aobis(6-amino-1,2,4,5-tetrazine): a novel high-nitrogen energetic material. *Angewandte Chemie International Edition*, **39**, 1791.

[21] McKay, F. (1952) Nitroguanidines. *Chemical Reviews*, **51**(2), 301–346.

[22] Fischer, N., Klapötke, T.M., Martin, F.A. and Stierstorfer, J. (2010) Energetic Materials Based on 3-amino-1-nitroguanidine, New Trends in Research of Energetic Materials. Proceedings of 13th, Seminar, Pardubice, Czech Republic, **1**, pp. 113–129.

[23] Altenburg, T., Klapötke, T.M., Penger, A. and Stierstorfer, J. (2010) Two Outstanding Explosives Based on 1,2-Dinitroguanidine: Ammonium- dinitroguanidine and 1,7-Diamino-1,7-dinitrimino-2,4,6-trinitro-2,4,6-triazaheptane. *Zeits. für Anorgan. und Allgem. Chemie, (ZAAC?)*, **636**, 463–471.

[24] Janssen, J.W.A.M., Koeners, H.J., Kruse, C.G. and Habraken, C.L. (1973) Pyrazoles. XII. The Preparation of 3(5)-nitropyrazoles by thermal rearrangement of *N*-nitropyrazoles. *Journal of Organic Chemistry*, **38**, 1777–1782.

[25] Hervé, G. (2008) FR Patent 2917409.

[26] Zaitsev, A.A., Dalinger, I.L. and Shevelev, S.A. (2009) Dinitropyrazoles (review). *Russian Chemical Reviews (Engl. Transl.)*, **78**, 589–627.

[27] Ek, E., Latypov, N. and Knutsson, M. (2010) Four Syntheses of 4-Amino-3,5-Dinitropyrazole.

Proceedings of 13th Seminar on New Trends in Research of Energetic Materials, Czech. Republic, Pardubice, April 21-23, 2010.

[28] Wang, B.Z., Wang, Y.L., Zhang, Z.Z. *et al.* (2009) Synthesis and characterization of 4-amino-3,5-dinitropyrazole (LLM-116) condensation products. *Chinese Journal of Energetic Materials*, **17**, 293–295.

[29] Dalinger, I., Shevelev, S., Korolev, V. *et al.* (2011) Chemistry and thermal decomposition of trinitropyrazoles. *Journal of Thermal Analysis and Calorimetry*, **105**, 509–516.

[30] Zhang, Y., Guo, Y., Joo, Y-H. *et al.* (2010) 3,4,5-trinitropyrazole-based energetic salts. *Chemistry: A European Journal*, **16**, 10778–10784.

[31] Zhang, Y., Huang, Y. and Shreeve, J.M. (2011) 4-Amino-3,5-dinitropyrazolate salts – highly insensitive energetic materials. *Journal of Materials Chemistry*, **21**, 6891–6897 [10].

[32] Comte, S. and Jacob, G. (2011) Synthesis of di- and Trinitropyrazoles. High Energetic Materials Conference (HEMs2011), France, La Rochelle, October 3-4, 2011.

[33] Ravi, P., Gore, G.M., Tewari, S.P. and Sikder, A.K. (2012) Quantum chemical studies on the structure and performance properties of 1,3,4,5,-tetranitropyrazole: a stable new high energy density molecule. *Propellants, Explosives, Pyrotechnics*, **37**, 52–58.

[34] Pagoria, P.F., Lee, G.S., Mitchell, A.R. and Schmidt, R.D. (2002) A review of energetic materials synthesis. *Thermochimica Acta*, **384**, 187–204.

[35] Dalinger, I.L., Cherkasova, T.I. and Shevelev, S.A. (1997) Synthesis of 4-diazo-3,5-dinitropyrazole and characteristic features of its behavior towards nucleophiles. *Mendeleev Communications*, 58–59.

[36] Dalinger, I.L., Vatsadze, I.A., Shkineva, T.K. *et al.* (2010) Nitropyrazoles 18. *Russian Chemical Bulletin International Edition*, **59**, 1631–1638.

[37] Lebedev, V.P., Matyushin, Y.N., Inozemtcev, Y.O. *et al.* (1998) Thermochemical and Explosive Properties of Nitropyrazoles. Proceedings of 29th International Annual Conference of ICT, Karlsruhe, FRG, 1998.

[38] Dalinger, I.L., Shkinyova, T.K., Shevelev, S.A. *et al.* (1998) Synthesis and Physical-Chemical Properties of Polycyclic Nitropyrazoles. Proceedings of 29th International Annual Conference of ICT, Karlsruhe, FRG, 1998.

[39] Dippold, A.A., Klapotke, T.G., Martin, F.A. and Wiedebronk, S. (2012) Nitraminotriazoles based on ANTA A Comprehensive study of structural and Energetic Properties. *Eu. J. Inorg. Chem.*, 2429–2443.

[40] Hammerl, A., Klapotke, T.M., North, H. and Warchold, M. (2003) Synthesis, Structure, Molecular Orbital & Valence Bond Calculations for Tetrazolyl Azide. *Propel. Explos. & Pyrotech.*, **28**, 165–173.

[41] Hammerl, A. and Kaplotke, T.M. (2002) Tetrazolylpentazoles. Nitrogen Rich Compounds. *Inorg., Chem.*, **41**, 906–912.

[42] Substituted pentazoles.

[43] Chavez, D.E. and Hiskey, M.A. (1998) High-Nitrogen Pyrotechnics. *J. Pyrotech*, (7), 1–6.

[44] Kaihoh, T., Itoh, T., Yamaguchi, K., Ohsawa (1988) first Synthesis of a 1,2,3,4, Tetrazine. *J. Chem. Soc. Chem. Comm.*, 1608–1609.

[45] Churakov, A.M., Tartakovsky, V.A. (2004) Progress in 1,2,3,4-Tetrazine Chemistry. *Chem. Rev.*, **104**, 2601–2616.

[46] Zhu, X. and Tian, Y. (1987) Synthesis and [properties of Tetrazine explosives. *Proc. Int. Symp on Pyrotech. & Explosives, Bejing China, China Acad. Publ.*, 241–244.

第6章 爆炸过程

6.1 引　言

当炸药被点燃,其能量释放过程有燃烧和爆轰两种方式。大多数炸药由于其起爆方式和起爆条件,存在两种过程。实际上,这些因素受到限制以确保炸药行为达到预期。然而,材料在事故中可能会受到不寻常的刺激,如机械损伤和火灾。在这种情况下它们会表现出相反于设想的行为,每种分解行为特性均不同,但都是由相同的反应热动力驱使,在不同条件下两个过程的产物可能会有所不同。

6.2 燃　烧

几乎所有的爆炸物都是在干燥、不受限制的状态下燃烧的。燃烧也可以发生在一个封闭状态,因为炸药不依赖于外部的氧气供应来燃烧。典型的发射药不需要外界氧气,并且将在一个完全封闭的系统中燃烧。燃烧由一系列复杂的化学反应组成,这些化学反应发生在爆炸的表面或者上面。当固体材料被转化为气体时,它的表面(如果它是非多孔的)可以被看作是逐层递减。每一层温度轮流成为着火点,这样使所需要的热量从反应区辐射到固体物质。部分热量也是由炸药在到达着火点之前缓慢分解而形成的。表面消退速率取决于热量传递到物质的速率,而这又取决于燃面温度、材料导热性、辐射透明度及其热稳定性。在燃烧过程中发生的热传递如图 6.1 所示,热损失是由热体的辐射转移和表面移除的热气体对流造成的。燃烧过程稳定地向粒子中心移动。

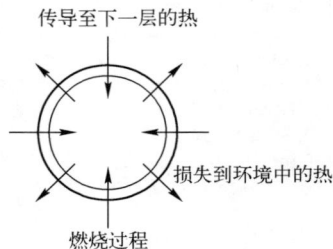

图 6.1　燃烧过程的简单示意图

热物质通过辐射向周围环境传导热,也通过热气体和大气之间的压力差而

114

导致的对流传热。燃面退移速率或线性燃烧速率为 r，对于给定炸药，确定 r 的主要因素是燃烧速率系数，设为 β，其由化学反应速率决定，反应速率是炸药的函数。硝酸酯类炸药，如硝化甘油，燃烧的速度远远大于 TNT 或硝基甲烷等硝基化合物。因此，每种含能材料的 β 不同。在给定的某瞬间，表面的环境压力 P 也会影响燃烧。该模型通过更详细地考虑燃烧过程，从而可以解释压力的影响，比单层模型更接近燃烧过程。图 6.2 描绘了一个表面引燃的球形颗粒的理想化燃烧过程，更细致地解释了燃烧过程。

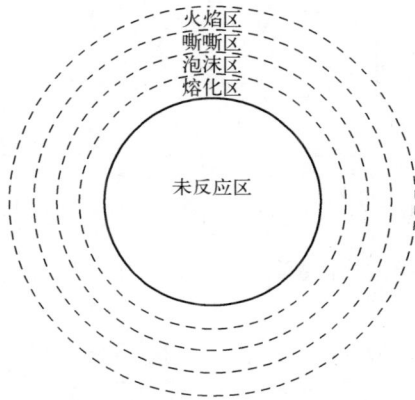

图 6.2 燃烧颗粒的横截面

这 5 层中发生的过程稍有不同。从中心开始，有一个未被消耗的炸药区域，接受上层固相分解过程释放的热，这会导致该层材料熔化。随着熔化过程的发生，部分炸药熔化，通过熔融产生的气泡释放气体，导致嘶嘶区域中一些液相材料升华。气相中含能材料的分解剧烈，导致泡沫区域出现。在这个阶段，含能材料大部分转化为分子碎片，其相互结合成为反应最终产物，燃烧过程伴随光输出。通过在燃烧表面通入一种惰性气体，将火焰区从表面移除暴露其他表面，从而可以证明这些过程。

可以通过对气体产生区域的检测得到系统压力对燃烧速率的影响。当样品不受限时，气体从燃烧表面移除，带走大量热，从而使传到未消耗炸药区域的热相对较少。然而，由于气体不能自由离开表面，燃烧过程损失少量热，更多的热量将会传递至系统内。还有另外一种因素会导致有更多热量传递至未消耗材料中。理想气体定律指出，固定体积的气体所占据体积与其压力成反比，因此随着压力升高，释放出的气体体积减小，产热区域接近未消耗部分，同时又增加传热至未消耗部分。

燃烧颗粒典型温度面见图 6.3，温度从颗粒中心右边向左边表面扩散。

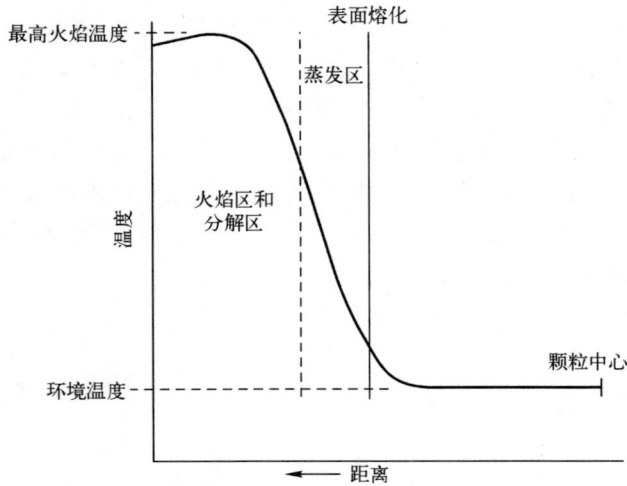

图 6.3　球形粒子燃烧的温度剖面示意图

因此,对于无孔炸药,线性燃烧速率 r 由 Vielle 定律定义:

$$r=\beta \cdot P^{\alpha}$$

式中,β 为燃烧速率系数;α 为压力指数。燃烧速率系数是炸药燃烧的特征值,每种含能材料的压力系数是不同的,同时压力系数对混合物中的成分和成分比例也是非常敏感的;压力指数还依赖于炸药的物理参数,例如结晶度和晶体缺陷。

根据燃烧速率定律,对于特定炸药,燃烧速率曲线的形状是压力与压力指数(α)值的函数。当压力增加速率趋向于最大值时,α 值小于 1.0 的系统的曲线是凸形的(图 6.4)。

黑火药就属于这一类燃烧特性材料,大多数推进剂也被设计成这一类。典型的发射药在外部环境中不能以超过 5mm/s 速率燃烧,但是在枪支中,当压力超过 4000 倍,速率可以达到 400mm/s 速率,高封闭条件下多孔炸药燃速可以达到 400mm/s。

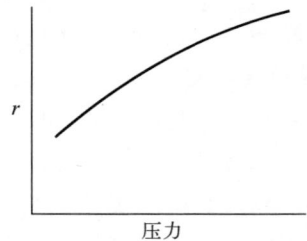

图 6.4　加压对材料的线性燃烧速率($\alpha<1$)的影响

如果燃烧被认为是在层中平行进行,那么燃烧质量,也就是单位时间内消耗的爆炸量,即公式中的 $\mathrm{d}m/\mathrm{d}t$ 或 m 为

$$\frac{\mathrm{d}m}{\mathrm{d}t}=r\times A\times\rho$$

式中,r 为线性燃烧速率;A 为燃烧表面积;ρ 为实际密度。

116

如果在枪支中的燃烧过程需要较快速率,需要设计提高 A 值,使 r 和 ρ 相互提高,然后 m 变大,快速产生的气体会产生一种或多或少的爆炸性效应,即爆燃。因此,所有发射药都可以在弹丸离开枪管之前在枪管中燃烧,从而最大限度地提高发射药性能。为了达到这个目的,发射药装药由大量小颗粒或采用大量多孔颗粒通过多管排列,如图 6.5 所示。这样有一个好处就是燃烧发生在空心管内部和外表面,燃烧表面随着燃烧进行而增加。气体产物产生速率为子弹在枪管中移动的速率,气体可用体积增加,压力剖面正常化。

然而,某些其他炸药的 α 值大于 1.0,因此,压力和燃烧速率继续增加,如图 6.6 所示。

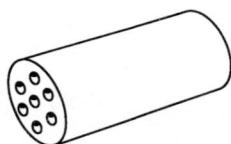

图 6.5　发射药装药由大量小颗粒或
采用大量多孔颗粒通过多管排列

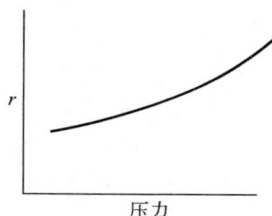

图 6.6　$\alpha>1.0$ 时线性燃烧
速率作为压力的函数

在这种情况下,压力持续升高。如果压力超过容器的抗张强度,容器破裂。破裂程度与容器强度有关;如果采用卷筒芯或其他低强度材料,会导致相对较轻的事故,在采用纸板的情况下,会产生无害的碎片。然而,超高强度钢在高压下会失效,从而产生爆燃,产生大量高速的大块碎片。爆燃产生的典型碎片如图 6.7 所示,图中给出了含高能炸药成分的 450kg(1000lb)炸弹爆燃产生的碎片。

图 6.7　由一枚 450kg 炸弹爆燃产生的碎片

由图中可以看出,前景中的大碎片从事故发生地飞行 10m,就像炸弹底部的弹坑所显示的那样,其他的碎片则飞得更远。

一些炸药具有如图 6.8 所示的复杂曲线,对于 $\alpha<1$ 的炸药,当燃速渐近最高点时,随着压力增加 α 值改变,形成随压力增加而燃速变化较小的平台区。

当 $\alpha>1$ 时,压力的进一步增加会导致燃烧速率再次加快。图 6.8 中的此类行为也会被设计在固体火箭推进剂系统,用来维持推力,从而在制造过程中产生的发动机同质性变化的影响可以被最小化。曲线内小区域中,即图中的阴影区域,燃速与压力独立。由于制造的推

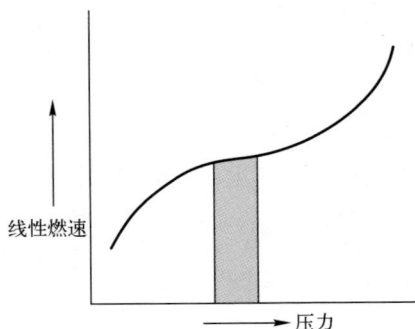

图 6.8　部分"稳态"推进剂
燃速与压力关系曲线

进剂不一致,$\alpha>1$,这个过程可以用来消除由于材料燃烧过程产生的压力脉冲的影响。在第二和第三种情况下,当 $\alpha>1$ 时在燃烧的表面会有压力增加的趋势,这可能会加速火苗(flame front),同时也增加了压力。

当火焰速度与炸药的声速相匹配时,正常温度和压力下,形成另外一种分解模式——爆炸状态。产生爆炸的燃烧过程称为燃烧转爆轰。这样的系统在燃烧开始和爆炸发生之间表现出明显的时间延迟,即维持一段时间。这种延迟与炸药特性、粒径、电荷密度、孔隙度无关,而与封闭状态有关。燃烧转爆炸适用于雷管和延迟引信中。还必须考虑到,采用燃烧处理散装炸药时,必须采取适当的预防措施来防止意外爆炸。

6.3　爆　　轰

与声速相当的燃速在装药内产生一个冲击波。在固体炸药和液体炸药中冲击波的速率介于 $1800\sim9000m/s$,比燃烧过程高出一个数量级。材料分解速率不受热传导速率决定,而是由材料传播冲击波的速率决定。当化学产生的能量与在冲击波前压缩爆炸所需的能量相匹配时,冲击波的稳态速率就会产生。图 6.9 中显示了爆炸的药条的一部分,以及沿棒状的压力剖面。

为了产生爆轰波然后在整个装药中传播,必须提供有利于爆炸过程的条件。正如我们看到的,起爆到爆轰需要以下两个条件之一:

(1) 燃烧转爆炸;

(2) 冲击转爆炸。

下文将依次考虑这两种情况。

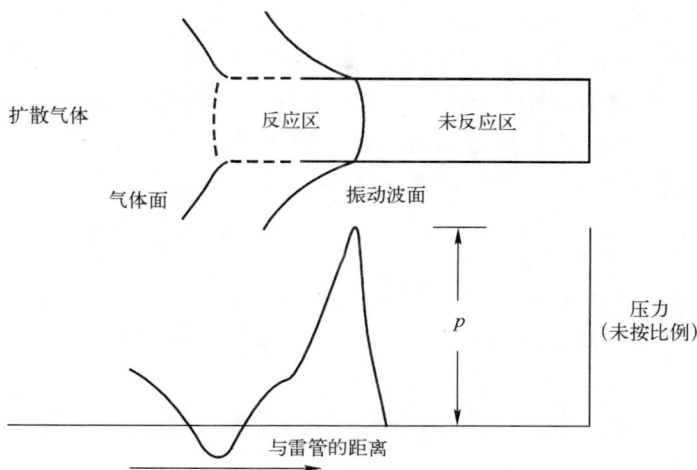

图 6.9 药条上的冲击波传播和沿棒的压力剖面

6.4 燃烧转爆轰的机理

到目前为止,因为属性和效果的不同,两种分解过程都是分开考虑的。本章的最后将会重点讨论这两种分解过程的区别。高传爆序列的目标是建立一个能执行某些功能的爆炸。两种过程可以诱导爆轰,第一种是冲击转爆轰,猛烈的机械打击被传递到高能炸药弹;第二种是燃烧转爆轰,从燃烧系统中开始转化为爆轰。后者对于发射药来说是重要的问题,对于枪支和人员来说,转化成为爆轰是灾难性的。当高性能发射药配方中含有 RDX 等材料时,这一点尤为重要。发射系统可有效地密封,通过光纤传递脉冲激光起爆序列。

在某一阶段,在某种程度上,燃烧过程涉及一种持续经历燃烧转爆轰的材料。在起爆药中也存在由起爆剂刺激引起的燃烧转爆轰,或者在传爆药中传递起爆药的输出转化为可靠的爆轰。在这方面,叠氮化铅是理想的起爆药。开始燃烧时防止叠氮化铅爆轰是不可能的。但是,爆轰不足以引爆高性能炸药和引爆装置。起爆药和猛炸药的区别是起爆药的燃烧转爆轰过程更快。同时,像叠氮化铅一样,它们不需要特殊的实验条件。起爆药和猛炸药的区别是程度而非种类。

两种燃烧种类已被确定,一种缓慢的、有规律的稳定的燃烧,通常被认为是常规燃烧;另一种是快速燃烧。缓慢稳定的燃烧发生在低压时,当压力增加时,在临界压力之上燃烧速率符合 Vielle 定律:$Rate = \beta \cdot P^{\alpha}$。缓慢燃烧被认为是传导燃烧,材料的热导作用将未燃烧材料提高到点火温度。

快速燃烧涉及的机制是对流燃烧。在这种燃烧过程中,炽热的气体通过炸药的气孔传播。气体通过炸药的速度与压力梯度成正比。临界压力通过燃烧过程来解释。炸药的顶部表面覆盖着一层熔融炸药,如图 6.2 所示,它密封了表面,热气体从表面流出,因此燃烧速率基本上与样品的物理尺寸和包装密度无关。如果热气体不能从表面流出,那么燃烧的气体压力达到临界水平,液体层不再是有效的密封,热气体将被传送到未燃烧的炸药中。

燃烧变化的临界压力取决于炸药的粒度大小。在燃烧速率加速之前更细的颗粒尺寸需要更高的环境压力,如图 6.10 所示。样品的粒度越大,熔融表面越不均匀,因此,在较低的压力梯度下,气体更容易流动。对于细粒度材料,表面更加均匀,因此,需要更高的压力梯度来迫使热气体回流到未燃烧的样品中。

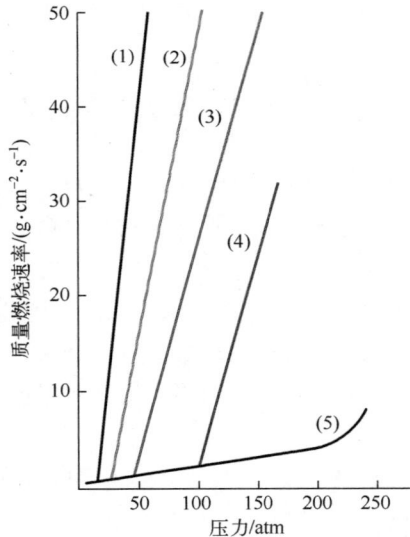

图 6.10 不同粒径的 HMX 压粉燃烧速率与压力的关系

（1）粒度为 $200 \sim 600 \mu m$,密度为 $1.20 g/cm^3$;

（2）粒度为 $104 \sim 124 \mu m$,密度为 $1.05 g/cm^3$;

（3）粒度为 $64 \sim 76 \mu m$,密度为 $1.07 g/cm^3$;

（4）粒度为 $53 \sim 64 \mu m$,密度为 $1.07 g/cm^3$;

（5）粒度为 $5 \mu m$,密度为 $1.02 g/cm^3$。

　　为了解释一些炸药例如 PETN 经历一次转变从而发生爆炸,而另外一些炸药如 TNT 不需要经历转变,但必须有另外一种成分引发燃烧转爆轰过程,引入晶体破裂的概念可以解释这一区别。与 TNT 相比,PETN 晶体更脆,因此在行为上表现出较大区别。还有另一种解释是由于 PETN 的点火温度接近熔点,熔融层相对较薄,而 TNT 具有较低的熔点和高点火温度,熔融层更厚,产生了更大的气体渗透屏障,因此低燃速会阻碍燃烧转爆轰过程。

　　压装装药机制的主要参数是渗透率和封闭性。密封度允许热气体通过装药流动,同时必须是暴露于这些热气体的装药的反应面。密封度是由颗粒大小、孔隙大小、结晶型状和分布决定的。这些都是由最初的粒子大小和形状以及压实度决定的,它们可以被表示成理论最大密度的百分比,即 TMD(TMD 是单一的晶体密度)。压实过程形成装药的最终有效粒子大小。这个参数是不可能测量的,除了通过渗透率提供一个平均的表观大小值。在实验中测量的参数之一是预爆长度,这是在爆炸发生前燃面的行进距离。图 6.11 是 HMX 和 PETN 样品预爆长度与气体渗透率随初始药径的变化趋势曲线,以 TMD 的百分比表示[2]。

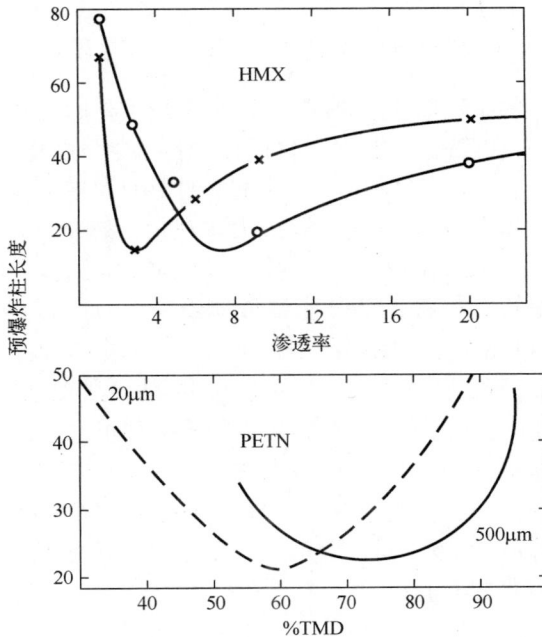

图 6.11　HMX 和 PETN 粉末样品不同预爆炸列长度与渗透率/粒径和 TMD 的函数关系

　　对于这两种材料来说,预爆轰列长度都有一个最小值,即预备距离,由压实度和渗透率决定。

通过测试不同粒度 RDX 和 HMX 样品的堆积密度,可以确定一个可观察到转爆轰的区域。然而,当密度和粒径超出这个区域时,爆轰转变将不会发生。图 6.12 给出了这些区域。HMX 的区域小于 RDX。相比粗粒径材料,小粒径材料必须要压实。爆轰开始为低速爆炸状态,如果条件合适,将进一步展现出炸药爆轰特性的最大速度。

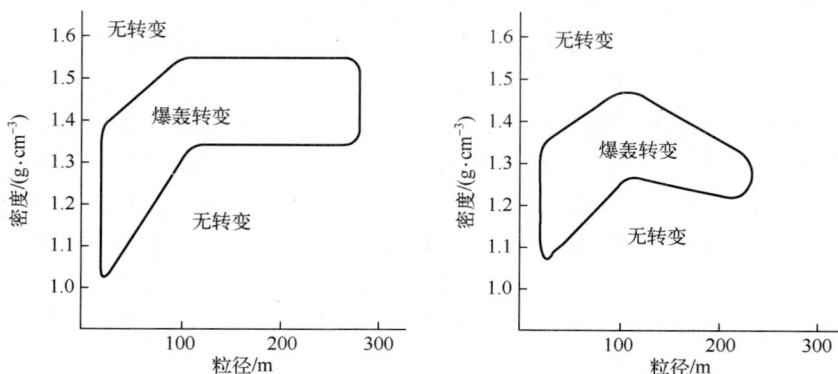

图 6.12　RDX(l) 和 HMX(r) 与密度和颗粒大小变化有关爆轰过渡区域

爆速达到最大的条件取决于许多参数,其中最重要的是密闭性。此外,临界最小直径也很重要,在此范围内炸药自行封闭,容器壁强度将不影响爆轰。如果装药直径低于临界值,容器壁强度将成为重要的影响因素。容器壁强度越强,从器壁反射的冲击波越大,直到到达临界最大爆速值。燃烧转爆轰极其重要的一个领域为发射药,尤其是高能发射药系统。这些通常应用多孔床,因为快速燃烧需要在弹丸离开枪管之前将大部分能量传递给弹丸。当释放的化学能量大于 4.18kJ/g 时,很有可能在适当的限制条件下发生燃烧转爆轰。降低发射药组成的粒度大小会增加燃烧速率,但会降低助燃长度,从而激发燃烧转爆轰。

当药床是无孔的,就会出现燃烧转爆轰的另一种机制。此时,压力增加会产生高密度物质的栓塞,这种物质可以被气体压力加速,然后对未反应的炸药产生冲击,达到最大爆速,产生一种 STD 波。如果炸药接近其理论上最大密度,那么燃烧转爆轰过程就不能发生,同时爆轰过程由主发装药或高速机械板撞击形成的冲击波对炸药的冲击产生。

6.5　冲击起爆

当高速冲击波冲击然后击穿炸药装药时,可产生两种情况。如果初始冲击速率过低,或有其他不利情况时,初始冲击波将会消失,导致大量炸药化学成分

122

未变。如果冲击速度超出阈值,炸药的冲击波波面上产生压缩和绝热加热。这一个过程中通过爆炸的放热反应来释放能量,从而加速冲击波,并在发光的同时爆速恢复到主炸药的速度,如图 6.13 所示。

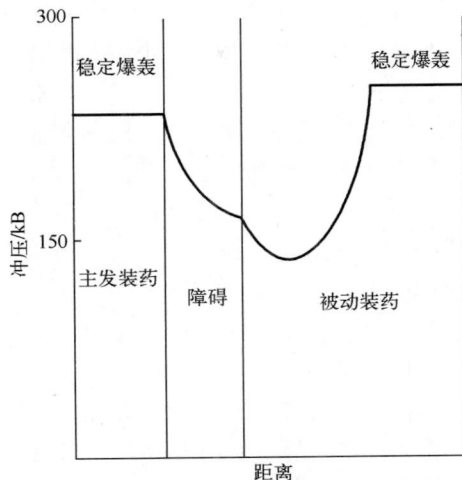

图 6.13　冲击从主装发药通过障碍的压力曲线示意图,障碍通常是一个金属外壳

如果伴随冲击波速达到炸药介质的爆速,冲击波速将会衰减到主装药的速度,伴随释放更多的光。在适当条件下,冲击起爆是起爆主装药最可靠、最方便的方法。其效应不是即时的,撞击冲击波可能需要在被动装药中前进几毫米或几厘米,然后才能在炸药中自持,延迟只有几微秒,而且可以忽略不计。

6.6　爆轰波的传播

当一列或一定长度的高能炸药在一端起爆时,爆轰波将倾向于以其特征的爆速传播。为了实现长距离传播,需要以下两种条件:

(1) 如果只有毫米宽时,装药必须被限制在管道或者通道内,否则爆轰波将会向外扩散。

(2) 在管道中,炸药的直径必须超过炸药的某一临界值,以避免波阵面扭曲和速度降低,从而导致爆轰的衰减。

线性装药的最常见应用是起爆引信(或引索)。炸药填充需要相当高的灵敏度、高爆速和低临界直径。同时,颗粒形式的包装需要最佳颗粒尺寸和低填充密度两个条件。考太克斯导爆线是英国制造的著名导爆索,一个以 PETN 为核填充在可弯曲的塑料管中,爆速为 6000m/s,目前,诺贝尔炸药公司(NEC)销售一种非破坏性的引爆线,名为导爆管。这是由一根未填充的塑料直管和精细粉末炸药组成的。由发令枪的后腔发出,爆速为 1900m/s,在管子的另一端发出强烈的闪光,可以点燃后续的雷管等物质。与考太克斯导爆线不同的是,导爆管起作用时不会解体,甚至不会损坏。其他限宽但不限长的爆炸装药的应用是线性切割装药和断裂带。

在一个适当设计和装配的系统中,爆轰波一旦从最初燃烧或主装发药爆轰中产生,就会以特定炸药特有的速度通过整个装药。这个过程取决于以下理想过程:

(1) 入射波强度足够强(冲击起爆);

(2) 适当的装药直径;

(3) (小装药)适当的密闭性;

(4) 线性装药没有明显的弯曲。

如果上述条件不能满足,装药的爆炸将比一个完全"高阶"爆轰产生的威力更小,使中间的现象继续进行下去的机制有几种。爆轰可以转变回燃烧过程,但是这不是个常见现象,因为初始爆炸快到以至于无法设置燃烧过程的温度梯度。另一个现象是"局部爆轰",此时部分装药爆轰但是同时可以观察到其余部分在化学组成上没有变化。"低阶爆炸"是指当爆轰波穿过炸药,但爆速远低于最大值时,产生相应的爆炸性破坏,但不仅仅是爆燃。低阶炸药通常与硝化甘油基炸药相关,负责准备事故或实验报告的主管部门预计将区分这些不同的事件。

为了总结本章中的燃烧和爆轰,在 6.1 节中给出了两种现象的区别。然而两种现象在两个重要方面均没有区别。不管一个给定的装药是否燃烧或者爆轰,各自气体的摩尔数量实际上是相同的,尽管最终产物形成的连续反应可能不同。与所有其他反应物质一样,炸药也遵守化学的一般规律,包括赫斯定律。该定律指出,伴随化学反应而来的热量变化只取决于系统的初始和最终状态,并且独立于所有的中间状态。因此,我们可以假定,无论装药燃烧还是爆轰,上述装药产生的热量也都是一样的。

6.7 爆　　速

爆轰冲击波穿过一个给定的装药的速度(VoD)是炸药的一个重要参数,它很大程度上决定了动态爆炸对周围环境产生的冲击效应。爆速是一个动态变量,可以通过计算和实验来预测,虽然一种特定的炸药可以指定一个最大值,但实际结果可能要低得多,其原因列于表 6.1。

表 6.1　炸药燃烧和爆炸过程的一些区别

燃　烧	爆　轰
所有的炸药在开始时都是由火药引发燃烧的(例外:水基成分)	如果使用足够的刺激,大多数炸药都能爆轰
与爆炸相比,燃烧速度慢。燃速在 0.001 ~ 500m/s 之间	爆轰比燃烧要快得多。固体炸药爆速在 1800 ~ 9000m/s 之间
由于线性速率相对较低,而且由于传导和辐射因素,往往有一种趋势,即火焰沿着未燃烧的表面扩散的速度比它进入大部分炸药的速度要快。燃烧是一种表面反应	爆轰发生在整个过程中,从起爆的起始点开始放射。波内部通常到达装药表面,而仅仅是波停止支撑的边界。爆轰不是表面反应——它是一种冲击波机制
由于 $r=\vartheta P^{l}$ 定律,燃烧速率随环境压力(P)的增加而增加	爆轰的速度对给定的炸药有一个限制值。它实际上是独立于环境压力的
容器内燃烧的速率取决于容器内的累积压力,而容器内的压力又取决于排气的程度和速率。燃烧速率通常不会受到容器强度的影响	当在容器中发生爆炸时,速度(对于小的电荷)会受到容器强度的影响
对惰性表面的损坏仅限于对爆裂的扭曲	爆轰通过扭曲、穿孔、粉碎、凹陷、深层侵蚀以及任何其他由突然的、极端的压力所能预测的效果,破坏了惰性表面
线性燃烧速率不依赖于燃烧电荷的大小。实际上没有临界直径效应	爆轰的速度取决于装药直径(小装药)。线性装药的爆轰不能低于其重要维度,即临界直径
燃烧是由直接的热量或火焰引起的,通常不是由爆炸引起的。如果条件有利,燃烧可以转化为爆炸	爆轰是由冲击引起的,或者是由燃烧产生的。它通常不会恢复到燃烧,当扩散停止时,装药的化学成分保持不变
湿的颗粒状炸药不能被点燃(只有少数例外)	颗粒状炸药可以在适当的刺激下,在潮湿的状态下引爆
燃烧本身并不能产生冲击现象,但当累积的超压被排放到大气中时,可能会发生噪声和空气爆炸	爆轰是由爆炸产生的冲击波引起的

6.7.1　装药密度的影响

给定炸药的爆速主要由其热化学性质决定。然而实际上,特殊装药的密度是至关重要的。为了实现给定炸药爆速达到最大值同时实现装药的紧密度,实现装药的最大密度值是十分重要的。对于晶体炸药来说,密度取决于晶体性质和所采用的固结技术(例如压实粉末、铸造或烧结)。极限密度是将炸药的晶体密度(Ψ)认为是理论最大密度(TMD),与单个晶体的使用相对应。事实上,除了少数例外,有机炸药的晶体密度不超过 $2.0g/cm^3$。装药密度(ρ)总是低于理论最大密度,同时通常表示为理论最大密度的百分比。鉴于装药具有合理的直径和良好的密封,爆速表现为几乎与装药密度成正比。为了计算爆炸的近似速度,使用了 Marshall 公式:

$$D(\text{m/s}) = 4330\sqrt{nT_d} + 3500(\rho - 1)$$

式中，n 为 1g 炸药爆炸产生气体产物的摩尔数；T_d 为爆温（K）；ρ 为装药密度（g/cm³）。

尽管 T_d 的计算不得不采用近似计算，但该公式与实测结果吻合较好。如果相同炸药的两种装药具有不同的密度，爆速可以用以下关系式描述：

$$D_1 = D_2 + 3500(\rho_1 - \rho_2)$$

式中，D_1 为密度 ρ_1 时的爆速；D_2 为密度 ρ_2 时的爆速。

6.7.2 装药直径的影响

当装药直径减小到一定值以下时，给定物质的爆速就会降低，如图 6.14 所示，如果装药约束程度小或约束程度低得不到装药直径的确切值，因为它取决于炸药性质，硝化甘油和 PETN 的直径只有几毫米，因此 PETN 所需的引信长为 10～20cm，TNT 则增加到与混合炸药的值一致，而纯硝酸铵的引信长则超过 1m。

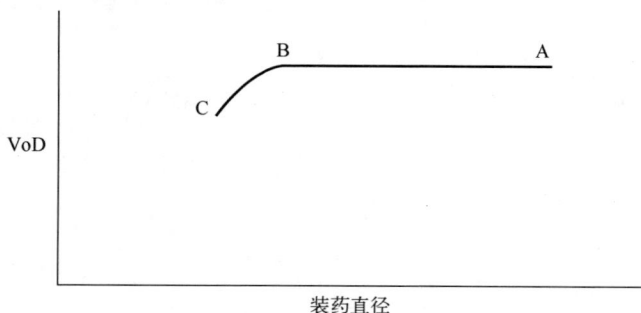

图 6.14　在不受限装药中临界直径对爆炸速度的影响

6.7.3 约束度的影响

一般来说，约束度越高，越容易得到高爆速。Minol 2（硝酸铵/梯恩梯/铝粉 40/40/20）采用不同的直径和不同约束的装药，即分别用硬纸盒、铅和铝包装，如图 6.15 所示，实验结果很好地说明了约束度的影响。图中为 $\frac{1}{D} \times 10^{12}$（cm⁻¹·s）

与 $\frac{1}{y}$（cm⁻¹）之间的关系，其中 D 为观察到的爆速，y 是装药半径（使用倒数意味着高的 D 值显示在图表上的低点）。每种约束极限速度均一样，接近 5720m/s。装药直径越小时，约束管作用越来越明显，D 以较快速率下降到最低约束度。

实验结果表明，在适当的约束装药条件下，当装药直径大于 10cm，就可以达到爆轰速度。

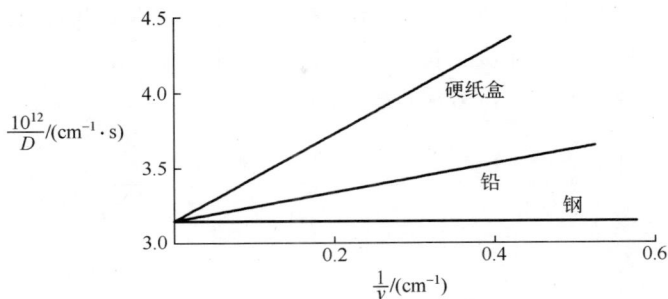

图 6.15 以装药直径形式的约束强度对爆速 D 的影响(将 $1/D$ 作为 $1/y$)

6.7.4 雷管强度效应

军用炸药装药和起爆系统是为了确保每次都能达到最大的起爆速度。然而,商业爆破系统和恐怖分子使用的雷管和装药的随机组合有时可以表明一个事实,即如果雷管没有提供足够强烈的起爆冲击波,就无法达到全速。硝化甘油炸药通常被用于爆破岩石,但不用于军事引爆弹药,它有两种不同的速度,其结果在很大程度上取决于雷管的强度。

6.8 爆 速 测 试

爆轰速度是评估起爆装置或爆破装药的高能炸药性能的基本参数,爆轰理论为爆速计算提供了基础,但计算是有限的,因为它们是近似结果,而且不容易适用于各种类型和条件的高能炸药装药,因此测定爆速的实验方法非常重要,在过去的 100 年里不断地发展进步,附录 6.1 给出了目前实验的详细情况。

6.9 炸药和烟火的功能和感度分类

实际上,炸药被用来承担了某些角色,角色的性质决定了需要的爆炸模式(例如燃烧或者爆轰)。炸药在受限的条件下发挥作用以确保其行为符合预期。因此炸药可以根据其正常使用的作用进行分类,通常起爆的炸药是烈性炸药(HE)。通常燃烧模式下作用的炸药称为"低爆炸药"。然而,这个术语现在不被鼓励使用,因为低阶爆炸降低了爆速。由于这些组成大多数为不同类推进剂,因此被称为"推进剂炸药"或者简称为"推进剂"。

我们可以总结出符合我们设定功能的一类烟火材料,尽管它们不具备本书中所列出的炸药特征。烟火是氧化剂固体和还原剂固体的混合,能够从一种成分向另一种成分以不同速度自持燃烧。设计它们的目的是产生特殊效果,用来补充或模拟常规炸药产生的效果(表6.2)。

表6.2　典型功能炸药

高能炸药:
产生冲击波
爆炸
破碎
穿透
举起和投掷
产生空中爆炸
产生水下脉冲
推进剂:
推动炮弹和火箭
启动内燃发动机并给其他活塞装置加压
旋转涡轮机和陀螺仪
在机动车辆上充气安全气囊,并在飞机上部署安全逃生装置
烟火:
产生特殊效果
点燃推进剂
形成延时
产生热量、烟雾、光和/或噪声

虽然一些炸药化合物可以被专门用于高能炸药,但是其他则更通用。硝化纤维存在于许多商业高能炸药中,它也是所有常规发射药的通用成分。硝化甘油也存在于许多商业的高能炸药和推进剂中,而迄今为止被认为用于高能炸药的 RDX 也被用于越来越多的推进剂中。

另外一种炸药分类的方法是通过它们被引燃和引爆的响应状态,即它们的起爆敏感性(sensitivity 和 sensitiveness 之间的意义差异可以用来定义对刺激和意外刺激如火灾的反应)。可以被小型机械或电子刺激点燃或起爆的炸药称为起爆药,而不容易起爆需要冲击波来起爆的炸药称为猛炸药(实际推进剂是通过火焰点燃而不是这些方法点燃)。结合这两种分类方法,我们可以描述应用于炸药的输入和预期的响应:

(1)起爆药可以很容易被起爆;

(2)猛炸药可以被起爆,但不那么容易;

（3）推进剂不需要起爆过程。

虽然大多数起爆药均可被起爆,但在应用中一些不需要被起爆,只需要燃烧或爆燃过程。

必须强调的是,上述说明是对性能的要求,而不是炸药在所有条件下的预测。鉴于错误的起爆刺激,推进剂可能发生爆轰,猛炸药可能燃烧而不是爆轰,这些要求预先假定爆炸系统将按其设计且受到适当起爆刺激的那样工作。

如果考虑炸药使用的军事用途,例如一枚完整的弹药(图6.16),可以看到不同类型炸药的作用。

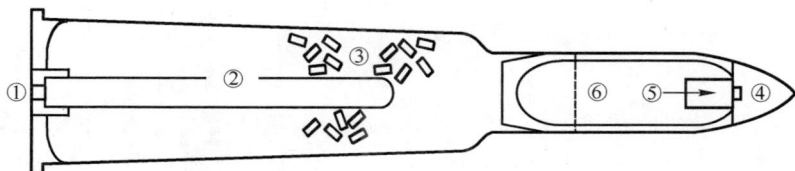

图 6.16　典型炮弹中的推进剂与弹头系统

点火帽中含有起爆药①,可以在少量电刺激下迅速燃烧(爆燃);点燃的火焰点燃了烟火②,它增加了引信的输出,产生了足够了火焰,点燃了弹壳里的推进剂③,弹丸从炮中射出。当炮弹射中目标时,撞击会造成起爆药④起爆,由此产生的冲击波通过一系列猛炸药组分⑤后得到增强,直至达到猛炸药主装药⑥,造成外壳破裂。

每种炸药组分都有其自身要求。在某些情况下(特别是①、②、③),没有一种能发挥令人满意的作用的单一爆炸物,因此需要精心配制的混合物,这些内容将会在第7章中进行讨论。在商业炸药领域,爆破对炸药的要求也非常多样化;大多数方法都是基于诺贝尔的开创性工作,对所需要的效果进行仔细评估,并将其转化成为爆炸特性,从而可以从市面上大量的混合炸药中选择出所需的产品。

在军用和商用炸药的化学成分中,大部分技术均是将爆炸性化合物与其他类似的化合物混合,或与其他兼容的材料混合,以获得具有安全、可靠性能的炸药混合物,特别是在商业爆破作业中广泛使用的硝酸铵。一些最有用的炸药化合物没有或只有一点实际用途,但是当与其他物质混合时,它们就可以满足一个或多个要求并使其接近完美,这些化合物包括RDX和硝化甘油。随着研究的继续,更多的材料被发现,在保持性能的同时提高安全性,如采用CL-20提高性能。

6.10　烈性炸药的作用

通过计算得出炸药装药释放出的总化学能，也可以通过实验验证。这个工作是十分有益的，它与燃烧或爆轰的分解方式无关。热动力学认定释放的能量是产物生成焓和反应物生成焓之差，即

$$\Delta H_c = \sum \Delta H_f(产物) - \Delta H_f(炸药)$$

单位质量的给定炸药总化学能称为爆热，有时记为 Q，Q 表示的是当炸药转化为气体产物时产生的巨大的热量变化 $(-\Delta H)$：

$$Q = |-\Delta H_c|$$

当装药爆炸时，在较短的时间内（微秒级）能量以动能与热量的形式释放出来，通过两种不同过程利用这种能量——产生冲击波和扩散气体，如图 6.17 所示。

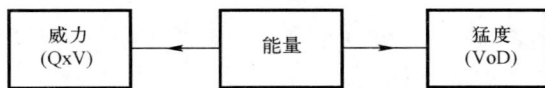

图 6.17　爆炸释放的能量

　　两种现象之间的能量分配方式是不能直接计算的，需要通过测量水中炸药装药的爆轰可以获得。超音速波在起爆点附近形成超音速波，并通过炸药的介质传播，靠其后装药分解放热来维持这种状态，到达装药外围时，爆轰波不受控制地进入周围介质，并对介质施加突然的强大的压力，相当于猛烈的机械打击。就像黑暗中密集水环扩散那样，冲击波又从中迅速移走。由此产生的膨胀的气体气泡以较慢的速度移动，因此，可以分别测量爆轰波和扩散气体相关的能量。这些实验表明，最大冲击波能量小于总能量的 50%，最接近这一极限的是具有最高爆速的炸药。由于在水中密度更高，因此在水中的爆速比空气高。气体气泡的速度在水中较低，这也是因为水的密度更高。

　　如果介质是固体，产生的压力可能超过它的机械强度，造成高能炸药弹壳成为碎片，或者形成多个裂纹。因此在爆炸的第一个阶段，能量的一部分已经以爆轰波的形式消散，造成介质破碎、粉碎和解体。这种炸药的特性称为"猛度"，其取决于爆轰冲击波的速度。部分冲击波能量能通过加速碎片而消散。

　　冲击波离开装药后，剩余能量通过热量被消散到气体中，然后气体开始膨胀，膨胀过程中就会把周围的介质（例如土壤、水或者空气）推出来。在土壤

上形成弹坑；在水中，膨胀导致了气泡的形成，形成了冲击波。这些影响来源于炸药的做功能力，也就是它的"威力"。炸药威力是炸药中所含的有效化学能量，在商业炸药术语中，更常被称为"烈度"。它与每单位爆炸产生的气体摩尔数以及气体扩散（忽略了冲击波中消散的未知比例的初始能量）的热量（Q）有关。威力的概念不应与一般科学定义的功率相混淆，即单位时间所做的功。炸药威力是指炸药在整个爆炸过程中所产生的总功。时间尺度的数量级为毫秒，因此这个过程比起爆时间（微秒级）长得多。此外，根据装药的重量和环境性质，爆炸的时间尺度将会有很大不同，因此它不适合于计算。

6.11　炸药威力

炸药的总功方程是基于理想气体方程得来的，即使爆炸中释放的气体远非理想条件，这个方程也是有效的。利用理想气体定律和热力学定律，在恒定压力 P 下扩散气体所做的功是

$$P \times \Delta V$$

式中，ΔV 为气体体积的改变。

由于初始炸药所占的体积可以忽略（为爆炸产生的气体体积<1%），产生的气体体积 ΔV 接近 V。从理想气体方程可以得到

$$系统力作用的空间的累积 = 功 = P \times V = nRT$$

式中，n 为产生的气体摩尔量；R 为气体常数；T 为开尔文温度。

气体的摩尔量由下式得到：

$$n = V_g / 22.4$$

式中，V_g 为产生的气体体积；$22.4 \mathrm{dm^3}$ 为 1mol 气体的体积。

产生的气体温度由以下关系给出：

$$T = \Delta H_c / \sum n_i C_i$$

其总量超过 i 气体摩尔量与气体体积 C_i 下的比热容，如果给出 1g 炸药释放的能量和产生的气体摩尔量，可以得到温度：

$$T = Q / \sum C$$

式中，C 为产物的平均比热容。

理想气体方程给出的 n 和 T 可以替代：

$$力 = V_g / 22.4 \times R \times Q \sum C$$

所以，力 $= K \times Q \times V_g$

此时，$K = R / (\sum C \times 22.4)$。

因此,威力$\propto Q \times V_g$

如果计算出Q和V_g,那么就应该能够评估出炸药的威力。但是这都不是绝对的值,因为存在冲击波和扩散气体之间的能量分割问题。

6.12 炸药热化学中的Q和V计算

6.12.1 概述

在看过一些炸药分子的例子之后,我们有必要看看当一种物质发生爆炸时所发生的化学反应类型。而爆炸过程中化学反应速度会造成观察的困难。例如燃烧过程相对较慢,从而给予了测量反应发生的时间。通常,推进剂会在几毫秒或更长的时间内燃烧。当观察到爆炸反应时,时间尺度非常短($1\mu s$),而在分子水平上发生的实际情况是不可观察的。因此,经常使用间接观察"之前"和"之后"类型。

爆炸反应可以被认为是将炸药分子分解成其组成的原子,然后将原子重新排列成一系列稳定的小分子。在反应产物中发现的主要分子是水(H_2O)、二氧化碳(CO_2)、一氧化碳(CO)和来自硝基的氮气(N_2)。它们的生成焓是由下列反应方程决定的:

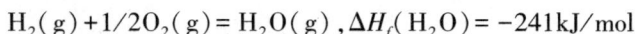

$$H_2(g) + 1/2 O_2(g) = H_2O(g), \Delta H_f(H_2O) = -241 kJ/mol$$

$$C(s) + O_2(g) = CO_2(g), \qquad \Delta H_f(CO_2) = -394 kJ/mol$$

$$C(s) + \frac{1}{2O_2}(g) = CO(g), \qquad \Delta H_f(CO) = -110 kJ/mol$$

6.12.2 分解能

当化学反应发生时,不管是简单的铁生锈还是炸药爆轰,最终产物都比起始反应物更稳定,除非我们在系统中提供驱动能量。因此,自发反应是一种可以生成稳定性更高的物质,同时释放能量的过程。大多数炸药以热的形式释放大量能量,其热量可以通过计算爆轰焓ΔH_d得到。分解反应释放的能量由初始状态和最终状态得到,与路径无关。

爆炸释放的能量可以通过炸药及产物的生成焓(热能)数据来计算。生成焓是一种物质由其组成元素在自然状态下形成时的热能变化。这些数据对于大多数材料都是现成可得的,但如需要,也可以通过键能计算。产物组分由炸药分解的化学方程式提供以用来计算热能变化。

6.12.3 爆炸过程的产物

炸药分解的产物取决于燃料与氧化剂的比例。以 EGDN 为例,因为这个化合物恰好是氧平衡的,期望的产物是二氧化碳、水和氮气,因此平衡方程可以写成

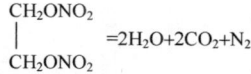

$$
\begin{array}{l} CH_2ONO_2 \\ | \\ CH_2ONO_2 \end{array} = 2H_2O + 2CO_2 + N_2
$$

硝化甘油分解的平衡化学方程式也可以类似地写出来——有游离氧的产生。

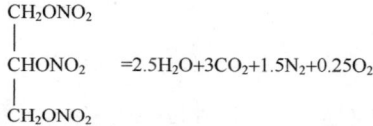

$$
\begin{array}{l} CH_2ONO_2 \\ | \\ CHONO_2 \\ | \\ CH_2ONO_2 \end{array} = 2.5H_2O + 3CO_2 + 1.5N_2 + 0.25O_2
$$

当炸药含氧量不足以将所有的碳转化为二氧化碳,以及所有的氢转化为水(即缺氧),那么我们就需要一些规定来预测产物的组成。TNT 的分解是一个很好的例子。根据图 6.18,有三种可能的分解方案,这些都是化学平衡和可能的情况。热力学可以帮助预测分解产物,但它只能预测受能量影响最大的,而不能确定什么会发生,可以采用基于实验观察的简单规则来预测。

每个公式下的数据为产物化合物的生成焓。分解热将会取决于分解路径($\Delta H_c = \sum \Delta H_{f(products)} - \sum \Delta H_{f(starting)}$)。这两种极端情况之间几乎有两种因素。在第二次世界大战期间,Kistiakowsky 和 Wilson 提出的规则中,为富氧或中等氧材料($\Omega < -40$)的爆轰产物提供了近似的答案。复杂的混合物材料也可以通过上述规则来评估,从而给出近似的分解方程并估算出炸药威力。

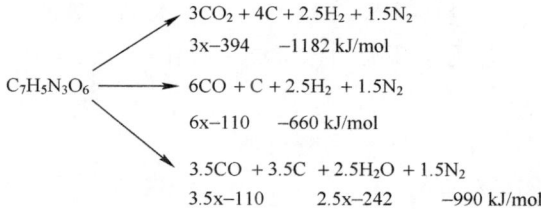

图 6.18 可能的 TNT 分解路径

6.13 Kistiakowsky–Wilson 规则

i. 所有的碳转化成为一氧化碳。

ii. 剩余氧与氢转化成水。

iii. 剩余氧与一氧化碳转化成二氧化碳。

iv. 氮原子转化成氮气分子

将 K-W 规则应用于一些例子,如 RDX 分子式为 $C_3H_6N_6O_6$,氧平衡为 -22。采用 K-W 规则:

i. $3C \rightarrow 3CO$

ii. $6H \rightarrow 3H_2O$

由于不需氧,就不需要规则 iii,规则 iv 将氮原子转化成为氮气:

iv. $6N \rightarrow 3N_2$

因此,反应式为

$$C_3H_6N_6O_6 \leftrightarrow 3CO + 3H_2O + 3N_2$$

PETN 分子式为 $C_5H_8N_4O_{12}$,氧平衡为 -10。

i $5C \leftrightarrow 5CO$,剩余氧 $= 12 - 5 = 7$

ii $8H \leftrightarrow 4H_2O$,剩余氧 $= 12 - 5 - 4 = 3$

iii $3CO \leftrightarrow 3CO_2$,剩余氧 $= 12 - 5 - 4 - 3 = 0$

iv $4N \leftrightarrow 2N_2$

因此,PETN 分解反应式为

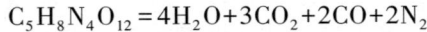

$$C_5H_8N_4O_{12} = 4H_2O + 3CO_2 + 2CO + 2N_2$$

对于 TNT 来说,该规则预测出的反应式为

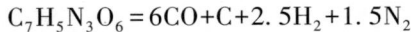

$$C_7H_5N_3O_6 = 6CO + C + 2.5H_2 + 1.5N_2$$

这个方程是上述方案中能量最底的,得到的计算 Q 值为 2728J/g,与 4306J/g 的实验值差距很大。一般来说,对于缺氧的炸药,K-W 规则 i 和 ii 应该被调换,而基于总能量变化的热力学认为相比生成一氧化碳($\Delta G_f = -137.17$kJ/mol),更倾向于生成水($\Delta G_f = -228.57$kJ/mol)。

改进(或修订)Kistiakowsky-Wilson 规则

i. 所有的氢转化成为水。

ii. 剩余氧与碳转化成一氧化碳。

规则 iii 与规则 iv 与之前一致。

因此,采用修改规则,TNT 的分解反应式变为

$$C_7H_5N_3O_6 \leftrightarrow 3.5CO + 3.5C + 2.5H_2O + 1.5N_2, \Delta H_c = -990\text{kJ/mol}$$

实验值为 4306J/g,修改的 K-W 规则给出的值为 4352J/g。在获得许多炸药的理论和实验 Q 值之间的完全一致之前,需要考虑其他反应。

6.14　其 他 平 衡

上面的方程中均假设化合物 CO、H_2O 和 C 是独立生成的,但不幸的是在爆炸的高温下相互作用。两个重要的反应是 CO 歧化成 CO_2 和 C,即根据反应

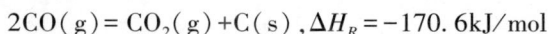

$$2CO(g) = CO_2(g) + C(s), \Delta H_R = -170.6 \text{kJ/mol}$$

然后水与碳反应得到水其平衡反应,即

$$CO + H_2 = H_2O + C, \Delta H_R = -129.4 \text{kJ/mol}$$

Springall 和 Roberts 提出了两个关于这两种反应的经验法则。然而这两种反应实际上都是平衡态的,它们的平衡常数的表达式如下。

对于碳转化成二氧化碳:

$$K_c = \frac{[CO_2][C]}{[CO]^2}$$

对于水与碳反应:

$$K_c = \frac{[H_2O][C]}{[CO][H_2]}$$

这些平衡常数是温度和压力的函数,将热力学平衡数据纳入计算中,使 TNT 的理论和实验值通过迭代过程得到更好的一致。这些简单的规则为产物的温度和组成提供了起始设定,引入平衡态,并重新确定了组成,从而确定了反应热和爆轰温度。重复这个过程直到得到恒定值。

还有第三种反应发生,涉及 CO 和 H_2O 产物,它们参与了方程的气态平衡:

$$CO_2 + H_2 = CO + H_2O$$
$$-394 \qquad -110 \quad -240 \quad \Delta H_r + 44 \text{kJ/mol}$$

从该反应中可以得到平衡常数:

$$K_c = \frac{[H_2O][CO]}{[CO_2][H_2]}$$

该反应在 1000K 时达到平衡。但低温下有利于向左,高温情况下有利于向右。对于大多数爆炸,该公式只是一个小修正。

6.15　爆轰的能量释放

利用爆轰方程式,可以从爆炸及其产物的生成焓(热能)中计算出爆炸时释放的能量。生成焓是物质在其自然状态下热量的变化。这些数据对于大多数材

料来说都是现成的,并且可以根据其他数据(例如,平均键能)来计算,假设硝基对其余分子的键能的影响可以忽略不计。

考虑 EGDN：

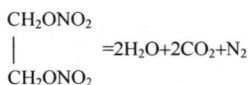

$$\begin{matrix} CH_2ONO_2 \\ | \qquad\qquad =2H_2O+2CO_2+N_2 \\ CH_2ONO_2 \end{matrix}$$

用焓值代替：

$$\Delta H_{f(EGDN)} \qquad 2\times\Delta H_f(H_2O) \qquad 2\times\Delta H_f(CO_2)$$
$$-259 \qquad\qquad 2\times-241 \qquad\qquad 2\times-394$$

所以 $\Delta H_c = 1001\text{kJ/mol}, Q = 6.63\text{kJ/g}$

对于富氧的 NG,分解产物包含了一些多余的氧,反应方程和热力学反映了这一点：

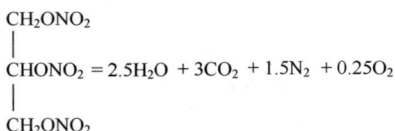

$$\begin{matrix} CH_2ONO_2 \\ | \\ CHONO_2 = 2.5H_2O + 3CO_2 + 1.5N_2 + 0.25O_2 \\ | \\ CH_2ONO_2 \end{matrix}$$

$$\Delta H_{f(NG)} \qquad 2.5\Delta H_{f(H_2O)} \qquad +3\Delta H_{f(CO_2)}$$
$$-380 \qquad\qquad 2.5\times-241 \qquad\quad 3\times394 \qquad\quad \Delta H_c = 1404\text{kJ/mol}, Q = 6.18\text{kJ/g}$$

当 RDX 爆轰,总方程近似为

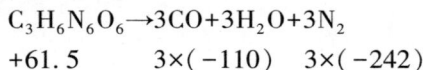

$$C_3H_6N_6O_6 \rightarrow 3CO+3H_2O+3N_2$$
$$+61.5 \qquad 3\times(-110) \quad 3\times(-242)$$

RDX 的生成焓是正值,与产物的生成焓相加可得到反应焓,如图 6.19所示。

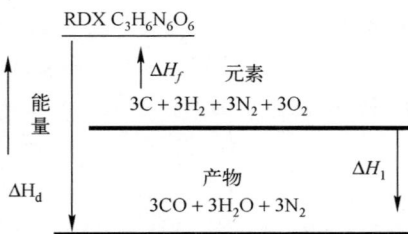

图 6.19　RDX 分解和热力学循环形成

$$\Delta H_d = -1056+(-61.5) = -1117.5\text{kJ/mol}, Q = 5.034\text{kJ/g}$$

RDX 实验爆热值是 5056J·g。

Q 值越大,炸药分解时产生的热量越大。表 6.3 列出了一系列炸药的 Q 值。负氧平衡炸药要么产生一氧化碳,要么产生碳。任何碳都不会对整体的能量造成影响,从而降低 Q 值,产生一氧化碳释放的热量(111kJ/mol)比产生二氧化碳的(394kJ/mol)要少,这说明碳燃料在产生一氧化碳时的低效燃烧。

表 6.3 爆热计算值(Q)

猛炸药	$Q/(\mathrm{J}\cdot\mathrm{g}^{-1})$	猛炸药	$Q/(\mathrm{J}\cdot\mathrm{g}^{-1})$
硝化甘醇(EGDN)	6730	硝基胍(picrite)	1077
硝化甘油	6275	DATB	1015
PETN	5940	HMX	1910
RDX	5130	RDX	908
HMX	5130	特屈儿(CE)	845
RDX/TNT 60/40	4500	RDX/TNT 60/40	796
Pentolite(PETN/TNT 50/50)	4475	PETN	780
特屈儿(CE)	4396	TNT	740
TNT	4308	苦味酸	790
DATB	3805	硝化甘油	714
苦味酸	3745	硝化甘醇(EGDN)	789
Picrite	2876		
起爆药	$Q/(\mathrm{J}\cdot\mathrm{g}^{-1})$	起爆药	$Q/(\mathrm{J}\cdot\mathrm{g}^{-1})$
斯蒂芬酸铅	325	斯蒂芬酸铅	1885
雷汞	235	雷汞	1755
叠氮化铅	230	叠氮化铅	1610

氧平衡对 Q 的影响如图 6.20 所示,计算 Q 值时假设在爆轰时形成的任何水都是气体。

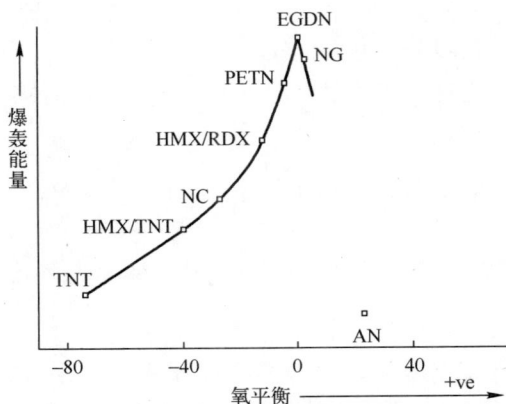

图 6.20 爆热与氧气平衡的函数

6.16 爆炸时产生的气体体积

在计算爆炸威力之前需要的第二个参数是气体体积(V),即标准温度和压力(STP)下,单位质量的炸药产生的气体体积。在该条件下,1mol(理想)气体占据一个固定的体积(22.414L),V值与爆炸产生的气体的摩尔数相关。

虽然气体体积取决于理想气体定律,根据温度和压力,测量值修正为标准温度和压力(STP),即273K(0℃)和标准大气压(101.3kPa或1atm)。这样炸药之间可以很容易地进行比较。在这种情况下,1mol气体将占据22.4dm³,即摩尔气体体积。一旦知道爆炸反应方程式,就可以计算出释放的气体体积。通过爆炸方程的检验可以知道哪些产物是气态的,通常唯一的非气体产物是碳。气体产物的摩尔数是可以计算出来的,除以炸药的相对分子质量,最后乘以摩尔体积,可以得到STP下1g炸药释放的气体体积,该值有时被称为气体体积V,V_g不会与爆速混淆。

简单的EGDN的反应式是

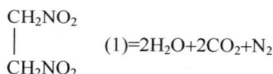

$$\begin{array}{c} CH_2NO_2 \\ | \\ CH_2NO_2 \end{array} \quad (1) = 2H_2O + 2CO_2 + N_2$$

所有释放的产物都是气态,气体摩尔数为5,体积为5×22.4dm³/mol,除以EGDN的摩尔质量152.14。类似地,对于硝化甘油(NG),产生了7.25mol气体。游离氧浪费了热输出但增加了有效气体体积,其量为0.25mol,气体体积为7.25×22.4dm³/mol。

$$C_3H_6N_6O_6(s) \rightarrow 3CO(g) + 3H_2O(g) + 3N_2(g) \quad (K-W 规则)$$

1mol RDX产生9mol气体,总气体体积为9×22.4,即201.6dm³,当处于1molRDX(222)质量时,量为0.908dm³/g(908cm³/g)。

TNT也可以类似处理。在这种情况下,碳将是一种固体产物,对气体体积没有任何贡献。爆炸的方程式为

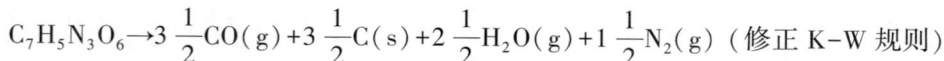

$$C_7H_5N_3O_6 \rightarrow 3\frac{1}{2}CO(g) + 3\frac{1}{2}C(s) + 2\frac{1}{2}H_2O(g) + 1\frac{1}{2}N_2(g) \quad (修正 K-W 规则)$$

总共有$7\frac{1}{2}$摩尔的气态产物,气体总量达到了168dm³,1g材料产生740cm³的气体。

弹药中主装药与商业爆破药中的高能猛炸药的Q和V_g值有巨大差别;另外,点火器和雷管中使用的起爆药则相反,Q和V的相关关系也相反,高Q值材料有低V值。

6.17 爆炸威力

爆炸威力值为 Q 和 V_g 的乘积,其标准为苦味酸,值为 100。普通炸药的爆炸威力值在表 6.4 中给出。起爆药的爆炸威力明显低于猛炸药。

表 6.4 计算得到的威力指数,标准苦味酸 = 100

猛 炸 药	威 力 指 数
硝化甘醇	170
PETN	161
HMX	160
硝化甘油	159
RDX	159
RDX/TNT 60/40	138
DATB	132
Pentolite 50/50	129
特屈儿	123
TNT	117
苦味酸	100
起爆药	
斯蒂芬酸铅	21
雷汞	14
叠氮化铅	13

起爆药的高敏感性并不妨碍它们在装药中的使用,它们在高能炸药的某些作用中是无效的,换句话说就是炸药的高功率作用(即,改变火力方向、膨胀空中爆炸、产生水下气泡)。起爆药的重要性在于即使 0.1g 或者更少量都具有的引发简易性和燃烧可靠性。

为了产生一种"更强"的炸药,假设 Q 或反应热增加,而气体体积 V 保持或增加,或者这两种情况均增加,则炸药威力增加。实际上,使用一种能产生更高 Q 值的燃料,可以提升 Q 性能,其他轻元素可以提供比碳更高的燃烧焓,表 6.5 列出了可能的元素数据。

139

表 6.5 部分轻元素的燃烧焓

元　素	原子量	燃烧焓/(kJ·mol⁻¹)	燃烧焓/(kJ·g⁻¹)	反　　　应
氢	1.01	−121	120	$\frac{1}{2}H_2+\frac{1}{4}O_2\longrightarrow\frac{1}{2}H_2O$
锂	6.94	296	42.7	$Li+\frac{1}{2}O_2\longrightarrow LiO$
铍	9.02	−611	67.7	$Be+\frac{1}{2}O_2\longrightarrow BeO$
硼	10.82	−636	58.7	$B+1\frac{1}{2}O_2\longrightarrow\frac{1}{2}B_2O_3$
碳	12.01	−394	32.8	$Li+O_2\longrightarrow CO_2$
镁	24.32	−603	24.8	$Mg+1\frac{1}{2}O_2\longrightarrow MgO$
铝	26.97	−839	31.1	$Al+1\frac{1}{2}O_2\longrightarrow1\frac{1}{2}Al_2O_3$
硅	28.09	−909	32.4	$Si+2O_2\longrightarrow SiO_2$
硫	32.06	−297	9.3	$S+O_2\longrightarrow SO_2$

铝燃烧产生氧化物的反应是放热的,因此铝的燃烧可以达到这个目标:

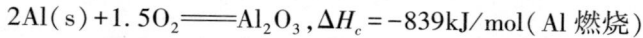

$$2Al(s)+1.5O_2\rightleftharpoons Al_2O_3, \Delta H_c=-839kJ/mol(Al 燃烧)$$

尽管在表 6.5 中氢的燃烧焓是最高的,但有几种材料,特别是较轻的元素(锂和铍、硼)产生的燃烧焓比碳要大得多。还要注意的是,除了氢和碳,只有一种物质(硫)产生在正常燃烧温度下的气态氧化物。因此,对于产生固相的材料来说,其威力和气体的产生量为零。

另外,炸药分解的产物如二氧化碳和一氧化碳可以与铝反应,如以下方程所示:

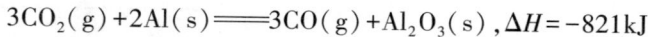

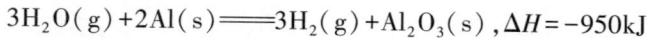

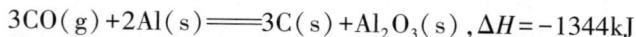

$$3CO_2(g)+2Al(s)\rightleftharpoons 3CO(g)+Al_2O_3(s), \Delta H=-821kJ$$
$$3H_2O(g)+2Al(s)\rightleftharpoons 3H_2(g)+Al_2O_3(s), \Delta H=-950kJ$$
$$3CO(g)+2Al(s)\rightleftharpoons 3C(s)+Al_2O_3(s), \Delta H=-1344kJ$$

对于前两种反应,气体体积保持不变,但是对于第三个反应,气体被移除。因此,直到前两种反应基本完成,铝才被加入到混合物中,这样可以增加热量输出,也增加了炸药威力。但是要注意,一旦产生了一氧化碳,就不可能阻止第三个反应的发生。当一氧化碳的反应发生时,炸药的威力就会减弱。

铝的最佳添加量取决于成分的氧平衡。计算结果表明,理想成分是纯 TNT 中增加 18% 的铝,为了改善阿马托的氧平衡(50∶50 TNT∶AN),最适宜的量是增

加 25%的铝。这种混合物的爆炸威力比纯 TNT 炸药提高了 50%,比最佳比例的
TNT/All 混合物的爆炸威力提高了 25%。铝的加入实际上是为了提高炸药的爆
炸效果。其他元素也可以以类似的方式使用。在提高需氧量和密度上,铝提供
了性能的巨大增强。铝的加入将降低混合物的爆速。

6.18　冲击波的影响

　　爆轰效应或者威力很大程度上是由于穿过装药或进入周围环境的爆震波在
冲击波面上的高动态压力。这种压力可以达到 390kbar,远远高于气体在爆温下
占据装药体积所产生的静压。

　　固体炸药中有两种实用方法来产生冲击波,即使燃烧表面低于声速的条件
下点燃炸药,或者可以在相邻装药中形成冲击波。无论哪种情况,由于在爆炸材
料内的温度和压力增加而导致能量释放速率增加,波动速率增加。然而,这种加
速过程不会无限期持续,会通过压缩过程中的能量损失和化学反应的有限时间
来抵消。化学反应和在压缩、辐射、其他热损失中的能量之间很快就会达到平
衡。因此,波速不依赖于炸药的化学特性、物理状态等,但它在特定系统中趋于
一个稳定的特征值。

　　理想爆轰波的所有流体力学性质可以通过计算来预测。冲击波面上的温度
和压力下波速 D 等于在爆炸中的声速 c,加上在波中向前移动的物质 w 速度。
因此,有

$$D = c + w$$

　　对于一个典型炸药,TNT 的 c 为 5400m/s,w 为 1500m/s,因此 D 为
6900m/s。

　　炸药分解成原子,再重组成气体的冲击波面为一个小反应区域(1~10mm)。
这个区域的后方为负压力,因为相对于冲击波面向前运动,原子和分子向后移
动。在反应区后方,如果气体没有限制(例如空气中的空装药中),或者气体向
外扩散能力弱,炸药不承受压力(在岩石爆破的情况下,可能会有较长的延迟
(毫秒),裂缝岩体的岩石传播充分解体,气体体积扩大)。

　　空气中药柱爆炸的高速拍摄表明,锥形的爆炸冲击波在气体扩散前向外辐
射。这可以用图表的方式来描述,并与左边的爆炸压力剖面联系在一起
(图 6.9)。冲击波面的动态压力峰值称为炸药的爆压 p。计算它的经验方法是
由库克来计算的,如下所列:

$$p(\text{kbar}) = \rho D^2 \times 2.50 \times 10^{-6}$$

式中:ρ 为装药密度,g/cm^3;D 为爆速,m/s。

例子:密度为 1.50g/cm³RDX 的爆速为 7400m/s,可以计算出该密度下的爆速,即

$$p = 1.50 \times 74002 \times 10^{-6} \text{kbar} = 205 \text{kbar}$$

表 6.6 给出了部分炸药的爆压计算值。

表 6.6　部分炸药的爆压

炸　药	$D/(\text{m} \cdot \text{s}^{-1})$	$\rho/(\text{g} \cdot \text{cm}^{-3})$	p/kbar 计算值
猛炸药			
HMX	9100	1.89	392
RDX	8400	1.70	300
PETN	8300	1.56	269
RDX/TNT 60/40	7900	1.72	268
DATB	7520	1.79	253
硝化甘醇	8100	1.50	246
硝化甘油	7700	1.60	237
特屈儿	7160	1.50	192
TNT	6950	1.57	190
起　爆　药	$D/(\text{m} \cdot \text{s}^{-1})$	$\rho/(\text{g} \cdot \text{cm}^{-3})$	p/kbar(计算值)
斯蒂芬酸铅	4500	3.8	192
雷汞	4500	3.3	167
叠氮化铅	4500	2.6	157

从表 6.6 中可以看出,在爆压方面,起爆药的爆压相比于威力来说要差。事实上,由于叠氮化铅的高密度,氮化物的爆压比 TNT 要高。叠氮化铅相对较高的爆压,再加上迅速发生燃烧到爆轰,使叠氮化铅在爆破雷管中的敏感性类似 RDX 或 PETN 猛炸药中的爆炸。反过来,由于更高的爆压,RDX 和 PETN 能够引发不敏感炸药,例如弹药中的 RDX 和 TNT 填充物、以及硝化甘油基和 TNT 基商业炸药。除了更好地提供炸药的起爆能力,爆压是决定猛度的主要因素,对威力指数影响不大。在起爆药的单一组分中,猛度和威力性能具有相互平行的关系。混合炸药中则不一样,将 RDX 或 HMX 与铝混合在一起可以增加能量,而 TNT 与硝酸铵混合作用相同,但爆速降低,爆压和猛度也随之下降。

炸药因其爆破特性将容器(例如炮弹或者炸弹)分解成高速飞行的小碎片,这一过程与从枪中射出的子弹没有相似之处,后者依赖于推进剂产生稳定的热

气体,而碎片则依赖于冲击波来分解外壳,随后在气体扩散的作用下加速。相比之下,爆炸产生的空中爆炸产物与爆炸冲击波无关。它主要是由气体产物的扩散引起的,气体扩散可以在周围空气中建立二次冲击波过程,类似爆轰波的初始形成,装药在一定距离里产生的爆炸波超压力与威力指数成正比。

冲击波的反射现象随两种介质的相对密度而变化。当从固体表面反射回来时,空气中的冲击波会产生更高的超压。相反地,当它与空气界面接触时,通过固体介质(如金属或岩石)产生的冲击波以负压力波或张力波的形式反射。后一种效应导致在固体介质中反射界面附近的压缩和张力之间快速交替。即使是最强的材料也无法承受由此产生的应力,因此在界面附近的反射波平面上发生拉伸断裂。这一现象对炸药的用途具有重要意义。这一原理应用于压头射弹对装甲的"破甲",以及商业炸药中对混凝土、岩石和矿物的破坏方法。在前一种情况下,该效果发挥到最大,因此在压头射弹的填充物中,爆压是首要的要求。另外,在岩石和矿物的爆破中,最理想的效果是,为了便于处理,这些碎片要求在特定的尺寸范围内,因此,应根据炸药的特性猛度选择炸药。

附录　爆速的测量方法

附录 6. A　道特里什(Dautriche)方法

最简单的测量爆速方法是采用一种比较方法。参照一种爆速已知的标准炸药,通常是一种标准的导爆线"Cordtex",Dautriche 方法表示在下面的图中。

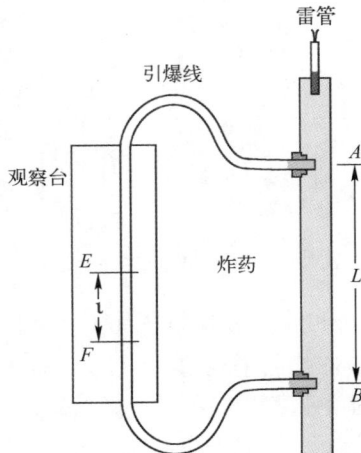

爆速的一种测定方法

　　测试状态的炸药以需求的负载密度被压或包到钢管中,钢管中包括两个连接在管子侧面的距离为 L 的接头上。这些接头装配有标准炸药引信环,并使其具有气密性(如果测量低爆速材料,炸药引信可能无法与主填充炸药连接,因此插入到连接处的接头是两个开放式的工业雷管,其可以保证启动引信)。点燃装药尾部的标准雷管后,冲击波传递到管子中,随后炸药引信燃烧。这意味着有两个爆轰波以相反速度在引信中传播,当它们相遇时,在 F 点的鉴定板上产生痕迹,如果 E 点是 Cordtex 环的中心点,爆速 D_u 和 cordtex 的爆速 D_c 由下式表示:

$$D_u = \frac{D_c L}{2EF}$$

　　因此,炸药和标准物的爆速的比值可以替代爆速。Dautriche 方法不需要昂贵的计时设备,对于常规测量来说很方便,但它的准确性被限制在 3% 左右。此外,它还依赖于一个精确校准的引爆引信,其引信必须定期采用绝对方法检查。另外,该方法在相对较长的炸药中只能给出平均速度,并且实验误差随着实验炸药的速度增加而增加。采用下面的方法是绝对且精确的。

附录 6. B　旋转镜扫描照相法

　　使用旋转镜式照相机,可以高精度地测量一个无壳炸药的爆速,如下图所示。这个方法本质上是简单的,它提供了一个绝对的值,但是实验技术费力且耗时。通过一个快速旋转的镜子投射到一个圆柱形的照相胶片上,投射出与爆轰波面相关的发光区域图像。

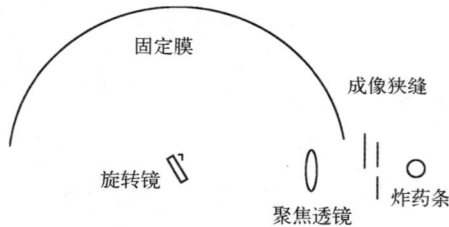

基本旋转镜架照相机的示意图

　　从扫描相机中产生的理想化的胶片轨迹如下图所示。

　　直线的胶片轨迹表明了爆炸的平均速度,而波的加速或减速分别为凹形或凸形。这条线的斜率为镜子的角速度和透镜系统产生的图像放大率。点火顺序必须要求装药的引发与镜像的旋转同步,以确保得到完整的轨迹。通过此轨迹不仅可以计算爆速,还可以计算冲击波面后的反应区长度,这与发光轨迹的厚度相对应。

144

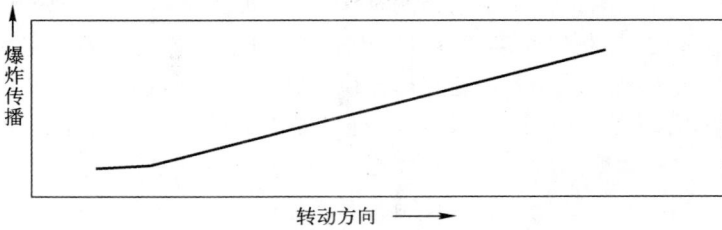

旋转镜扫描相机的理想摄影轨迹

附录 6. C　连续线法

该方法是将一个电阻丝轴向插入一个圆柱形的电荷。电流通过导线,当高导电性的装药被引爆时,导线通过爆轰波沿其长度逐渐被短路。因此,合适的仪器可以记录电压下降与时间,从而计算出爆速。同样,点火顺序必须同步,以便冲击波到来时,在电阻回路的末端触发示波器的跟踪。该方法比扫描相机更容易。

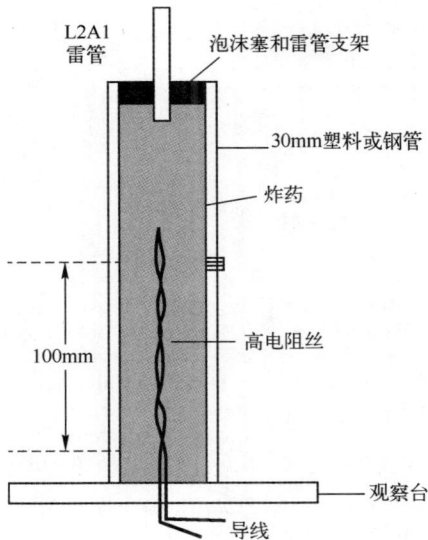

连续线法测定爆速

附录 6. D　同相轴电路

与未起爆的炸药相比,这种方法也依赖于爆轰冲击波面的高导电性。一种包括许多电离探头的柔性印制电路附在装药上,如下图所示。爆轰波传播导致电路相继关闭时,探测器连接到带电的电容器,电容器放电至负载电阻中,导致在负载电阻出现电压脉冲上。这些都被输入到一个反计时器中。该系统使用先进的设备,操作简便;使用的炸药量少,可以提供准确的结果。现代的数字计时设备能够随时精确地测量 1ns 内的时间。

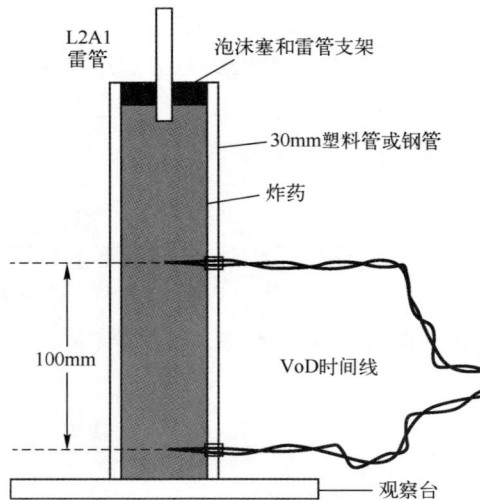

同相轴系统爆速测量原理图

参 考 书 目

[1] Baker, W.E. (1973) *Explosions in Air*, Univ. of Texas Press.
[2] Baker, W.E., Cox, P.A., Westine, P.S. *et al.* (1983) *Explosion Hazards and Evaluation*, Elsevier Sci.publishing, Amsterdam.
[3] Cole, R.H. (1948) *Underwater Explosions*, Princeton Univ. Press (Repub. Denver pubs. 1965).
[4] Cooper, P.W. (1997) *Explosives Engineering*, Wiley-VCH.
[5] Zukas, J.A. *et al.* (1997) *Explosives Effects and Applications*, Springer, New York.
[6] Johansson, C.H. and Persson, P.A. (1970) *Detonics of High Explosives*, Academic Press, London.
[7] Kinney, G.F. and Graham, K.J. (1985) *Explosive Shocks in Air*, 2nd edn, Springer Verlag, Berlin, Walters and Zukas.
[8] Mott, N.F. (1947) Fragmentation of H.E. Shells. Proceedings of the Royal Society, **A187**, 300.
[9] Cook, M.A. (1971) *The Science of High Explosives*, Reinhold Pub. Corp., New York.
[10] Politzer, P. and Murray, J.S. (eds) (2003) *Energetic Materials Part 1 Decomposition Crystal Structure and Molecular Properties, Part 2 Detonation and Combustion*, Elsevier, Amsterdam, ISBN 978-3-540-87952-7.

参 考 文 献

[1] Taylor, J.W. (1962) Burning of secondary Explosive Powders by a Convective Mechanism. *Transactions of the Faraday Society*, **58**, 561–568.
[2] Korotkov, A.I., Sulimov, A.A. Obmenin, A.V. *et al.* (1969) Transition from combustion to detonation in porous explosives. *Combustion Explosions and Shockwaves* (Eng Trans), **5**, 216.
[3] Butler, P.B., Lembeck, M.F. and Krier, H. (1982) Modelling of shock development and transition to detonation initiated by burning in porous propellant beds. *Combustion and Flame*, **46**, 75.

第 7 章　含能材料的分解和起爆过程

7.1　热对炸药的影响

含能材料的基本原理是不稳定化学配方的快速化学分解反应。如果材料稳定性高,就不能用作为含能材料。这并不意味着不用于含能材料的化合物自身不稳定,而表示的是许多化合物的混合物中含有更多稳定态。例如,糖虽然像氯化钠一样长期稳定,但其两者混合易反应生成更稳定的化合物。所有的含能材料都可以分解,甚至一些在室温下便可分解。然而其分解速率缓慢,因此将材料贮存在特定环境下多年后仍然可用。通过一个典型化学反应测试其能量状态,见图 7.1,提供能量 E 使始态材料达到能量的最高态或者说激发态。在这种状态下,分子既可以通过与相邻分子碰撞失去能量从而回到低能量不反应状态,也可以通过分子中的一些化学键断裂吸收能量,使反应移动到反应方向,进一步分解同时释放能量。值得注意的是,达到过渡态所需要的能量 E_a 在分解中再次释放,因此反应中的净能量改变 Q 与 E 值无关。

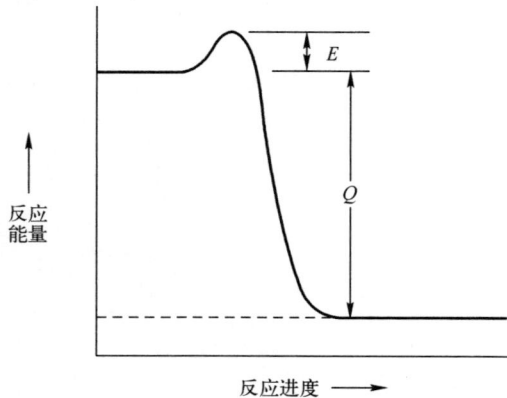

图 7.1　含能材料的热分解反应的典型能量曲线

Arrhenius 解释了化学速率受 E_a 值控制,特别是在分解反应中。Maxwell - Boltzman 分布规律给出了分子的能量。在图 7.2 中给出了两个温度下分子能量分布。如果活化能为 E_a，由图中虚线表示，高于 E_a 的能量是分解阈值，由 E_a 的右侧曲线描绘，则阈值分子的比例随温度的增加而增加。

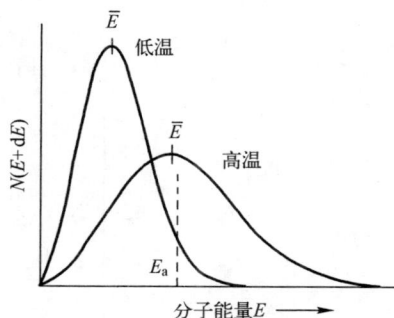

图 7.2　两个任意温度下分子能级的 Maxwell-Boltzman 分布

$\overline{E}$—平均能量；E_a—分解反应的活化能。

适用于分解反应的条件有两个，即反应为一级（只涉及爆炸和没有外部化学作用）和分解速率正比于炸药的活性质量。根据下面的方程可以近似得到炸药的质量。1mol 化合物在 t 时间内产生 x mol 产物，产生的速率正比于剩余化合物的量，即起始浓度减去 x mol 产物浓度：

$$炸药 \rightarrow 气态产物$$

$$(a-x) \text{ mol} \qquad x \text{ mol}$$

$$分解速率 = \mathrm{d}x/\mathrm{d}t = k(a-x)$$

式中：k 为一级速率常数。k 的值由 Arrhenius 方程获得：

$$k = A\exp{-E_a/RT}$$

式中：E_a 为分解活化能；T 为爆炸时的开尔文温度；R 为气体常数；A 为一个随炸药种类不同而变化的特定用于炸药的常数。

这个公式表明，如果温度升高，则反应速率会增加。近似的增长规则为温度升高 10°，反应速度增加 1 倍。

图 7.3 表示了活化能对反应相对速率的影响。如果活化能为 1J/mol，反应温度将为 100K，分子的热振动就足以使该分子非常迅速地分解。然而，当 E_a 为 100kJ/mol 时，即使温度达到 1100K 反应也可以忽略不计。

所有炸药都或多或少地受到热的影响。不言而喻，炸药起爆系统可以通过某种形式为炸药提供热能。完全热稳定的材料不可用于化学爆炸。炸药的可靠性取决于热不稳定性，而安全性与热不稳定性成反比。对于使用者以及化学家和制造商来说，确定热稳定性的最佳值同时理解热对爆炸的影响是至关重要的。

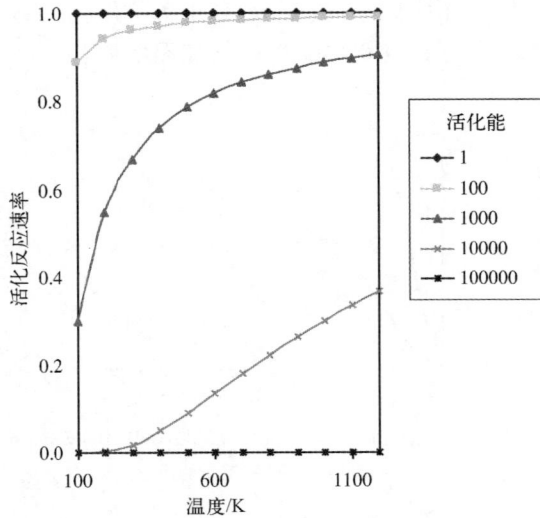

图 7.3　活化能值对反应速率的影响

当温度上升至室温(25℃或198K)时,炸药缓慢分解,根据等式

$$炸药\longrightarrow 气态产物+热$$

测量产生气体体积与装药温度的关系,得到函数即可求得分解速率。

图 7.4 所示的分解曲线显示了所有炸药的一般形式相同,反应速率在着火温度低于100℃时缓慢上升,但在较高温度时变陡,即达到炸药的着火点。炸药的热效应显示了炸药的另一个特性——炸药分解释放出大量的热 Q。如果该热量不通过传导、对流和辐射方式进行传递,独立的外加热源可以提高装药温度,从而使更多炸药分解,释放更多热量。当产热速率 $d\Delta Q/dt$ 超过从反应位点通

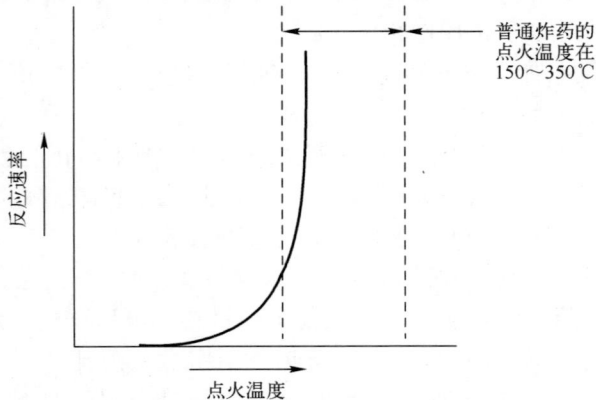

图 7.4　点火温度与反应速率的函数

过传导损失的热速率时,加速循环可导致反应失控,使反应自发进行。需要注意的是,在后期阶段,反应条件基本要达到绝热,因为放热速率远超于系统外的传热速率,同时也不等于溶液中用来维持反应温度的正常化学热("等温"条件下)。产生的热量可以由 Arrhenius-Frank Kamenetski 方程计算:

$$\frac{E}{Tm}=R\ln\left[\frac{\alpha\rho QZE}{Tm2\lambda\delta R}\right]$$

式中:R 为气体常数(见上文);α 为球或圆柱的半径,或板厚的 $1/2$;ρ 为密度;Q 为反应过程的自加热过程中释放的热量;Z 为指前因数;E(或 E_a)为 Arrhenius 表达式中的活化能,即热导率;δ 为形状因子。

热损失率 dH/dt 根据 Newton 冷却式计算:

$$\frac{dH}{dt}=k\Delta T$$

式中:k 为常数;ΔT 为样品与周围环境之间的温度差。

不同炸药的 k 值不同,也取决于样品的形状和容器材料、厚度和导电性。如果绘制这两个函数曲线,曲线交叉的温度表示反应会自持或自发,这个温度即"点火温度"(图 7.5)。

大块炸药受到长时间高温影响,热分解反应往往在炸药内部的某一点开始。炸药的导热系数低,其结果是分解点周围的热耗散少,反应速度加快并迅速点燃全部装药。大块炸药的热耗散取决于装药的质量、体积、形状和其压实度。

发生失控的反应温度被确定为炸药的点火温度 T_{ign},见图 7.5。表 7.1 显示,低稳定性的炸药如硝酸酯(NG、NC 和 PETN)相比于大多数硝胺(例如 RDX 和 HMX)和硝基化合物(例如 TNT)加热时,点火温度较低。

表 7.1　一些炸药的点火温度(K)

四氮烯	433(160℃)	RDX	486(213℃)
雷汞	443(170℃)	TNT	513(240℃)
CE(tetryl)	453(180℃)	斯蒂芬酸铅	523(250℃)
硝基胍	458(185℃)	β-HMX	573(300℃)
硝化纤维	460(187℃)	DATB	578(305℃)
硝化甘油	461(188℃)	叠氮化铅	623(350℃)
PETN	478(205℃)	TATB	632(359℃)

需要注意的是,点火温度只是炸药有用参数中的一种,叠氮化铅比 TNT 更容易引发,但其 T_{ign} 超过 100K,高于 TNT。显然也必须考虑其他因素,如冲击敏感性等。除了蓄意起爆的机制,在下面的情况下炸药的热效应十分重要:

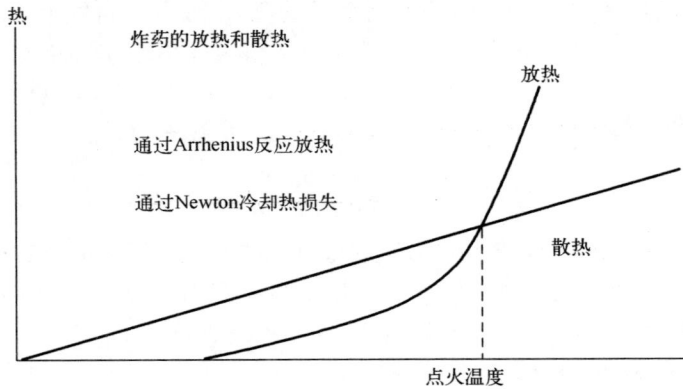

图 7.5　温度函数下系统中的吸热和放热

（1）存放在炎热的环境中的炸药，例如，炎热的天气、不合适的仓库或地震、地质、采矿深钻洞。

（2）在导弹飞行中受到气动加热的炸药，热枪管中发射药的"烤燃"。

（3）热熔体中掺入的填充炸药。

温度低于150℃的炸药（例如预点火阶段）的热分解动力学提供了炸药热感度的有用信息。通过控制温度测定样品中产生气体的速率，可在等温条件下测定炸药的动力学数据。另外，也可使用热分析仪，如差热分析仪（DTA）和微商热重分析（DTGA）。后者测量加热后样品的损失量，以及样品中的热传导随加热速率变化的函数。DTA中随加热过程中热量的吸收或辐射，导致物质产生物理或化学变化。这些变化产生的原因是晶型转变、分解或熔融吸热转换、凝固或燃烧的放热反应和比热容变化。硝酸铵、4种有机炸药和推进剂（FN）的热分析曲线示于本章的末尾图 7.25 和图 7.26 中。

动力学的一阶形式中温度普遍可以达到 393K（120℃），因而反应可以用下面的简单流程来表示：

$$炸药 \longrightarrow 气态产物$$

通过简单的一阶动力学方程可以定量计算反应速率，如果炸药初始量为1mol，同时在 t 时间内产生 x mol 气体，那么

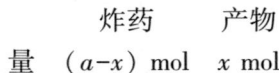

$$炸药 \qquad 产物$$
$$量 \quad (a-x) \text{ mol} \quad x \text{ mol}$$

分解反应速率动力学方程将遵循 $da/dt = dx/dt = k(a-x)$，其中 k 为一级反应速率常数。

Arrhenius 方程确定此时（等温）速率–温度曲线的形式，同前面提到过（全部

点燃时)的绝热曲线类似,区别在于这种情况下曲线上升趋势平缓。在温度较低的范围内($T=298\sim373\mathrm{K},25\sim100℃$),Ⅰ和Ⅱ速率温度曲线具有不同的形式(图7.6)。

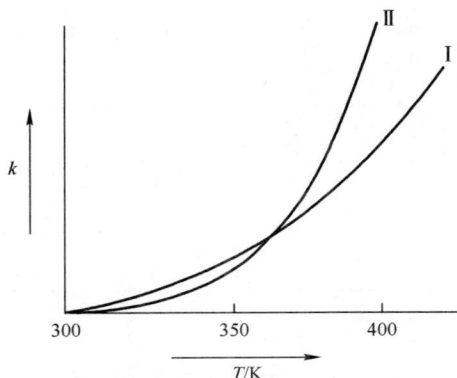

图 7.6　各种炸药的温度与分解速率曲线

显而易见,Ⅰ组炸药(如雷汞、四氮烯和一些推进剂)在低温下表现出比Ⅱ组更高的分解速率,但在高温下分解速率却是相反的情况。Ⅰ组是起爆药,更容易被引爆;Ⅱ组被认为是猛炸药,不容易被引爆。表7.2给出了各种炸药的 Arrhenius 活化因数、E_a 和指前因数。A 和 E 的值分成两种情况:

对于一些起爆药和推进剂,$A\approx10^{11},E\approx100\mathrm{kJ/mol}$;

对于大多数猛炸药,$A\approx10^{20},E\approx200\mathrm{kJ/mol}$。

表 7.2　一些炸药的 Arrhenius 因数 E 和 A

炸　药	$E/(\mathrm{kJ\cdot mol^{-1}})$	A
Tetyl(液体)	251	$10^{27.5}$
Tetyl(液体)	230	$10^{24.5}$
Tetyl(晶体)	217	$10^{22.5}$
苦味酸	242	$10^{22.5}$
TNT	222	10^{19}
硝化纤维(13%N)		
90~135℃	205	10^{21}
140~155℃	201	10^{20}
155~175℃	234	10^{24}
RDX	199	$10^{18.5}$

（续）

炸　药	$E/(\mathrm{kJ \cdot mol^{-1}})$	A
PETN	196	1019.8
硝化甘油		
90～125℃	176	1019.2
125～150℃	188	1023.5
氧化银	167	—
叠氮化铅	160	—
三硝基三叠氮苯	134	—
叠氮化铜	111	—
雷汞	105	1011

7.2　分解机理

含能材料分解机理受到材料的化学性质和发生分解的条件这两个重要的参数影响,简单的热分解通常是不同的机理进行,与某些爆炸中出现的冲击波引起的分解过程不同,后者的研究远没有热分解发生机理透彻。低温控制下的反应机理可能会被极端温度和压力条件下的相区别的机理所掩盖,我们的讨论将集中在热分解的反应机理,而不是冲击波条件下的反应机理,因为这更接近控制条件下激光点火的发生条件,并且有更多关于这些化学反应的数据。为了更加充分地讨论,在本章最后列出参考书目供读者参考。

笔者不讨论不同混合物间的热分解反应机制,因此这里只会讨论单一化合物的热分解反应机制,是否发生不同化学反应,取决于具体的组成。热分解反应机理十分依赖炸药自身的化学性质,但几乎所有的 CHNO 化合物都含有 NO_2 活性基团,分解第一阶段可能涉及 NO_2 自由基的生成,硝基酯与硝胺的反应机制不同,两者都与硝基化合物反应机理不同。

提出的大多数机理均基于分解反应的动力学原理以及检测和鉴定到的反应中产生的各种分子。其基本假设是分子中有一个最先分裂的触发键,由于键裂变产物是不稳定的,同时会自发地加快反应,这一步是反应的活化。其中我们要解决的主要问题是如何确定哪些是关键的触发键,可能的情况是分子中有不止一个触发键,这个假设可以解释复杂的动力学。虽然大多数含能材料遵循一级反应动力学,这意味着反应速率仅依赖于当前材料的数量。但也有一些异常,有一些反应是自催化反应,并且初级产物进一步催化分解,将会导致分解反应的开始前出现诱导期。

DSC 与 GC/MS 的联用提供了相当多的分解机理数据,特别是作为处理温度的函数。温度的影响往往体现在与熔化和汽化两个状态相关联的变化量。由固体变成液体直至变成气体时,分子的自由度增加。需要注意的是,当 RDX 在它的熔点 477 K(204℃)处在固态和液态之间转换时,它的分解速度增加了一个数量级。比较固相和液相的 N—N 键长,可以看出伴随熔化过程,键长急剧增加,因此表明该键为触发键。由于 TNT 已研究多时,同时也是爆炸化合物中最安全的研究物,因此将此材料作为首例进行考虑。遗憾的是,由于此材料具有高稳定性苯环,意味着该机理与多步分解机理一样是相当复杂的。

7.2.1　TNT 的热分解机理

在 150~175℃的不稳定范围中,纯 TNT 通过研究杜瓦瓶中绝热自加热过程的时间随温度变化,我们进行了纯 TNT 的热稳定性研究[1]。分解的第一步是一个具有高活化能的简单有序的产热步骤(>210kJ/mol),第二决速步是低活化能(82kJ/mol)的自催化反应。由于我们认定决速步为吸热的键断裂步,因此分解中出现这个现象是不正常的。热分解产物的混合物至少含有 25 种物质,以及大量的高分子材料(焦油)[2]。混合物中主要出现以下产物:2,4,6-三硝基苯醇、4,6-二硝基蒽、1,3,5-三硝基苯、2,4,6- 三硝基苯甲酸和不明化合物[3]。该热分解活化能从 58.6kJ/mol 变化到大约 192.5kJ/mol,因此该反应过程难于解释。

TNT 上甲基的热分解由共价 C—H 键均裂控制,这个理论可以解释后面讨论的分解反应二阶动力学。TNT 分解时首先产生 C—H 键断裂,伴随着邻位硝基分子中氢原子内转移,其次是 H_2O 的消除,产生孤立的 4,6-二硝基氨基苯甲酸[4]。两个 TNT 分子间的氢原子转移可以产生一个 2,4,6-苯甲醇基团和质子化的 TNT 基团,其中氢原子结合在对位硝基上。

TNT 样品 200℃加热 16h 后部分分解(10%~25%),产物是 4,6-二硝基氨基苯甲酸、2,4,6-三硝基苯甲醛和 2,4,6-苯甲醇。在分解产物残留物中没有发现 1,3,5 -三硝基苯,表明困难在于反应机理的解释。这一发现可能会对 TNT 的热分解活化参数造成影响。当活化能为 144.5kJ/mol 和 222kJ/mol 时,测量精度会产生差异,同时 TNT 的升华作用也会产生差异。在密闭体系中这些问题都能够解决。但在开放体系中,在不进行任何分解的情况下从观测系统中移除一些 TNT,很可能掩盖了基本的动力学特征。现代理论表明,较高的活化能值更容易猛炸药,并且其活化能与可能触发键的键强度相一致。

对于反应过程中键,如何断裂这一问题,研究尚存异议。这个问题的解答同样假设 TNT 分解反应是单分子反应。然而,也有人提出了多硝基芳烃的热分解的初始阶段也有双分子反应的参与。由于反应热的差异,多硝基芳族的主要碎片中不含有这些双分子反应产物[5]，如果化合物分子中不含有易氧化的取代基（甲基、羟基或氨基）[6]，在实测数据中双分子反应参与与否，也与热解初始阶段产生的次生现象有关。

毫无疑问，反应呈现最终动力学特征之前有一个诱导期，这表明，某些自催化剂的生成，或是一个片段进行氧化（例如 NO₂），这些反应均是速率决速步（RDS），示于图 7.7（a）和（b）中。添加 10% 的 4,6-二硝基氨基苯甲酸低分子进

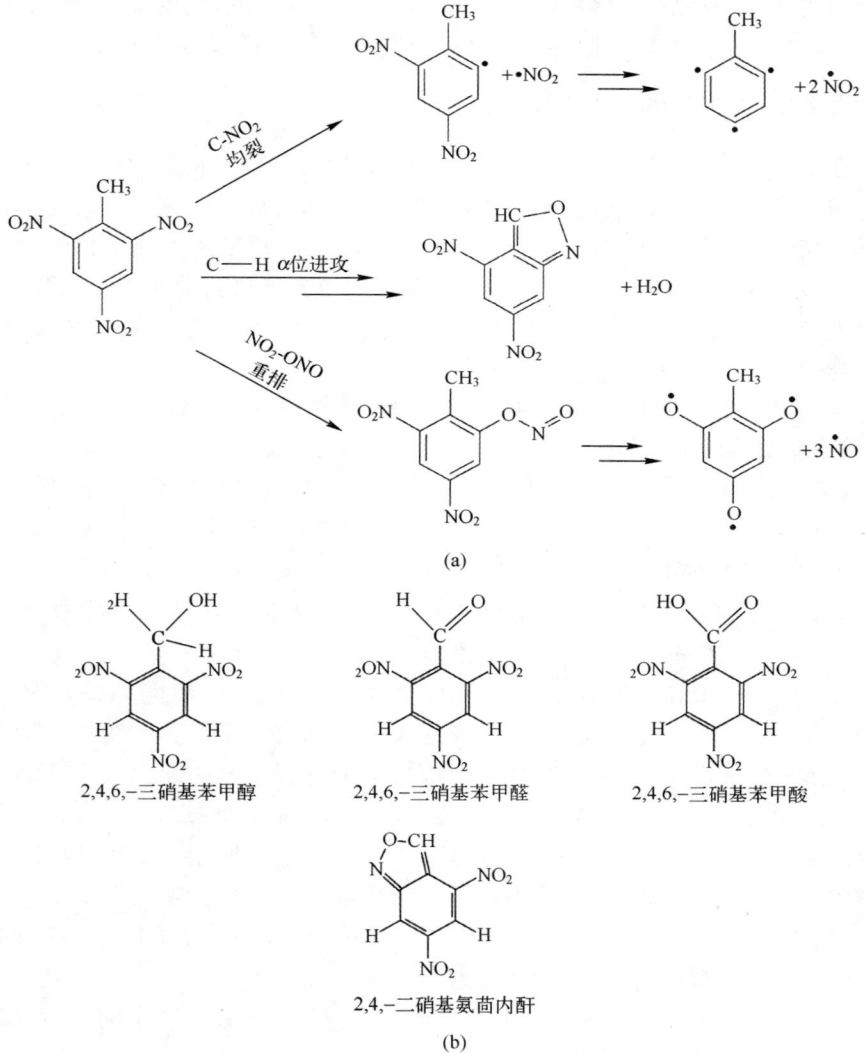

(a)

2,4,6,-三硝基苯甲醇　　　2,4,6,-三硝基苯甲醛　　　2,4,6,-三硝基苯甲酸

2,4,-二硝基氨茚内酐

(b)

图 7.7　（a）TNT 分解历程；（b）一些检测到的产物。

入 TNT 中,可以大幅度增加反应速率以及气体分解产物 CO_2 和 N_2 的产量。图 7.7(b)被认为是 TNT 炸药热分解的催化剂[7]。压力对系统的影响使问题更加复杂。在完全密闭的装置中,反应速率增加,原因是 TNT 低于着火点温度容易升华,逃逸的成分升华为 TNT 蒸气,导致热损失减少。

7.2.2　非芳香的硝基化合物

TNT 的热分解复杂是由于芳香环的存在,同时它倾向于发生取代反应而不是加成反应,从而使一些初始产物在芳环上取代。具有直链烷基和饱和环硝基化合物不存在芳香环所涉及的复杂反应。这一类化合物中最简单的分子是硝基甲烷 CH_3NO_2。此化合物不是特别敏感的炸药,在起爆前需要 30g 传爆药,如特屈儿。分解机理一些迹象表明可以通过添加提供氮的分子,如乙二胺(EDA)和乙二胺(DETA),从而激发液体雷管。但是经过一段时间,这种敏感性增加消失了,取而代之的是不敏感的起爆剂——深褐色的油。

最初提出的猜测是通过氨基和硝基之间的氢键敏化硝基甲烷,从而削弱了氮氧键,如下所示:

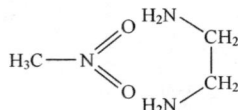

另一种猜测是反应的第一阶段形成了酸性化合物,然后与胺反应使硝基甲烷敏化:

硝基甲烷加热分解得到酸性化合物 NO、N_2O、CO、CO_2、CH_4、HCN 和 CH_2O(甲醛)。但同时也可能会涉及双分子反应历程的其他反应方式,类似的双分子在后面的表格中将会介绍。

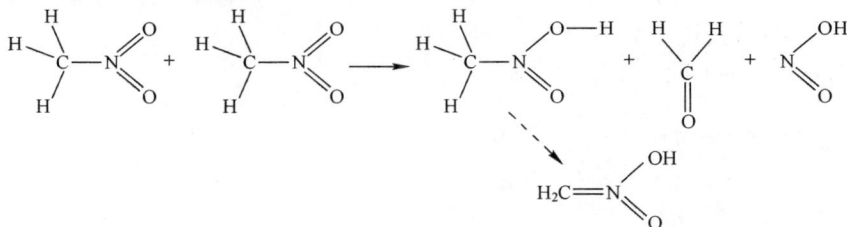

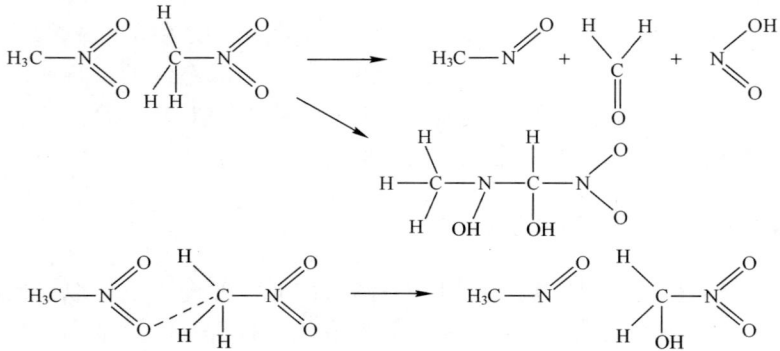

需要注意的是,分子的一部分形成酸,其他部分分解成甲醛和亚硝基。还需要注意的是,双分子历程的产物基本上先是两个分子的简单加和,然后才能进一步分解。

FOX-7(1,1-二氨基-2,2-二硝基乙烯)是分子间和分子内氢键占主导地位的结构,热处理后产生大量稳定多晶型物:

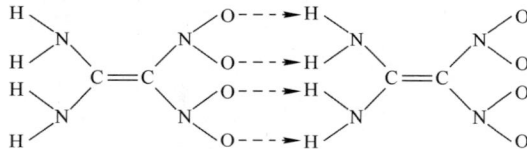

NTO 是另一种研究的重要硝基化合物,它包含一个含有 3 个 N 的杂环。它的分解机理十分有趣,因此,NTO 为众多研究人员广泛研究的绿色含能材料——多氮环化合物的分解行为提供了一些信息。

7.2.3　硝酸酯的热分解

硝酸酯,常被错误地分类为硝基化合物,最简单的硝酸酯是由甲醇和硝酸合成的硝酸甲酯。硝酸甲酯在环境中具有强挥发性和低沸点(338K,65℃)的特点,很少有人对这种材料进行动力学研究。另外,它不稳定,经常在毫无预兆的情况下爆炸。硝酸乙酯也有类似的性质。最简单的硝酸酯类化合物是乙二醇二硝酸酯(EGDN),这个分子只有 2 个碳原子,比硝化甘油(NG)更加安全。EGDN 的热分解方式如图 7.8 所示。

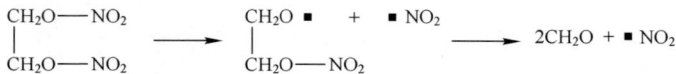

图 7.8　EGDN(乙二醇二硝酸酯)的热分解历程

硝酸酯分子中最弱的作用力是 $O-NO_2$ 作用力,因此这个键的断裂是第一阶段[8,9]。如图 7.8 所示,这两种自由基反应都十分活泼,可以引发连锁反应,因此可以加速分解。这就意味着这些自由基能与未反应的分子反应或者是分解自身。在这种情况下,反应动力学可能偏离简单的一级反应动力学,可能还会有一个诱导期。EGDN 点火温度很低,因此动力学研究需要在较低的温度下进行,否则会因为反应速率非常快而发生爆炸,其分解活化能为 229kJ/mol,由于分解程度增加使动力学曲线为非线性,因此分解时的活化能只是一个近似值。

另一个被广泛研究的硝基酯类化合物是硝化纤维,它是许多推进剂中的重要组成成分。该结构显示了一条长链的葡萄糖苷环,通过葡萄糖环中 1 个和 4 个位置之间的氧键连接。

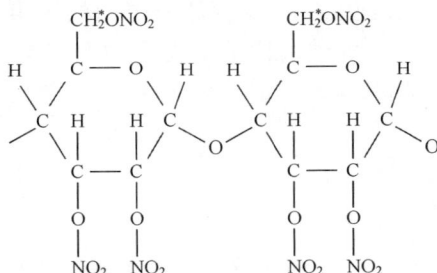

硝基与羟基连接到吡喃葡萄糖环上形成酯键,此结构在前文中已给出。不同程度的硝化是可能的,这就决定了分解中会产生化学变化。由于硝基的位置有两种形式,一种是与烷基侧链相连,另一种是两个硝基直接与环碳原子相连,这两种形式导致断裂 $O-NO_2$ 键的能量不同,所以 NO_2 基损失的初始阶段的活化能不同。最弱的 $O-NO_2$ 键连接在环[10,11]的碳[2]上,这又是一个自催化反应释放 NO_2 基的证据,此时在诱导期之后,反应速率随时间呈现出非线性关系阶段。

H 原子和 C 原子区别很大,因此 NO_2 基团在聚合物链中的吡喃葡萄糖环上的进攻是一个相当复杂的过程,关于 NO_2 的影响,有一些相互矛盾的证据,它抑制了 NO_2 的过量,而不增加分解反应速率[12]。如从反应容器中除去释放的 NO_2,能防止分解反应加速[13,14]。其反应动力学也非常依赖于温度,反应将根据温度分成 3 部分,即<373K(100℃)、373~473K(100~200℃)和>473K(200℃)。出现这个现象的原因是此反应中至少存在两个反应阶段——初始 $O-NO_2$ 键断裂和复杂自催化过程。

7.2.4　硝胺热分解

下一个例子是硝胺,$N-NO_2$ 键被认为是引发键,然而,在 RDX 和 HMX 分解中,检测到 RDX 中有 1-亚硝基-3,5-二硝基环己烷,以及 HMX 也有相应的亚硝基化合物,这表明在 1 位的 NO_2 基团发生了简单的失氧。检测到生成的化合物比失掉 NO_2 基母体化合物具有更高的热稳定性。一些研究[15]表明,初级产物是其他 N_2O 和 NO_2,这两种物质具有完全不同的化学行为:前者有偶数个电子,是单分子系统;后者具有奇数个电子,更加活泼。NO_2 颜色为棕色,同时其二聚化趋势大,易形成四氧化二氮分子(N_2O_4)。四氧化二氮是一种稳定的液体材料,作为氧化剂用于火箭推进剂。

这两种初级产物的产生说明硝胺中有两种键的断裂,如图 7.9 所示。预测产生引发键的是 N—NO_2 键,从而产生 NO_2,但 N_2O 来源于 N—NO_2 基的失氧造成环上 C—N 键断裂产生,或者由两硝基在分子内或分子间两相邻位置协同反应产生。当温度升高至该固体的熔点时,分解速率迅速增加,因此分解的标志为 N—NO_2 键引发这一猜想被证实。一旦相邻分子间的约束降低,N—NO_2 键长就由在固体中的 1.37Å 显著增加到液体中 1.45Å,初级产物 CH_2O 出现来源于环上 C—N 键的断裂,碳与相邻氧原子形成 C=O 键,或者是形成 N_2O 物质过程中 N—NO_2 的断裂。

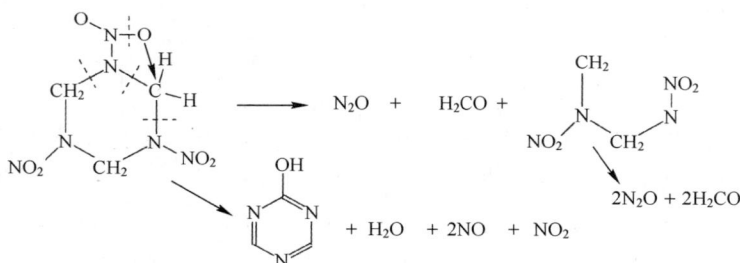

图 7.9　RDX 的可能分解历程

7.2.5　光诱导分解机制

到目前为止,本书集中讨论了热分解的分解机制。但是由于本书主要目的是介绍激光点火,因此必须展开对于光诱导分解的讨论。光子的能量转移机制随波长不同而有所区别。在红外光区,光子激发方式是热分解,因此分解机制不同于蓝光区和紫外区域的电子激发产生的分解。在紫外光区,NO_2 中的电子从 π 轨道激发到 $π^*$ 轨道,或者 O 上一对孤立电子被激发到 NO_2 上的 $π^*$ 轨道,芳环分子中,环上的电子从轨道激发到 $π^*$ 轨道产生另一种吸收。

尽管 1939 年开始了光分解的最终产物分析研究,但是由于缺乏足够快速的分析仪器,这就意味着所提出的机理都涉及相当大的直觉[18]。反应中光分解非常迅速,研究表明,用 5μs 激光脉冲照射 5ps 就会发生分解[19]。化合物的临界波长和分解机制均取决于该化合物的可能电子跃迁过程。本书将会遵循类似的模式讨论炸药的热分解,并以特殊的例子说明化学上不同种类的炸药。

7.2.5.1　硝基化合物

最简单的含能硝基化合物是已被广泛应用的硝基甲烷,它的紫外吸收光谱由双吸收带组成,第一个是在 198nm 很强的吸收带,对应于分子中 NO_2 的 $\pi \rightarrow \pi^*$ 跃迁。第二个是 270nm 的弱吸收带,对应于 O 上孤立电子对 $\pi^* \rightarrow n$ 跃迁,其主要用于生成简单自由基:

$$CH_3NO_2 \longrightarrow CH^{\bullet} + NO^{\bullet}$$

这些基团重组形成亚硝酸甲酯,这就证明了此均裂的可能性。使用较长波长辐射的研究表明,根据以下反应式,在初级过程中消除 HON 亚硝酸盐可以生成亚硝酸盐:

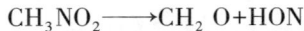

$$CH_3NO_2 \longrightarrow CH_2O + HON$$

从反应 O 消除、OH 形成和 CH 裂解中可以看出其量子产率较低,因此反应产生的次要贡献是组分增加,主要是 C—N 键的断裂,断裂时遵循是上面提到的 $\pi \rightarrow \pi^*$ 跃迁法则[21]。飞秒激光脉冲显示,主要产物是硝基甲烷的母体离子,但其与 CH_3 和 NO_2 一样产率较低。研究发现,光子的诱导分解直接依赖于材料的相态、实验温度和光子辐射出的波长。

7.2.5.2　芳香硝基化合物

TATB(三氨基三硝基苯)是一种广泛使用的钝感炸药,它和硝基与氨基之间存在强的氢键,其诱导分解方式将会与一般芳香硝基 TNT 不同。首先表现在暴露于紫外线下 TATB 的颜色将会由黄色变成绿色。光电子能谱表明,辐射后 N 和 O 的 1s 谱带强度降低,因此说明 $C—NO_2$ 键的断裂是第一步。同理,通过白光可以得到相类似的结果。电子顺磁共振(EPSR)表明光解得到的产物是一种简单自由基,在适当的情况下可以在长期时间内(2 年)保持固体状态。$C—NO_2$ 键的简单断裂机制可以解释这一现象。飞行时间(TOF)质谱分析表明,从一个亚硝基衍生物的 NO_2 上简单地失去一个氧原子,进一步提取氧产生二亚硝基化合物,也是一种可能机制[22]。目前,用 532nm 的光脉冲研究光解表明产物的形成与压力有关[23]。在较高的压力下(8GPa),NO_2 产量将会减少,同时可以观察到水的生成。在正常环境压力下此反应并不能生成水,高压可以导致分子间和分子内氢键产生的简单的质子转移,目前没有充分可以解释这种现象的机制,因此需要研究人员的进一步努力。

二乙基亚硝胺(DMNA)是最简单稳定的硝胺,它应该没有杂环多硝胺类化合物(如 RDX)的分解机制复杂。在固相中,通过 253.7nm 的辐射可能产生以 O 原子的消除为主要步骤的分解过程。研究使用 266nm 和 248nm 的辐射对气相分子进行研究,发现在基态和激发态产生的产物主要是 NO_2 类,之后 NO 类的消除也发现一些硝基—亚硝基异构产物。甲基和 NO_2 基之间的 H 简单转移导致 HONO 类消失[24,25]。产物的种类依赖于辐射的波长,除了简单的 O 原子消除,其他产物均示于图 7.10 中。

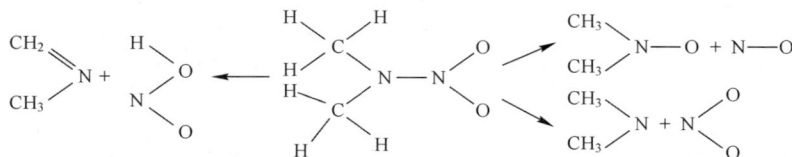

图 7.10   DMNA 的光解产物

其他三种重要的硝胺为 RDX、HMX、CL-20。这些物质不同于 DMNA 之处在于分子中有许多硝基基团,同时由于环的存在使结构复杂性增加,它们的主要产物主要由简单的 N—N 键断裂,消除亚硝酸根得到。由强电子顺磁自旋共振峰可以得到证明[26],这是三种物质分解的主要过程,与分解中 N—N 键作为触发键这一假设是一致的。RDX 和 HMX 的显著区别在于分子中产生的 NO_2 基的数目。β-HMX 通过 1mol N—N 键分裂只能产生 NO_2 基,而 RDX 单晶在相同辐射条件下,分子中每个 N—N 键都可以产生 NO_2 基[27]。

在光致分解中,RDX 和 HMX 通过环 CH_2 基和邻近 NO_2 基中的 O 之间的质子转移均导致 HONO 类的消除。N—N 键和 C—H 键断裂,同时由硝基上的 O 和环 CH_2 基上的 H 形成氢键而生成中间五元环。剩下的三氮杂环己烷环上生成 C=N,如图 7.11 所示虚线。在一些实验中观察到反应也可以进一步分裂生成 NO 和 OH 自由基[28]。

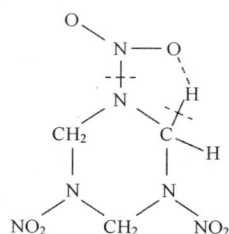

图 7.11   RDX,五元环的可能生成方式和通过断裂图中虚线的键使 HONO 类消除

NO 分子是三种硝胺光解的主要产物。这种分子也可以来源于硝基—亚硝基异构反应,NO 释放,或从硝基中简单地失去氧原子,然后 N—N 键发生断裂释放 NO[29]。CL-20 中三元环通过碳—碳键桥连接,因此分解要考虑许多复杂的因素。除了简单的 N—N 键断裂外,还存在一些电子重排,导致碳到碳的环间键断裂,尤其是在第二个 N—N 键断裂后。最终的产物是同分异构体三环结构,含有 4 个剩余硝基,如图 7.12 所示。观察到 NO 的产量似乎与分子中 NO_2 基团的数量成正比。因此,含有 6 个硝基的 CL-20 产生的 NO 分子最多,只有 3 个硝基的 RDX 产生的 NO 分子最少[30](图 7.12)。

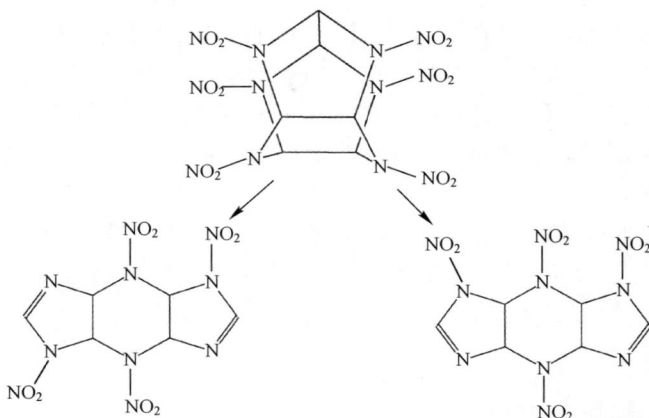

图 7.12　两个四硝基同分异构体是由 CL-20 中两个 NO_2 自由基的光诱导损失产生的

7.3　实用的起爆技术

分解反应进程用简单能量形式表示如图 7.13 所示,靠近能量轴的平直线代表炸药的能级,如果分子获得能量,那么在曲线上它的能级会增加至最大值,这是"活化状态"。该分子可以通过与其相邻分子发生碰撞(类似台球的碰撞)失去能量,并返回到原来的能级,或者分解,由曲线趋势达到最大值,增加热量。这可能会使热量转移到其他炸药分子,然后使之分解。如果有足够多的分子分解,产生足够能量克服热损失,炸药将会燃烧(这个过程在之前的点火过程已经提到过),并且可能继续迅速扩散,直到所有的炸药在点火中均已分解。使炸药达到活化状态的能量为活化能,用 E 表示或更习惯用 E_a 表示。

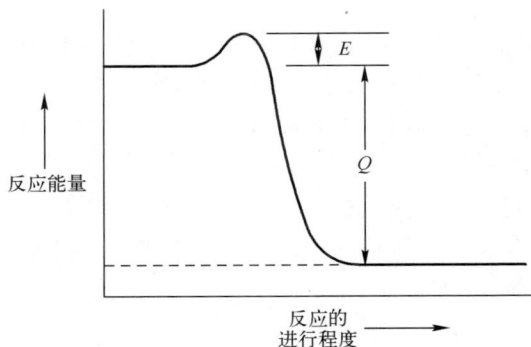

图 7.13　炸药的分解曲线

反应中的净反应热 Q 与 E 不同,因此不能通过测量反应热 Q 来得到 E 的值。活化能的获得方法有很多种。单个炸药对一种方式特别敏感,对另一种方式则不那么敏感。一种特定的炸药通常以一种可预测的方式适合于一种起爆方法,但由于它可能偶然遇到某些其他刺激,因此不易以一种不太可预测的方式起爆。

化学家和工程师的任务是将炸药和其起爆的适当方法匹配,并设计了起爆系统,而不是发生任何可预见危险的意外,其指导原则总是考虑安全性和可靠性,从他们的立场来看,接下来选择各种起爆方式的原因均是考虑实用性和潜在事故。

7.3.1 起爆方法

所有的起爆方法都是通过提高含能材料分子的能量,达到分解的活化状态,释放足够的能量来维持反应。这个观点被包含在 Bowden 和 Yoffe 提出的"热点"理论。但这并不意味着所有的材料必须升温至点火温度,仅仅在一个区域内的足够数量的分子升高到点火温度,然后,它们将分解释放能够加热周围分子的热,使反应自我维持。该热点须达到的温度取决于热点的尺寸。对于典型炸药的数据列于表 7.3。

表 7.3 炸药的计算临界热点参数

炸 药	临界温度/K(℃)		
	热点半径 10^{-2}	热点半径 10^{-3}	热点半径 10^{-4}
PETN	623(350)	713(440)	833(560)
RDX	(385)	(485)	893(620)
Tetry1	698(425)	(570)	1086(813)

该表显示,当热点尺寸减小时,温度必须增加,用来抵消热损失对周围材料的影响。特屈儿(Tetryl)的热点大小相比 RDX 和 PETN 来说,对温度影响更加关键,因为特屈儿中有芳香族苯环的存在。这些热点的形成既是产生这些热点的函数,也是材料本身的函数。

以下在讨论各种引发方法的过程中,将尽可能突出热点产生的机理。

每个过程都涉及将能量转移到固体上来产生热点。起爆方法可以根据能量的来源分为以下类别:

(1) 直接加热;

(2) 机械方法;

(3) 电源;

（4）化学反应；

（5）冲击波。

7.3.2 直接加热

7.3.2.1 外部热源

在容器壁、隔板或烘箱中对炸药加热，可提高其温度至点火点，如图 7.5 所示，当热量供给固体时，被转移到分子的振动。如前面所讨论的，分子群中能量遵循 Maxwell-Boltzman 分布。如果振动能量超过键断裂能量的分子数量充足，通过分解释放的能量将转移到其他分子上，从而维持分解反应正常进行。该方法速度慢、时间不确定、结果不可预测，不是一种实用的起爆技术。枪管发热、突发火灾、导弹气动加热、贮存炸药过热、装药工艺不当等都是事故隐患。

值得注意的是，将一些含能材料放置在微波电磁场中，能迅速加热到着火温度，但这同样是一种潜在的危险，而不是一种实用的方法。通常情况下，改进的防雷装置能够提供微波屏蔽功能。建筑火灾中易爆材料的燃烧是主要的加热事故。火灾中热碎片的冲击也可以提供一个由热引起的意外起爆。

7.3.2.2 火焰

该方法是推进剂和烟火药在燃烧模式下正常工作所需要的基本引发方法之一。火焰将热量传递到表面的一个局部区域。它也适用于某些炸药的起爆，然后以可靠和可预测的方式燃烧至爆炸。但这种方式对于猛炸药是没有用的，因为这会使猛炸药一开始就燃烧，不确定会不会转化为爆轰，导致一种不安全和不可靠的情况。

如果采用直接火焰点燃，TNT 的表面将会快速燃烧，产生大量未燃烧的碳黑。火焰的亮度与蜡烛相似。标准保险丝是火焰引发系统的一个典型例子。火药填充物在引信的一端产生一个小火焰，一段时间后在保险丝的另一端点燃烟火引信，其输出能量足以引发叠氮化铅。叠氮化铅可燃烧至爆轰，可用于普通雷管（见后）。

7.3.2.3 激光加热

激光能够提供足够的能量，在几秒钟内将温度提高钢的熔点温度（1800K），因此可用于切割金属。激光束直接冲击猛炸药，可以在几毫秒内使其达到点火温度。参见图 7.24，足够的能量导致燃烧转爆轰。激光起爆这种方法由于避免了使用敏感的起爆药，在昂贵的导弹系统中越来越受欢迎。而由激光脉冲引发的系统几乎不可能发生事故。用敏化材料制造的廉价激光二极管可以应用于部分民用爆破中。关于这方面内容，在本书后面会有详细介绍。

7.3.3　机械法

物理学中将机械能转化为热的物理量称为热功当量。机械做功是热产出的一个来源,对含能材料做功产生足够的热使材料达到其点火温度。本节将讨论一些用于弹药和商业装置的机械法。

7.3.3.1　摩擦

摩擦两个粗糙的表面,它们之间的摩擦力会产生热量。一种固体表面上的凸点或粗糙表面与另一种固体表面上类似的凸点相互作用。克服对运动的阻力需要力,而施加的力就是热的来源。古时候童子军利用这种现象,通过快速摩擦两根木棍来产生火。普通的家庭火柴和圣诞爆竹均是这个现象的常见例子。该原理很少用于弹药或商业装药的起爆,在应用中,它与在引信上使用手持火柴没有什么不同。

最初的闪光弹使用摩擦来起爆装置。拉动点火带使砂纸条拖过起爆组分使之摩擦。然而,与冲击性起爆一样,它是炸药制造和处理时的一项重要危险因素。摩擦引发的一个主要缺点是液体的影响,特别是水对过程的影响。水将润滑两个表面的运动,并防止在两个表面之间的接触热点处温度积聚,因此,点火过程不会起作用。在潮湿的情况下,圣诞爆竹和火柴都不能工作,也不可能通过摩擦引爆 TNT,因为固体熔化在 80℃,是一个吸收热量的过程,然后液体润滑粗糙的表面,局部产生的热量将会分散。

7.3.3.2　撞击

通常以这种方法对装在微型装置中的炸药进行猛烈的打击。相比之下,撞击起爆在炸药生产或处理中永远是一个事故隐患。确定危险阈值并不容易,对于所有的炸药,这是一个很好的理由。可以认为,冲击向炸药传热的方式有两种机制:一是炸药颗粒之间的摩擦,温度超过着火温度时可以创造"热点";二是绝热压缩炸药分子之间或炸药晶体之间的空气。某一温度下微小空腔内空气突然压缩对其温度的影响可由下式给出:

$$\frac{T_2}{T_1} = \left(\frac{P_2}{P_1}\right)^{\frac{\gamma-1}{\gamma}} \quad (\text{原书中少了一个等号,即},\ T_2/T_1 = \cdots,\text{译者注})$$

式中:T_1 和 P_1 为初始温度(K)和压力;T_2、P_2 为最终温度(K)和压力;γ 常量为 C_p 和常量 C_v 的比值,在空气中其值为 1.40。

如果压力由大气压增加 6 倍,T_1 值为 293K,那么新的条件下的空气温度是下式给出:

$$T_2 = 293 \times 6 \frac{0.4}{1.4} \text{K}$$

$$= 489\text{K}$$

$$= 216\text{℃}$$

这个温度足以点燃炸药。大多炸药靠气体压缩为起始点火方式,但有时候,这种方式在压制过程中去除大部分的空气而造成"压死"。无论是颗粒间的摩擦还是剪切方式,残余空气含量都取决于炸药的结晶性能。

撞击对于大部分起爆药来说是一个合适的点火方法,但是在小型武器弹药筒等小型部件中,起爆所需的敏感程度对实现可靠性和安全性都是非常关键的。

7.3.3.3　针击

针击是弹药和推进剂起爆的一种重要方法。针快速刺进起爆药中,从而点燃起爆药。当针尖被刺入炸药,其效果是颗粒和针之间摩擦和撞击的组合。这种方法几乎没有加热气体,因此是高度可靠的方法,常用于小型武器的起爆。有些材料对这种点火方法特别敏感,通常添加到针刺不敏感材料中通过提高针刺感度来提高期望输出,我们将在后面讨论。

7.3.4　电系统

将电能转化为热能用于炸药起爆有几种方法,它们都基于电阻加热效应。实际电点火系统有三种,最常见的是桥丝,其中,使用低压供给金属丝或金箔充分加热,点燃连接着的珠状炸药。这种方法主要用于电火花。电火花是形成许多雷管的基础。通常,点火系统是通过桥丝使充电的电容器以放电方式实现。这是比较安全的,因为电容器连接到电源进行充电,然后为了点火将开关移动到放电位置。

第二种电方法是爆炸桥丝(见本章的末尾图 7.27)。在这种情况下,高压脉冲被用于爆炸性汽化金属丝,产生冲击波和高温。这是个比普通的桥丝更安全的系统,因为它不再使用起爆药,同时足以直接起爆猛炸药。多数弹药并不需要提供必要的高温,但在大型导弹战斗部起爆系统中,高温可能会应用到。第三种方法是"导电帽",即低电压电源连接两个金属电极之间的少量起爆药(有时与石墨混合,以使其导电)。组分的高电阻使其温度迅速提高到着火点。导电帽法比较合适于 30mm 口径的枪弹应用。而在这种尺寸以下,由于沙砾和污垢产生的短路问题发生的概率是相当高的。

放电,即"电火花",在实际系统中并不使用,因在制造和处理起爆药时,它是一种严重的事故危险。部分材料对于电火花十分敏感,需要预防人或爆炸材料的自身积聚静电电荷。有些材料对电火花引发非常敏感,因此总是需要预防静电积聚在人身上或炸药,通常的预防方法是为操作者铺设导电地板和配备接地腕带。含能材料贮存时必须有埋入水位的避雷针保护。

7.3.5 化学反应

炸药的起爆可以通过激烈的化学反应的方式实现。放热反应导致自燃的发生都与强氧化剂接触易燃材料有关。一个常见的例子是浓硫酸对糖和氯酸钾的混合物的作用,反应释放氯酸($HClO_3$)并点燃混合物。这种混合物本身既可以是爆炸性的,也可以用来引发更具爆炸性的物质。通过化学反应引发的另一个例子是一些液体燃料火箭发动机的自燃(自点火)。自燃点火的两个例子是无水肼与任一种过氧化氢($>90\% H_2O_2$)或添加抑制剂的红色发烟硝酸(IRFNA)混合,IRFNA 是过量的四氧化二氮(N_2O_4)溶解在浓硝酸的溶液。

无论是无水肼还是氧化剂都是非常危险的物质,往往需要复杂精密的装置来提供可靠的性能并确保操作人员的安全,因此这种方法没有得到广泛应用。

7.3.6 冲击波起爆

正如我们已经看到的,对于猛炸药,起爆的最佳方法就是把其暴露在另一种炸药爆炸所产生的强烈冲击波中,这种炸药称为主发炸药。被动装药与主发装药通常必须靠得很近。

爆炸桥丝是一种冲击波发生系统,片状雷管依赖于飞片的冲击,可以通过快速电加热方法或激光驱动产生飞片,因此其受飞片的冲击影响。与其他技术一样,冲击起爆机理其本质是热,装药受冲击波的冲击而爆炸。要注意的是,在湿物料不可能燃烧转爆炸的情况下,冲击起爆即使对于水雷中的湿物料也是有效的。虽然对于一个可靠的系统来说,这两种电荷最好是相互接触的,但在距离源极极远的地方引发电荷的冲击波可能会导致事故——距离大电荷高达数十米,此现象称为感应起爆。对于不敏感弹药来说,这是一种公认的危险,需要加以防范和测试评价。

总结上述各种起爆方法,除了外部加热起爆是不切实际的,我们可以对它们进行区分,以下为可用于爆炸系统的第一个组件:

- 撞击;
- 针击;
- 电;
- 摩擦(罕见);
- 化学反应(罕见);
- 激光(罕见)。

另外两种方法(直接火焰法和冲击波法)需要事先有烟火或炸药组件提供适当的刺激才能发生。

7.4　根据起爆难易程度对炸药进行分类

不同的含能化合物对不同的引发过程有不同的反应,根据引发的难易程度可以大致分为四类。这不是一个严格的分类,因为材料可能对一种刺激敏感,而对另一种刺激钝感。因为各种不同的刺激具有不同的性能(例如,冲击是以 N 为单位测量的,但静电敏感性是 J 以单位测量的),所以对每一类刺激没有明确的界限。

(1) 起爆药很容易引发。

(2) 助推器装药不太容易启动。

(3) 猛炸药难引爆。

(4) 三级炸药很难引爆。

根据含能材料对一系列标准测试的响应,可以将它们归入特定的类别。

7.5　起　爆　炸　药

综上所述,点火器、雷管中选择合适炸药时主要考虑以下几方面:

(1) 应用于系统的引发刺激类型。

(2) 所需输出的特征类型。

(3) 安全性和可靠性。

因此,起爆药的首要要求为:

(1) 对一种或多种适用刺激的高度敏感,如撞击、针击、火花、震动、电能或摩擦。

(2) (点火器中)火花的产生或(雷管中)快速燃烧产生爆轰。

(3) 反应时间的一致性。

(4) 良好的贮存期,需要稳定性和兼容性。

接近这些要求的单一化合物数量相对较少,目前英国炸药库的起爆组分主要有:

(1) 雷汞;

(2) 叠氮化铅和叠氮化银;

(3) 斯蒂芬酸铅;

(4) 二硝基间苯二酚铅。

7.5.1 起爆药化合物

7.5.1.1 雷汞、异氰酸汞 $Hg(ONC)_2$

使用浓硝酸为催化剂时,通过雷汞溶解在乙醇中反应极易制得该化合物,产品是灰色晶体(未反应的汞),密度为 $4.45g/cm^3$。

其性质包括:

(1)保质期短(在热带地区 40℃ 下保存 3 个月)。

(2)与 Al 不相容。

(3)密度 $3.3g/cm^3$ 时爆速为 4500m/s。

(4)不敏感度(Rotter 法)为 10。

(5)良好的冲击感度,但在中到高压下表现出"压死"效应。

(6)过时的弹药。由于简易制造,而应用于简易爆炸装置。

7.5.1.2 叠氮化铅 $Pb(N_3)_2$ 和叠氮化银 AgN_3

这两种盐通过在存在添加有机材料叠氮化钠水溶液(糊精或类似材料),分别加入硝酸银溶液,缓慢沉淀而制备。其中涂覆固体,沉淀均匀在表面析出,降低了材料的意外引爆感度。加入降低溶液 pH 值的钝感盐 $Pb(OH)N_3$ 沉淀,这就避免了添加有机化合物。

这类材料干燥时具有寿命长的特点。水可以降低其稳定性,同时可诱导与铜盐反应生成非常敏感的叠氮化铜(不相容)。因此,叠氮化铅雷管使用铝管包裹叠氮化物,而不用铜管。

其性质包括:

(1)白色晶体,密度 $4.8g/cm^3$。

(2)密度为 $3.8g/cm^3$ 时,爆速 4500m/s。

(3)不敏感度(Rotter 算法)为 30。

(4)不表现出"压死"效应,这是一个明显的优势,因为爆速是密度的函数。电荷密度越高,理论最大密度百分比越大,其材料性能越好。

(5)对冲击和针击敏感性差。

(6)良好的摩擦感度。

(7)燃爆较为可靠。这些叠氮化合物燃爆是不可被阻止的。只有在纳米颗粒尺度下这些叠氮化物才能燃烧。

(8)具有两种晶型,每种晶型具有不同的敏感性。较不敏感的形式 β 是结晶制备产生的普通晶型,更敏感形式 α 是一个亚稳态的结构,是从 β 型缓慢老化过程中产生的。

7.5.1.3 叠氮化银

铅盐容易被引发,而叠氮化银与铅盐比,密度和爆速更低。它与铜、四氮烯和一些点火药不相容。

7.5.1.4 斯蒂芬酸铅

用硝酸/硫酸使间苯二酚硝化以制备斯蒂芬酸。斯蒂芬酸和 $MgCO_3$ 反应得到其镁盐溶液,加入硝酸铅溶液,生成斯蒂芬酸铅沉淀。

其性质包括:

(1) 碱性盐(斯蒂芬酸包含 $Pb(OH)_2$ 杂质)是一种弱起爆剂。

(2) 红棕色晶体,固体密度 $3.09g/cm^3$。

(3) 对火焰和火花敏感(安全隐患)。

(4) 不敏感度为 20,在点火器中使用具有良好的冲击感度。

(5) 通常是导电组合物中的成分。

(6) 特别是与金属混合时具有高稳定性和长保质期。

(7) 密度为 $2.9g/cm^3$ 时,爆速 $5200m/s$。

(8) 分解时转化为爆轰的能力弱。

7.5.1.5 二硝基间苯二酚铅

与三硝基间苯二酚铅制备方法类似,但硝化停止在二硝基取代步骤。

其性质包括:

(1) 良好的燃烧特性,可作为火焰发生器。

(2) 不敏感度为 12,其盐更敏感。

(3) 转爆轰的能力弱。

(4) 保质期长。

(5) 广泛应用于点火药。

7.5.2 起爆药使用

由于各种点火方法的使用是常规方法,所有类型的点火方法都依赖于这些小数目的化合物,并不是特别适合。在每一种情况下,有些方法必须适应所选择的炸药以达到其预期目的。而对于爆炸反应来说更重要的是所选择的起爆方法,选择适合的起爆药,这些方法主要用于两类材料:混合物和复合材料。

7.5.2.1 混合物

炸药起爆药可以与另一炸药和其他一些材料混合,或者只与其他材料混合,添加其他材料的目的是改善它的缺陷,从而使所得到的混合物具有所需的灵敏度和输出。一个典型的例子是 2%四氮烯与叠氮化铅混合,从而降低了所需的针击能量,使叠氮化物的点火能量从 50mJ 降低到 5mJ,而不产生叠氮。硬材料,如沙砾和玻璃,被添加到混合物中可以提高材料对机械刺激的敏感性。柔软的材料如蜡,添加到材料中可以降低材料对机械刺激的敏感性。

7.5.2.2 复合材料

一层易爆材料可以与另一层并列使用,一层提供所需的灵敏度,另一层提供所需的输出能量。爆炸物被压在两个或三个连续的层中,放入一个小金属容器,然后在其右边有一个小型导火索。每层的物质可以是纯化合物,或两种或更多种的化合物混合,同时也可能含有另外的插入材料。

这两种方法分别用在两类起爆剂(点火器和雷管)中,但有时这两种起爆方法使用相同的化合物。

7.6 点火器和雷管

起爆药分为两种不同的类型:点火器和雷管。

点火器用于按顺序点燃下一个组件。所用炸药设计用来燃烧爆炸,但不引爆,也不破坏其容器(表7.4)。输出是火花,连同一些相关的气体压力和热粒子,其作用是引燃。

表 7.4 点火器的起爆

敲 击	来自其他可燃元素的火花
针刺	摩擦(罕见)
电方法(热丝和火花)	激光(罕见)

点火器用于以下方式:

(1)帽形,无论是直接点火还是通过一个弹药筒点火,都用于点燃推进剂(图7.14);

(2)引燃延迟元件或引信;

(3)点燃烟火。

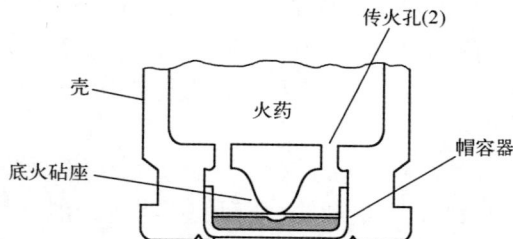

图 7.14 小型武器弹壳用冲击帽

　　在上述情况下,点火器本身直径只有几毫米,由于作为一个整体,弹药有效性取决于它的有效作用,因此其设计和制造对于性能有很大的影响。特别是冲击帽,其为含有多达 6 种成分的复杂混合物,持续研究的目的是获得 100% 的可靠性。

　　雷管是用来直接诱导爆轰导火索的其后成分。为此,该炸药引爆时必须自己发起,所以它在其后组分上产生一种冲击波。这样做时,它通常会破坏容器。这种作用是具有破坏性的。

　　雷管可分为引信雷管和爆破雷管。引信雷管起爆的导火索均在一个紧凑的弹药中(图 7.15 和图 7.16),如弹丸、导弹、炸弹、地雷或手榴弹。可能由如下几种方式引发:

　　(1) 针击;
　　(2) 电气装置;
　　(3) 火花(在点火和起爆系统);
　　(4) 直接对目标的冲击(撞击)。

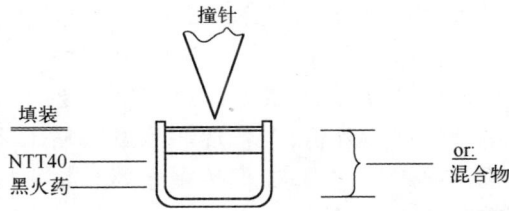

图 7.15　针击点火器代替填充物作为炮弹引信使用

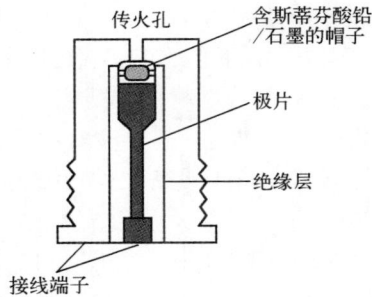

图 7.16　导引帽式点火器装置

　　爆破雷管是在拆迁或其他爆破作业系统中的一个炸药成分。它可以通过安全的引信或电路点燃,在这种情况下,它被称为一个"普通"的雷管。它的组成总是复合型的,因此体积比引信雷管大(见 7.5.2.2 节)。爆破雷管可以直接形成爆破电荷,或与一个爆炸导火索连接,或形成一个助推炸药球。值得注意的是,在美国,爆破雷管被称为"blasting caps",但与英式用法相比,这个词误导了其形式,caps 是指撞击或电引发点火装置,即点火器。

7.7 传 爆 序 列

在使用时含能材料自身性质均会变化。从一个安全的角度来看,我们希望设计师使用最少的材料,但从使用者的角度来看,需要的反而是最大的输出。因此,我们使用传爆序列。根据已经概述的起爆方法,一种爆炸部件的排列被称为传爆序列。所有爆炸物、商业爆破器材和恐怖爆炸装置均含有传爆序列。在这些不同的应用中,传爆序列的设计首先要考虑安全性,同时也要考虑可靠性、使用效果与设备大批量生产的经济成本。几乎所有传爆序列都含有一个起爆药,而起爆药的量最少,但可以产生足够的威力,同时安全方便。这是一个传爆序列添加的普遍原则,传爆序列后续部件更大,将会产生更大威力,但安全性更高。

大多数炸药的灵敏度和威力不能要求通过单一炸药来实现,使用传爆序列可以克服这一缺陷。同时传爆序列中使用了一些材料,起爆药对于刺激反应灵敏,但没有达到最终性能所需的威力,因此它的输出用于起爆传爆序列的下一部分。起爆的敏感性逐渐降低,但传爆序列爆炸输出能量增加。所需的传爆序列数量取决于每次爆炸的需求,但传爆序列总是直接包括在点火器或雷管中。传爆序列有两种:

(1)点火序列不同于爆轰传爆序列,其作用为燃烧。因此,它的第一个组件必须是点火器。在枪盒、载弹和烟火装置等装置中配备有这样的序列。

(2)破坏性序列在一次爆炸中即会结束,其作用贯穿于爆震模式始终。在这种情况下,它的第一部分是一个引爆材质。或者,它可能通过点火器燃烧引发,在某个中间点通过雷管转换为爆轰。需要注意的是,如果点火过程和爆炸之间需要一个延迟,那么延迟必然来自于设备中的可燃部分燃烧。因此在任何情况下,破坏性序列都具有雷管。

构成爆炸序列的各种组件的组合均显示在图7.17中。

两者都以点火器开始(虽然并非所有的炮弹都是这样);弹筒内的引信和弹壳内的炸药都分别提高了点火器和雷管的输出,并分别引发了推进剂和猛炸药各自的主装药。

图7.18所示的传爆序列可以作为推进剂(点火药)和高能炸药(破坏性)均以燃烧模式下的点火器启动,但并不是必要的。

图7.19中所示的雷管用于军事拆除和商业爆破,黏附在雷管上的电桥线点

燃引发物,反过来又点燃雷管中的主要成分,其为叠氮化物,容易燃烧最终产生爆轰。它的基本装药是一种相当敏感的猛炸药,其破坏性输出足以在与雷管接触的不太敏感的主装药中引起爆炸。

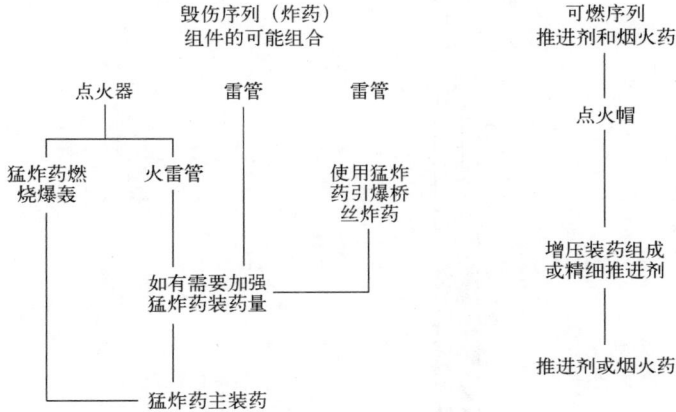

图 7.17　火炮发射炮弹(包括两列单独的火炮,每列一列)

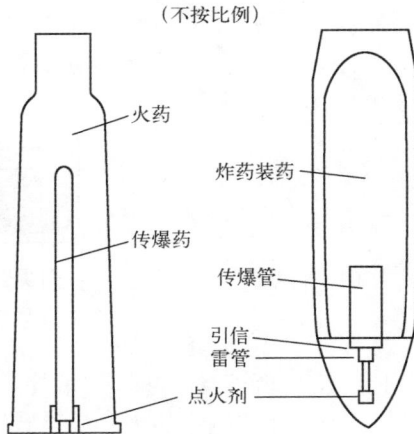

图 7.18　炮弹爆炸序列示意图

　　图 7.20 所示的雷管主要用于军队,"L 混合"(主要是铅二硝基间苯二酚)由针击引发,但其是引发性而不是破坏性的。它用于引发"Z 组成物"(叠氮化铅),使其立即燃烧产生爆轰,同时也提供了一个破坏性输出。

　　"R 组合物"(二硝基间苯二酚铅,见图 7.21)很容易通过火花引发;反过来,点燃"Z 组合物"(铅叠氮化物)使其燃烧产生爆轰,同时也可以由特屈儿(Y)装药产生的冲击波引发。

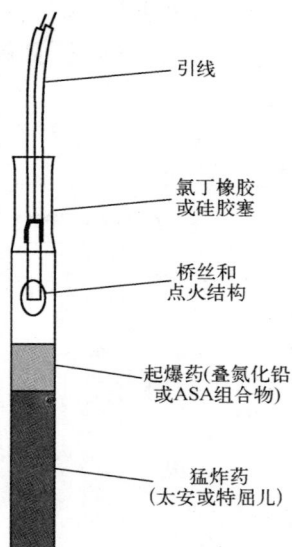

图 7.19　电爆破雷管

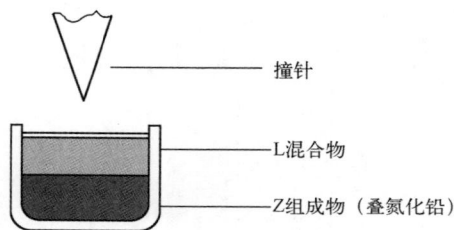

图 7.20　炸弹引信中的针刺雷管

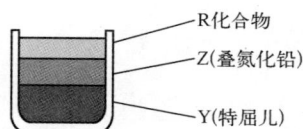

图 7.21　火焰接受雷管,
如 105mm 外壳引信

直接冲击引信直接由引发刺激引爆。同时,冲击片雷管的机械电击产生休克反应,见图 7.22 和图 7.23。除了冲击式和爆炸桥丝式雷管,所有类型的雷管在设计中均含有微型导火药的装置,将其燃烧转化为爆轰。

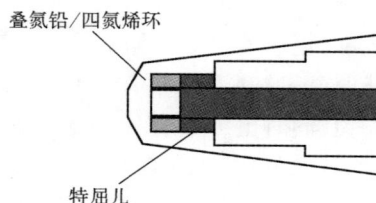

图 7.22　84mm 热射弹的直接冲击引信

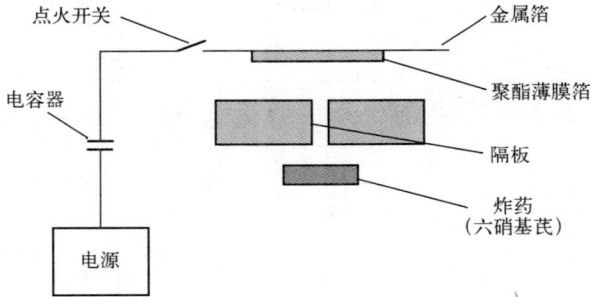

图 7.23　片状雷管示意图

（图中标注：点火开关、金属箔、聚酯薄膜箔、隔板、炸药（六硝基芪）、电容器、电源）

在图 7.22 中所示的系统中,小部分四氮烯(≈4%)使叠氮化铅致敏,当引信撞击目标时,撞击导致叠氮化物直接引爆,同时将冲击波传递给特屈儿。

军火拆除过程或设计过程中的破坏性导火药,在雷管和主要部分之间有一些易燃化合物。每一个组分从前面接收冲击波,在爆炸过程中赋予更强的冲击波到下一个,直到主要部分以足够的刺激引发。这些中间部件通常充满了特屈儿,但由于特屈儿具有高毒性,现在使用 RDX 脱敏蜡这种环境友好型材料。这些混合物的最成功例子是在英国生产和销售的" debrix "(脱敏布里奇沃特炸药)。

用于商业爆破的爆炸序列与弹药引信相比,在细节上更加紧凑,更加精密,制造设备简单,但它们遵循相同的原理。一个典型的商业爆破或采石系统是由一个便携式雷管装置与发电机和电容器组成的。该装置连接到可重复使用的点火电缆的一端,它的另一端通常用一次性导线串联到各个雷管上,这些雷管嵌入到钻在砖石或岩石的炸药装药孔中。电雷管的点火头和主装药之间可能存在烟火延时,其设计目的是将一系列爆炸间隔限制在几分之一秒内,以限制一连串爆炸导致的地面震动的强度。实际上,爆炸冲击波在岩石表面产生波动。

另外,不同炮孔的装药可以通过导爆索连接,而不是单独连接。一些高度不敏感的爆破炸药,除非含有诸如玻璃微球之类的增敏剂,否则可能需要用硝化甘油或 TNT 基炸药灌注于弹药筒中。二次爆破,即用不同的炸药打碎分散的砾石,使用由安全引信(引信)长度引发的普通雷管,引信由手工点燃,或与快速燃烧的烟火索(称为点火器绳或采石场线)连接。这个系统在地下开采是不允许使用的,因为有点燃易燃气体或悬浮煤尘的危险。出于同样的原因,大多数在地下使用的电雷管都是由铜制成的,与在地面使用的铝雷管相比,铜雷管的燃烧效果较差。然而,铜雷管的固有缺点是,如果贮存时间过长,特别是在地下矿井中经常存在的潮湿/潮湿条件下,会形成看不见的但危险敏感的叠氮化铜。

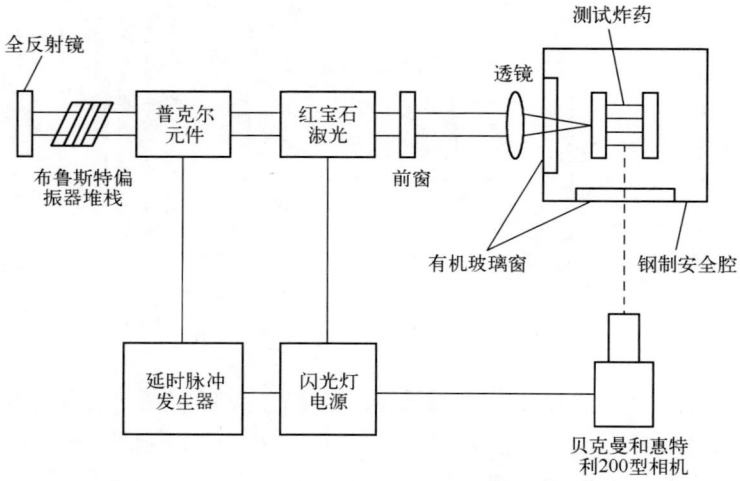

图 7.24　采用文献[30]进行的早期激光点火实验示意图

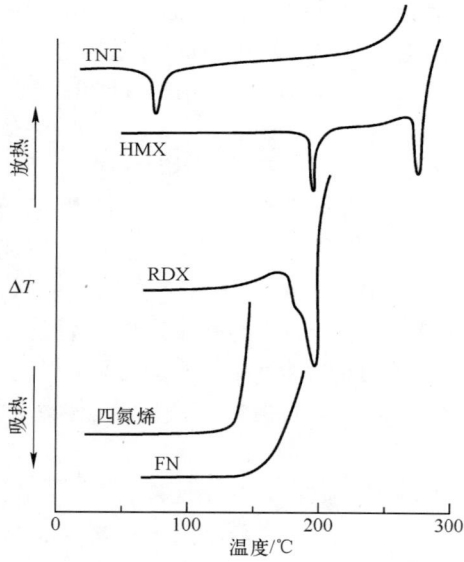

图 7.25　DSC 扫描了显示各种含能材料的相变和分解

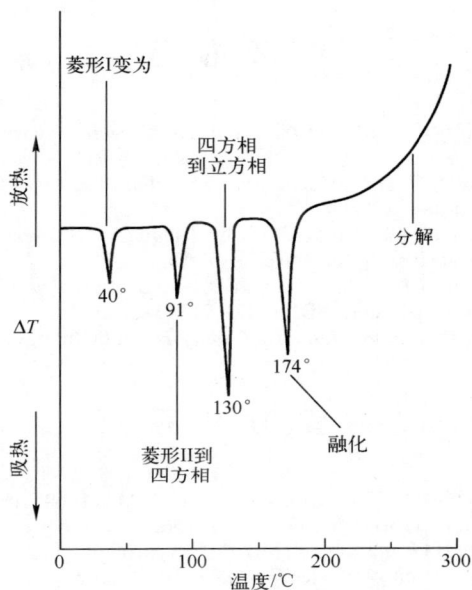

图 7.26　硝酸铵的 DSC,显示了相变和分解

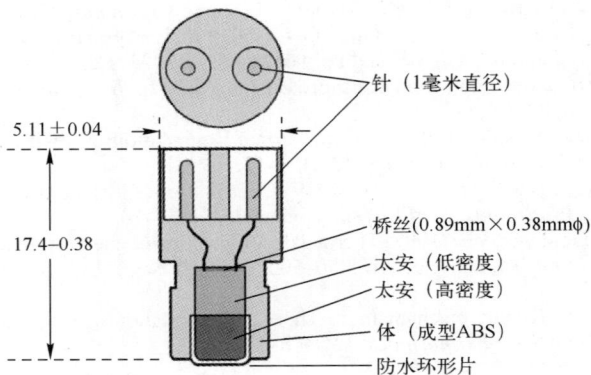

图 7.27　桥丝雷管爆炸示意图

　　目前科学家在寻找比重金属和剧毒叠氮化物具有更大安全性和更低毒性的替代起爆化合物方面已经花费了相当大的努力。我们将在第 8 章中讨论一些可能的材料。

参 考 书 目

[1] Bowden, F.P. and Yoffe, A.D. (1951) *Initiation and Growth of Explosions in Liquids and Solids*, Cambridge Press.
[2] Bailey, A. and Murray, S.G. (1999) *Explosives Propellants and Pyrotechnics*, 2nd edn., Brassey's London ISBN 0-08-036249-4.
[3] Asay, B.W. (ed.) (2010) *Shockwave Science and Technology Reference Library*, vol. **5** Non Shock Initiation of Explosives, Springer Verlag, Berlin.
[4] Dodd, J.W. and Tongue, K.H. (1987) *Thermal Methods. Analytical Chemistry by Open Learning*. HMSO: Wiley, Chichester, ISBN 0-471-91333-2.
[5] Wendlandt, W.W. (1974) *Thermal Methods of Analysis*, Wiley InterScience.

参 考 文 献

[1] Pasman, H.J., Groothuizen, T.M. and Vermeulen, C.M. (1969) Thermal decomposition of TNT[trinitrotoluene]. *Explosivstoffe*, **17**(7), 151–156.
[2] Dacons, J.C., Adolph, H.G. and Kamlet, M.J. (1970) Novel observations concerning the thermal decomposition of 2,4,6-trinitrotoluene. *The Journal of Physical Chemistry*, **74**(16), 3035–3040.
[3] Rogers, R.N. (1972) Differential Scanning Calorimetric Determination of Kinetics Constants of Systems that Melt with Decomposition. *Thermochimica Acta*, **3**, 437.
[4] Ref. 4.
[5] Maksimov, Y.Y. and Kogut, E.N. (1978) *Zhurnal Fizicheskoi Khimii*, **52**, 1400.
[6] Balinets, Y.M., Dremin, A-N. and Kanel', G-1. (1978) *Fizika Goreniya i Vzryva*, **14**(3), 111.
[7] Maksimov, Y.Y., Sapranovich, V.F. and Polyakova, N.V. (1974) Role of some condensed products during thermal decomposition of trinitrotoluene. *Khimiko-Tekhnologicheskii Institut imeni D. I. Mendeleeva*, **83**, 51–54.
[8] Kimura, J. (1988) Kinetic mechanism on Thermal Degradation of a Nitrate Ester Propellant. *Propellants, Explosives, Pyrotechnics*, **13**(1), 8–12.
[9] Caire-Maurisier, M. and Tranchant, J. (1979) Contribution à l'Etude de la Thermolyse de la Nitroglycérine. *Propellants, Explosives, Pyrotechnics*, **4**, 67–70.
[10] Brill, T.B. and Gongwer, P.E. (1997) Thermal decomposition of energetic materials: 69 Analysis of the kinetics of nitrocellulose between 50–500 °C. *Propellants, Explosives, Pyrotechnics*, **22**, 38–44.
[11] Kimura, J. (1988) Kinetic mechanism on Thermal Degradation of a Nitrate Ester Propellant. *Propellants, Explosives, Pyrotechnics*, **13**(1), 8–12.
[12] Pollard, F.H. *et al.* (1950) *Nature*, 165.
[13] Garn, P.D. (1975) An examination of the kinetic compensation effect. *The Journal of Thermal Analysis*, **7**, 475–485.
[14] Batten, J.J. (1985) The agent of the autocatalytic thermal decomposition of aliphatic nitrate ester explosives. *International Journal of Chemical Kinetics*, **17**, 1085–1090.
[15] Brill, T.B. (1993) Burning surfaces. *Chemistry in Britain*, 34.
[16] Choi, C.S. (1972) Structure of cyclo trimethylene trinitramine RDX. *Acta Crystallographica Section B*, **28**(9), 2857–2862.
[17] Walder, C.L. (2001) Correlation of Structure and Sensitivity of Energetic Materials. M.Sc. thesis, 11EOE course, Cranfield.
[18] Hrischlaff, E. and Norrish, R.G.W. (1936) A Preliminary Study of the Decomposition of Nitromethane and Nitroethane. *Journal of the Chemical Society*, **1**, 1580.
[19] Schoen, P.E., Marrone, M.J. and Schnur, J.M. (1982) Picosecond UV photolysis and laser-

induced fluorescence probing of gas-phase nitromethane. *Chemical Physics Letters*, **90**, 272–276.

[20] Pimental, G.C. and Rollefson, G. (1960) Ch 4 *Formation and Trapping of Free Radicals*, Academic Press.

[21] Guo, Y.Q., Bvhattacharya, A. and Bernstein, E.R. (2009) Photodissociation dynamics of nitromethane at 226 and 271 nm at both nanosecond and femtosecond time scales. *The Journal of Physical Chemistry A*, **113**, 85–96.

[22] Mcdonald, J.W., Schenkel, T., Newman, M.W. *et al.* (2001) The effects of radiation on TATB studied by time-of-flight secondary ion mass spectrometry. *Journal of Energetic Materials*, **19**, 101–118.

[23] Glascoe, E.A., Zaug, J.M., Armstrong, M.R. *et al.* (2009) Nanosecond time resolved and steady state IR studies of photoinduced decomposition of TATB at ambient and elevated pressures. *The Journal of Physical Chemistry A*, **113**, 5881–5887.

[24] Stephenson, J.C. and Mailocq, J.C. (1986) Picosecond laser study of the collisionless photodissociation of dimethylnitramine at 266 nm. *Chemical Physics Letters*, **123**, 390–393.

[25] McQuaid, M.J., Miziolek, A.W., Sausa, R.C. *et al.* (1991) Photodissociation of dimethylnitramine at 248 nm. *The Journal of Physical Chemistry*, **95**, 2713–2718.

[26] Pace, M.D. and Kalyanaraman, B. (1993) Spin trapping of nitrogendioxide radical from the photolytic decomposition of nitramines. *Free Radical Biology and Medicine*, **15**, 337.

[27] Pace, M.D. (1988) Electron paramagnetic resonance of UV irradiated HMX single crystals. *Molecular Crystals and Liquid Crystals*, **156**, 167.

[28] Capellois, C., Papagiannakopoulos and Liang, Y. (1989) The 248 nm photodecomposition of HexaHydro-1,3,5,-Trinitro-1,3,5-Triazine. *Chemical Physics Letters*, **164**, 533.

[29] Greenfield, M., Bernnstein, E.R. and Guo, Y.Q. (2006) Ultrafast photodissociation dynamics of RDX and HMX from their excited electronic statesvia femtosecond Laser pump probe techniques. *Chemical Physics Letters*, **430**, 277.

[30] Guo, Y.Q., Greenfield, M. and Bernnstein, E.R. (2005) Decomposition of nitramine energetic materials in excited electronic states: RDX and HMX. *Journal of Chemical Physics*, **122**, 244310.

[31] Yang, L.C. and Menichelli, V.J. (1971) Detonation of Insensitive High Explosives by a Q-Switched Ruby Laser. *Applied Physics Letters*, **19**(11), 473–476.

第8章　新型起爆药

8.1　新型起爆药的安全控制

在后续章节中讨论的化合物通常对某种形式的起爆非常敏感,无论是通过撞击、摩擦还是静电放电。这就意味着它们的制备和贮存必须在严格的安全保护下进行。一些反应易发生,但产物性能不稳定。因此,它们就应该被认为是极度危险品,除非有证据证明其稳定。在未确定其爆炸参数前最初制备的量应该且只能为毫克级。一旦了解这些化合物的细节信息,就可以确定安全操作程序,才可以制备克级产品。制备过程需要在可靠的、爆炸安全的环境中进行。由于本书的主要目的是研究激光起爆,因为有些材料对光非常敏感,所以需要特殊的生产设备。

8.2　引　言

为了寻找具有比重金属、叠氮化物安全性高、毒性低的起爆药,研究人员为了寻找叠氮化铅的替代物进行了大量的努力,提出了大量需要考虑的因素。

美国洛斯·阿拉莫斯国家实验室(Los Alamos National Laboratory,LANL)的研究人员 2006 年阐述和公布了绿色叠氮化铅(LA)和斯蒂芬酸铅(LS)、二硝基间苯二甲酸铅(LDNR)的替代物在起爆药和起爆雷管中的使用需求[1]。他们认为铅替代物一旦暴露在空气中仍保持含能特性,同时遵守 5 项"绿色"主要标准,即:

(1)对光和水不敏感;

(2)易点火但处理和运输不敏感;

(3)热稳定性至少达到 473K(200℃);

(4)具有长时间的化学稳定性,避免使用有毒金属,例如铅、汞等;

(5)不可以成为致畸剂,同时避免使用对于人体甲状腺功能具有不利影响的高氯酸盐。

这些材料可以分为许多不同的类别,本章选择三种材料,分别为有机物、有机盐、有机金属/过渡金属化合物。有些物质不止属于一个目录下,例如有些有机材料很容易生成盐,这些问题将在单独的标题下讨论。本章将从纯有机化合物开始,因为它们最接近常用的普通烈性炸药,而且是最早被研究的。

8.3 有机化合物

这组起爆药涵盖了多种典型材料,例如四氮烯、二硝基苯并氧化呋咱(DNBF)、二硝基重氮酚(DDNP)和 1,1-二氨基-3,3-5,5,7,7-六叠氮四磷腈(DAHA),其他材料例如 5-叠氮-1-四唑和 DAATO3.5(3,3-偶氮-双(6-氨基-1,2,4,5-四嗪)的混合氮氧化物)只需普通相机闪光能量即可被点燃,具有点火时间短和燃烧速度快且压力低的特点,其原因是其凝聚相机理占分解反应的主导。

四氮烯 1-(5-四唑)-3-甲脒并四苯水合物是一种历史悠久的主要商用炸药,其不包含重金属或高氯酸盐离子,因此是一种环境友好的含能材料,虽然其结构是简单的有机结构还是两性离子仍然是有争议的,但它的能量特性已完全确定。这种化合物晶体密度约为 $1.63 g/cm^3$,爆速约为 5300m/s,机械感度高于叠氮化铅和斯蒂芬酸铅。四氮烯的点火温度大约为 430K(160℃),分解的初始温度大约为 410K(140℃)。然而四氮烯在 333K(60℃)以上缓慢分解,温度为 363K(90℃)时分解在 6 天内完成。

8 号雷管中加入 PETN 的最小量为 0.25g。这种化合物在压力超过 15MPa("压死")时丧失点火能力,它可以被湿 $CO_2^{[2]}$ 破坏,因此四氮烯不满足洛斯·阿拉莫斯国家实验室提出的绿色含能材料标准中第一和第三条要求。原则上,斯蒂芬酸铅和叠氮化铅中的添加剂是为了提高这些材料的机械感度。随着混合物中加入 2%四氮烯,针刺感度从 50mJ 减小到 5mJ。用甲基替代侧胺基降低撞击感度,从而其不再是一个起爆药材料。

345K(70℃)下四氮烯与亚硝酸钠在水溶液中反应生成新的含能化合物 iso-DTET,其最可能的结构为 5-四唑并-1′-四唑-5′-胺。DTET 的热分解开始温度大约为 487K(214℃)。这种材料的机械刺激感度很高,比四氮烯的撞击感度、摩擦感度、静电感度更高[3];因此它具有类似四氮烯的性质,应用限于作为叠氮化铅和斯蒂芬酸铅中的添加敏化剂。没有文献报道有钝化此化合物的方法,也没有文献报道直接在设备中使用此材料。

2-重氮-4,6-二硝基酚(DDNP)起爆药也可以作为一种环境友好的含能材料,尽管对其结构仍有争议[4],其性能已完全确定。DDNP 的晶体密度大约为 $1.71 g/cm^3$,爆速为 6900m/s(密度为 $1.6 g/cm^3$时),爆破威力与 TNT 相当[5],点火温度约为445K(172℃)。DDNP遇光不稳定,会生成亚硝基化合物,排出氮气同时失去其爆炸性能。DDNP的点火能力弱于叠氮化铅。DDNP是用水溶液中苦氨酸与亚硝酸钠通过重氮化反应制备,苦氨酸毒性强于斯蒂芬酸铅,因此这种方法不是一种最优制备路线。DDNP不满足洛斯·阿拉莫斯国家实验室提出的绿色含能材料标准中第一和第三条要求。

三叠氮三硝基苯(TATNB)通过2,4,6-三氯-1,3,5-三硝基苯与一种叠氮化物的碱制备,它是一种大威力起爆药,撞击感度只有5J,但是它有一个缺点即熔点只有404K(131℃),另一个缺点是样品会发生缓慢转变成为六亚硝基苯和氮气,从而失去点火能力。密封样品在323K(50℃)1个月时间可反应10%的量。同时它也可以在紫外线照射下降解。与其他引信类似,其固态受压时易被"压死"。其原始材料不是环境友好材料,研究人员发现,可以利用破坏性小的三硝基三羟基苯作为可选择性的原始材料制备钝感炸药TATB。

三叠氮三聚氰胺或1,3,5-三叠氨-2,4,6-三嗪(TAT)可以作为低毒性、环境友好有机起爆药[6]。一种制备路径是通过漂白剂三聚氰氯与叠氮化钠反应,熔点大约为327K(94℃),TAT的晶体密度为1.73g/cm³,爆速为7300m/s(密度为1.5g/cm³时),这种炸药爆炸的气相产物是无毒的。相关性能的板痕实验显示,TAT相比于叠氮化铅来说更加有效。8号雷管中特屈儿加入TAT的最小量达到0.02g。相容性实验显示TAT与Al和不锈钢、与含能硝胺的性能相当,其中含能硝胺包括HMX、RDX和CL-20。TAT在压力大于20MPa下会受压而"压死",其火花感度为1.2mJ。尽管TAT的点火温度为478K(205℃),但TAT仍然是一种易挥发有机物,升华温度为303K(30℃),固态的分解温度大于373K(100℃)。TAT在沸水中分解产生有毒叠氮离子。因此TAT不满足绿色含能材料的要求。

5,5′-二硝氨基-3,3′-亚甲基-1H-124-三唑(DNBTM),其热稳定性超过环境友好起爆药临界要求473K(200℃),也容易通过化学试剂高产率地制备[7]。它的熔点大于513K(240℃),符合绿色标准中的另外一条。其性能要优于叠氮化铅,爆速约为8500m/s,摩擦感度和静电感度也低于叠氮化铅,但是其撞击感度(1J)高于叠氮化铅(2.5~4J),就这一点而论,如果没有钝感剂则过于敏感而不能应用。它可以类似四氮烯一样用作叠氮化铅系统中的敏化剂,但这样就丧失了其绿色的优势。幸亏这种化合物易于与有机碱成盐,这些将在后续章节中进行讨论。有机盐可以用作钝感剂,这些也将会在之后进行讨论。

5-硝基四唑(HNT)是一种(当密度为1.73g/cm³)高爆速(8.9km/s)的吸热化合物[8]。相关的化合物是5-叠氮-1H-四唑,或者说HAT。这两种化合物都对意外引发特别敏感,因此更应该小心管理叠氮类化合物。这两种材料在纯化

184

合物时感度过高,但是可以进行混合物的大量研究工作。四唑环上的 1H 是强酸性的(酸的电离常数 pKa = -0.82),因此可以制备出一系列盐,在后面的小节中将会探讨一些简单盐。

另外一些有趣的四唑化合物是两个四唑环通过不同氮类基团结合起来的化合物。H2BTA5,5′双(1H 四唑胺)、BTH5,5′双(1H 四唑并肼)和 BTT5,5′双(1H 四唑三嗪)的区别仅仅在于四唑环的连接。由于游离的氨基基团,这三种化合物均不能与酸同时存在。它们的感度不可知,其撞击感度均超过大多数标准实验的量程,四唑环上的 H 用甲基替代可以显著降低感度和改善不相容性,但是即使如此替代后的化合物感度仍然过高。

无水二甲基替代四唑环化合物形成 MeBTT,撞击感度只有 2.5J,爆速在 7.8 ~ 7.9km/s,除非在外力条件下不会产生燃烧转爆轰。这种材料可以作为火箭推进剂中的组分,其高氮和少氯的特性降低了酸雨的污染。作为发射药,高氮特性减少了炮管侵蚀。这些分子结构的某些盐将会在之后的小节中进行讨论。

硝基胍(NQ)因其高氮含量和可降低枪闪特性,在三基发射药中的应用十分广泛。同时,硝基胍也可以与其他含能材料组合用作装药,硝基胍的进一步硝化产物为自身具有爆炸特性的二硝基胍 DNG,但硝胺基团上的氢是强酸性的(pKa = 1.1),因此易成盐,其盐是钝感的因而难于意外起爆,同时不需要在水溶液中电离敏感的 DNG 即可制备。这些盐中的部分将在后面小节中探讨。

同系列的相关化合物 1,7-二氨基-1,7-二硝基米诺-2,4,6-三氮杂庚烷 APX,在密度为 1.911g/cm³时爆速为 9650km/s,作为起爆药有优于 RDX 和相当于 HMX 的性能[10]。其撞击感度为 3J,摩擦感度为 80N,电火花感度为 0.1J,摩擦感度低于叠氮化铅但是性能优于叠氮化铅,感度依赖于具体生产工艺流程。这些材料的进一步实验都在进行中,包括大规模生产。它不需要引爆物即可以引燃 RDX,在这方面依然优于叠氮化铅。APX 可以作为不需要其他材料的优秀自引爆 HE,因此可以解决叠氮化铅体系中导火索可能不相容的问题。

还有一些潜在的起爆药是含有过氧化物的混合物二丙酮基过氧化氢(DADP)和三丙酮三过氧化氢(TATP)。这两种物质在低温下均易通过微量酸催化反应在过氧化氢溶液和丙酮中制备。DADP 在室温下易于生成,推测其为热力学反应产物。TATP 的性能(在密度为 1.2g/cm³时爆速为 5500m/s)优于 DADP(相同密度时爆速为 3300m/s),DADP 不点火时可以被压制成更高密度,同时它的熔点(约为 413K,140℃)高于低熔点的 TATP(364K,91℃)。TATP 的主要缺点为它容易在熔点之下升华。尽管它的性能优于叠氮化铅,其摩擦感度(0.1N,摩擦冲击感度为 0.3N·m)和静电感度均表明它只能用于临时爆炸装置中,这样的装置中 TATP 可以通过原位法制备和使用,不需其他的分离和机械操作。DADP 的摩擦和撞击感度要优于 TATP,但使用性能比 LA 差。

另外两种过氧化物基炸药可以加热燃料块通过微量酸催化过氧化氢的六胺反应制备,微量酸催化的过氧化氢低温反应生成偶氮二环辛烷双过氧化物 DAB-CO,这是偶氮二环辛烷与两个过氧化氢分子的简单加和生成了溶剂化分子。这种材料稳定性很差,同时性能不可预知,因此它的性能没有被完全研究,但它可以通过一步反应生成更加重要的含能材料 HMTD、六亚甲基三过氧双胺,或 3,4,8,9,12,13-六乙二酸-1,6-二氮-双环〔4,4,4〕-正十四碳烷。HMTD 是一种绿色无定型起爆药,可以通过另一种微量酸催化与过氧化氢和乌洛托品反应制备,相同的前驱体可以用来制备 RDX。HMTD 从溶液中结晶形成白色斜方晶型,体积密度接近 0.66g/cm^3。HMTD 不吸湿,不溶于水和有机溶剂,在室温下可以在酸和碱中水解,313K(40℃)以上吸湿性强。HMTD 在微量酸存在下可以稳定存在很长时间,但是在湿空气中可以腐蚀金属。类似大多数过氧化物基炸药,HMTD 在氯化锡溶液中易还原。HMTD 的爆热为 5080kJ/kg,过氧化物的点火温度为 473K(200℃),但是升高温度会造成产物升华。超细粉末 HMTD 相比于叠氮化铅来说,对于机械刺激的感度很低,因此其压制密度为 1.3g/cm^3,此时爆速为 5600m/s。但粗颗粒 HMTD 受压则会爆炸,出现此现象的原因是晶体受压后被切割、破裂,粉末具有高摩擦感度,对于大多数传统磨床来说在其临界阈值以下。静电感度也与摩擦感度相似,用 Q 开关钕玻璃激光器($\lambda=1.06\mu m,\tau=30ns$)照射 HMTD 的点火阈值接近 40mJ/cm^2。然而很难以纯 HMTD 作为炸药,因为其摩擦感度和静电感度过高。另外,这种材料也具有强腐蚀性。HMTD 可用作 ANFO、硝酸铵(填料)/燃油装药的临时爆炸装置中的起爆药/传爆药。HMTD 和 TATP 均可以被低电压电灯泡,特别是闪光灯和指示灯泡引发。

聚合环磷腈卤化物和含氮类化合物的反应可以生成有趣的前驱材料。三聚环(PNCl$_2$)$_3$ 与叠氮化钠在丙酮中反应生成低熔点三聚磷腈叠氮化物 TPNA(PN(N$_3$)$_2$)$_3$。这种材料与 NG 类似,撞击感度和摩擦感度很高,甚至液体状态时也十分容易爆炸。除了化学研究,对于使用者来说这种材料感度过高,四聚化合物(PN(N$_3$)$_2$)$_4$ 也是如此。然而,在正确的实验条件下,四聚磷腈化氯(PNCl$_2$)$_4$ 和氨水、叠氮化钠反应生成 DAHA,或者 1,1-二氨基-3,3-5,5,7,7-六叠氮环四磷酸氮烯。可以注意到,为了增加材料的稳定性可以加入引发剂,氨基可增强其内稳定性,DAHA 易被电桥丝引燃,从而产生爆燃转爆炸过程(DDT)。同时其产量远高于叠氮化铅,少量即可引发 RDX 或 CL-20 在没有传爆物的状态下爆炸。据报道,DAHA 对于激光器是敏感的,但是激光辐射的波长需要符合激发条件,这表明特殊分子内的发色基团被激发,这方面的进一步研究还有待探索。

186

　　DAATO3.5 的名字来源于 3,3-偶氮-双(6-氨基-1,2,4,5-四嗪)的两种氮氧化合物的混合物。一些分子含有 3 个 N—O 基团,另外一些含有 4 个 N—O 基团,本章最后的图中有关于这些结构的细节。结构中的虚线表明此处附加第 4 个 N—O 基团[14]。这种材料对光敏感,可以被照相机的闪光灯引发,它也对 CO_2 激光器敏感。研究人员试图记录这种化合物的拉曼光谱来解释其结构,结果发现不可行,因为光谱还没扫完材料已被激发。在更多可用系统被制备出来前这种化合物的更进一步研究工作仍然是需要的,它有应用于不需要控制的原位 IED 系统中的潜力。

　　另外一种潜在的 N—O 基团起爆药是 DNBTDO,5,7-二硝基苯-1,2,3,4-三嗪-1,3-二氧化物。这种材料是由 2-硝基苯胺通过多步反应合成的[15]。1,2,3,4-三嗪通常不稳定,因此这种化合物也是不稳定的,但是其芳香环的存在和 N—O 的形成增加了材料的稳定性。它的撞击感度为 6~4J,撞击感度受材料的颗粒尺寸影响。其摩擦感度为 360N,与颗粒尺寸无关。静电感度为 0.15J,因此需要特别处理。材料激光感度没有测量,但是拉曼光谱可以使用拉曼激光器测量和收集信号,这意味着它对于激光信号不甚敏感。这种材料表现出高于 RDX 的密度特性,但是相比于 RDX 爆速为 8750m/s,测量的爆速低于 8400m/s。

8.4　简单有机盐

　　2,4-二硝基苯二氮高氯酸盐(DPDP)是一种不同寻常的盐,具有有机含能阳离子。DPDP 可以作为环境友好起爆药用于商业雷管中[16,17]。DPDP 起爆效果优于叠氮化铅,8 号雷管四氮烯引发剂中只要 0.007g 的 DPDP。点火温度为 491K(218℃),TAT 化合物暴露在潮湿的环境中易吸湿从而在爆破雷管中失去引发能力,同时水解会释放有毒高氯酸阴离子。因此,DPDP 不满足绿色含能材料的要求,但是在一些特殊的环境中具有使用价值。

　　其他 5-氨基四唑的高氯酸盐和硝酸盐都是高感度起爆药,硝酸盐的感度低于高氯酸盐,这些化合物都是处理 5-氨基四唑和相关酸得到的,其中酸的质子进入四唑环而不是外部胺碱中。四唑环上的氢用甲基代替可以降低其感度。氨基四唑和银可以生成混合盐[18],这种混合盐是金属四唑盐和金属硝酸盐或者高氯酸盐的混合物。此外,高氯酸盐感度较高,其中撞击感度和摩擦感度低于标准 LA。有趣的是,甲基取代基的位置对于感度有显著影响,1-甲基氨基四唑与硝酸盐混合的感度低于 2-甲基取代化合物,其感度与非取代盐相似,X 射线结构表明银与四唑类配合。氨基四唑配位在其他过渡金属阳离子周围的盐将会在之后讨论。

一类潜在化合物已被阳离子分解成为两个基团,由含能有机分子得到一个基团,但这个阴离子也可以由有机分子或者非有机金属阳离子得到。这种有机盐阳离子和阴离子可以被当作两种物质的质子转移。离子周围没有明显的配体,分子中的键大多是共价键。从电荷分布可以看出键域,最有意思的是为减少金属污染,材料大多采用全有机化合物,但这些材料有毒性。大量材料的毒理性未进行评估。当阳离子是无金属非有机阳离子铵根时,两种盐之间具有桥连的连接方式。

关于有机分子的讨论已从第 1 章延续到现在的有机阳离子盐。DNBTM 包含两个可替代氢离子,因此可以生成两种盐——一价阴离子和二价阴离子。电子数量依赖于有机碱的传递质子的能力。二价阴离子脒已被制备出来,但只制备出来一价二氨基脒。两种盐相比于原始有机分子,摩擦感度约降低了 80%,撞击感度约降低了 97.5%[19],静电感度也大幅度降低,爆速从 DNBTM 的8500m/s 降低到了双脒盐的 7500m/s。这两种盐的进一步研究正在进行中。

有机和无机盐的差距在于无机盐二硝基脒的铵盐 ADNQ 前景广阔,其晶体密度为 1.735g/cm^3,此时爆速为 9060m/s[20],分解温度为 473K(197℃),撞击感度(10J)、摩擦感度(250N)和静电感度(0.4J)均适中,比 LA 和 LS 低很多。这些值与制备条件有关,其归功于铵盐的吸湿性。因此 ADNQ 可能更适合作为传爆药而不是起爆药。

最简单的无机阳离子类盐是高氯酰胺的钾盐和钡盐,K_2NClO_3 和 $BaNClO_3$ 这两种盐可以通过过氯酰氟和氨水在酸溶液中制备,得到的固体是拥有高热稳定性的高敏感炸药[21,22]。它们均不吸水,其中钾盐是溶于水的,而钡盐不溶于水和大多数有机溶剂。高氯酰胺的毒性仍然未知,但是其意外引发感度特别高,典型的激光发射感度($\lambda = 1060$nm,25ns 脉冲下感度为 40mJ)表明钾盐的临界值为0.1J/cm^2,钡盐的阈值为 5~7mJ/cm^2。在更好的盐出现之前这两种盐仍然具有可研究性。

在纯有机物小节提到,取代四唑和 5-硝基四唑 HNT 以及 5-偶氮四唑 HAT取代基可以用作起爆药。5-硝基四唑(HNT)上的酸性氢可以被金属阳离子取代,产生的四唑阴离子盐具有更强能量特性和更高热稳定性。简单盐一般含有碱金属反离子。硝基四氮唑钠甚至可以用作制备更加有用材料的初始物。

硝基四氮唑锂和硝基四氮唑钠不能成为优秀的起爆药,因为其引发感度很低,但是碱金属盐证明可以增加感度同时作为低毒性、环境起爆药研究。5-硝基四唑盐的钾盐、铷盐和铯盐均是研究透彻的潜在绿色起爆药[23]。这些盐表明起爆药的特性和撞击、摩擦感度(撞击感度为 3.0~6.5J,摩擦感度为 0.1~1.0N)均与工业级 LA 相似,爆破雷管可以证明这些盐的引发能力,它们可以作为绿色起爆药。但是,这些盐的分解温度均不高于 368K(195℃),同时熔融温度均低于 333K(160℃)。

作为起爆药,最早的无机硝基四唑酸盐是汞盐 Hg(NT)$_2$。研究表明,硝基四唑酸盐汞可以作为能够快速 DDT 的起爆药。晶体密度为 3.32g/cm^3,密度为 3.15g/cm^{3}时爆速为 6600m/s。撞击感度大约为 2N,易被电桥丝引发,因此可以用来代替雷管中的 LA 和 PETN,从而减少导火索中的化合物种类。早期也在专利中研究了汞盐 HgNT,其撞击、摩擦和电火花感度都是十分高的,其分解温度为 423K(250℃),但是据报道其具有腐蚀性和毒性。自从大多数国家禁止有毒汞化合物以来,两种盐的使用率降低。

5-硝基四唑化铜(Ⅱ)Cu(NT)$_2$是另一种具有起爆能力的起爆药,与 LA 相似,其晶体密度大约为 2.11g/cm^3,快速分解的起始温度大约为 553K(280℃)[26,27]。该材料对通常的引发刺激具有很高的敏感性(冲击感度小于 1J,摩擦感度小于 5N,静电感度非常高)。它通常作为另一种盐与四唑氢分子分离,其两个水分子在铜离子周围配位。这使其撞击感度降低到小于 3J,但似乎对摩擦感度和静电感度几乎没有影响。即使如此,它依旧不能应用,但确实是一种有趣的配位化合物。5-硝基四唑的银盐比 5-硝基四唑铜盐的感度略低,因此更容易控制,但它也不能大规模应用,其激光点火感度高并且在光照时也会降解。乙二胺作为配体的铜盐和银盐都可以通过结晶而降低摩擦感度,但铜盐的撞击敏感性仍然与 LA 相当。在螯合物中,其批量处理更可接受。

5-硝基四唑 Cu$_2$(NT)$_2$,DBX-1 的铜(Ⅰ)盐的晶体密度约为 2.59g/cm^3,爆速约为 7000m/s,火花感度 3.1mJ。DBX-1 的爆热低至 3816.6J/g,但撞击感度高,摩擦和火花感度与 LA、LS 类似。DBX-1 快速分解的起始温度为 600K(333℃),点火温度为 625K(350℃)。在 181℃光照 24h 后,DBX-1 失重只有 0%(对于 LA,相同条件下失重 14.57%)。DBX-1 与 LA 类似,不能被"压死"。在标准雷管中引发 RDX 的 DBX-1 的最小量为 0.025g,DBX-1 与 RDX、HMX、CL-20,HNS 和其他一些高能化合物以及建筑材料具有良好的兼容性。多项实验证明其在雷管中的应用性。

5-叠氮四唑盐对意外引发也非常敏感,具有高的撞击感度、摩擦感度和静电感度,特别是碱金属盐感度过高因此难以应用。但是其铵盐和银盐表现出一些有趣的性质。有机阳离子如胍盐更易于处理,但是胍盐不是起爆药。使这些盐降低感度的方法是在四唑环上生成氮氧化物。此外,碱金属盐感度高,但铵盐 AATO 与银盐 AgATO 相比,感度较差。由于叠氮四唑的热稳定性和更稳定的氮氧化物衍生物不符合热稳定性标准,因此不能用于绿色引信中。

双四唑胺 CuBTA 和 Ag$_2$BTA 的铜和银盐已被作为起爆药试用。注意银盐中有两个银阳离子,铜盐中只有一个铜阳离子。这些材料的性能不可预知,应特别小心处理,特别是银双四唑胺。文献中未有足够数据充分表明其可以作为绿色引信组分使用。

铜化合物双(1-甲基-5-硝氨基四唑)铜(Ⅱ)可以在引发装置中作为低毒性炸药使用[28,29],其撞击感度和摩擦感度都在起爆药的范围内。这种化合物展现了良好的热性能,热分解的初始温度大约为525K(252℃),在460K(190℃)下放置48h后爆炸性能依然不变,同时它满足美国洛斯·阿拉莫斯国家实验室的绿色含能材料标准,可以用在"绿色"主设备中,进一步的研究已在进行中。

其他取代四唑酸铜(Ⅱ)盐也可以用作起爆药。5-氯代四唑铜和5-溴代四唑铜都对激光起爆器十分敏感,200mW 红色激光(658nm)起爆器就可引爆毫克级化合物[30]。这些盐也具有高热稳定性,但是它们展示出了对于机械刺激例如撞击和摩擦的高度敏感性,它们也是极度火花敏感的。利用更多的研究可能会制成实际激光起爆装置,但由于它们的极高感度,其应用仅限于可抵抗机械和电刺激的、有保护的装置。性能测试结果表明,其具有一个可接受的影响深度。铜是在生物有机体含有最佳浓度的生物金属,可以作为铅和汞的替代物。

二硝基苯甲呋喃(DBNF)是一种通过硝酸钠与次氯酸钠氧化,然后硝酸硝化制备的炸药。DNBF 不是特别敏感,但是两个硝基之间的苯环上的氢酸性很强,与碱金属碳酸盐反应可以得到盐。其钠盐是一种起爆药,但重要的钾盐 KD-NBF 是一种引信。相关的引物化合物是 4,6-二硝基-7-羟基苯并呋喃的钾盐(KDNP)。制备 KDNP 的路线之一的前驱物是 KDNBF。两种材料都具有相似的晶体结构和相似的密度(约为 2.21g/cm^3),已被试作为环境友好的、低毒性含能化合物[31,32]。KDNBF 撞击感度和摩擦感度与斯蒂芬酸铅相当。该盐的分解温度大于463K(190℃),点火温度为483 K(210℃)。KDNBF 的点火能力小于雷酸汞盐。在美国它已被用于与氧化剂 KNO$_3$ 生成低毒性混合物和敏感性添加剂用于引信的制备。该混合物完全分解的初始温度约为 543K(270℃)[33]。KDNP是一种具有良好热稳定性和安全处理特性的快速消泡材料。KDNP 被批准为可用于服务业的安全化合物,并于 2009 年 2 月被推荐用在美国武器改进计划中。

8.5　过渡金属复合物及其盐

这组化合物涵盖较大范围材料,是具有灵活的化学配方、广泛的物理化学性质、多变的爆炸特性的含能复合盐。迄今已经合成了许多 d 过渡金属含能复合物盐,可以作为传统起爆药 LA 和 LS 的替代物,兼顾安全和环保。其中一组的通式为 M$_a$(L)$_b$(An)$_c$,其中 M 为 d 金属阳离子,L 是配体,An 是酸性阴离子,a,

b,c 是分子化学计量系数。

四唑衍生物作为配体的钴(Ⅲ)氨络合物的高氯酸盐,其结构中不含有毒重金属[1],这些复合物比经典的起爆药如 LA 或 LS 更安全。它们不吸湿,具有足够高的热稳定性,并且它们的引发能力足以将这些配合物用作安全爆破帽中的起爆药。典型的氯化钴(Ⅲ)络合物如五马来酸(5-氰基四唑醇-N2)(Ⅲ)高氯酸盐(CP)、五氨(5-硝基四氮唑-N2)高氯酸钴(Ⅲ)(NCP 和四氨基-双(5-硝基四氮唑-N2)高氯酸钴(Ⅲ)(BNCP)已用于安全的商业雷管中[34-36]。

CP 复合物可以用来作为安全低压电动喷砂帽的无铅爆炸物。然而,由于可能的排放和氰基四唑酸盐离子的水解以及高氯酸盐的存在而导致的钴络合物 CP 的毒性使美国被迫停止该化合物的商业化生产[37]。NCP 复合物测试用作爆炸序列中的中间/助燃含能组分,在高温高压(423K,大约 80MPa)几小时后仍然起作用,数据列于附录 8 中的表格中,BNCP 复合物在三者中具有最高的引发能力,爆燃与爆炸转变时间(DDT)大约为 $10\mu s$。BNCP 与其他两种复合物相比,对机械刺激更敏感,但其撞击感度低于 PETN。BNCP 已用作爆破装置中的起爆药或者传爆药[27],烟火装置中同样可以用。

五氨[3-硝基呋咱-4-(5′-四唑-N2′)]高氯酸钴(Ⅲ)与 BNCP 相比,性能得到改善,因此可以作为起爆药使用。该化合物引发传爆药所需的最小量比 BNCP(0.05g)高(0.2g)。有毒的高氯酸根阴离子的存在违反了绿色认证。用无毒阴离子更换毒性高氯酸盐可以降低金属络合物的毒性,表明钴(Ⅲ)氨配位络合阳离子不具有毒性。替换反应是将所需阴离子的钠盐,例如四唑、二硝基胍、DNG 和叠氮化物[38,39]简单地添加到相关的钴(Ⅲ)高氯酸铵络合物的溶液中,结晶析出。N_3^- 类用另一种有毒物质代替一种毒性阴离子。DNG(17)生成焓约为 0kJ/mol,中性分子的氧平衡 Ω 为 5%,阴离子为 11%[40,41],因此阴离子可以成为有用的氧化剂。这些复合物的研究显示,用 DNG 和叠氮阴离子代替高氯酸根阴离子可以使复合物分解温度降低 80~100K。这些络合物的引发能力低于高氯酸盐。根据落锤测试,其撞击感度高,所以它们被认为是比 PETN 更安全的含能化合物。但是,它们不能作为起爆药,因为金属钴的爆炸产物有毒性[5]。

三-氨铜(Ⅱ)5-硝基四唑络合物是可激光点火的起爆药[42]。实际上,在拉曼光谱测量未完成时就可以被低功率激光束引发,这与其他一些配位复合体类似。在处理这种化合物时必须特别注意,因为它是一种非常敏感的材料。这个络合物基本上不溶于大多数极性溶剂,只能在配位溶剂如浓氨水或吡啶中微溶。复合盐三-氨铜(Ⅱ)5-硝基四唑在冲击或激光引信中实际应用仍然需要更深入研究。

硝酸铜与配体 5,5′-双-(1H-四唑基)胺或 5,5′-双-(2-甲基-四唑基)胺的复合物的摩擦感度均低[43]。络合物的撞击感度高于络合物。显然,胺配体分子中甲基的存在使得络合物对外部刺激更敏感。这两种盐均能被拉曼光谱仪的低功率激光束引发,从而未能完成拉曼光谱的收集。

作为配体的双-3(5)-肼基-4-氨基-1,2,4-三唑的无铅高氯酸铜络合物对于 Q 开关 Nd:YAG 激光束($\lambda = 1064\text{nm}, \tau = 30\text{ns}, d = 0.48\text{mm}$)引发阈值低($\approx 1.1 \times 10^{-5} \text{J}$)[44,45],由于这种盐对机械刺激具有很高的敏感性,因此是一种危险的炸药,其中一些制剂比叠氮化铅或斯蒂芬铅更为敏感。络合物双-3(5)-肼基-4-氨基-1,2,4-三唑的燃烧转爆轰(DDT)距离很短。铜复合物在 8 号爆破帽中起爆压制 RDX 的量为 0.025~0.030g。高氯酸盐复合物需要通过与惰性材料混合制备,例如透明聚合物。该复合物是一种具有前瞻性的无铅、光敏起爆药,但有毒的高氯酸根阴离子使其在绿色引信中的应用不具有可能性。

HNT 的金属络合物中 HNT 以 NT⁻离子形式在配位体中结合,过渡金属离子转变为金属离子形成壳体,其中 Fe 和 Cu 体系已被研究作为起爆药[5]使用。这些复合盐有一系列,具有通式 $\text{Cat}^+_{1-4}[\text{M}^{\text{II}}(\text{NT})_{3-6}(\text{H}_2\text{O})_{3-0}]$。水和 NT 形成了以过渡金属离子为中心的配位形式。随着硝基四唑盐配体数量的增加,材料的机械和电刺激感度也会增加。研究的主要阳离子是钠离子、钾离子、铵离子、肼离子、三氨基三唑离子和氨基-硝基四唑鎓离子。

在铁和铜的二钠盐与 4 个 NT⁻配体的配合物中,呈现出介于 LA 和 LS 之间的机械敏感性,但它们的电火花感度要比 LA 或 LS 低。当这些配合物在 M55 刺破雷管中作为 LA 的完全替代物时,这两种配合物都经历 DDT 过程。平板凹痕试验显示其表现超过了 LA,负载压力增加到最大时爆速 V_{oD} 约为 7500m/s,显示出在极端压力下的某些压死特性[25],但由于其分解温度高于 530K(250℃),它们似乎符合 LANL 的绿色含能材料的标准。铵络合物具有吸湿趋势,但是随着 NT 配体数量的增加,铵络合物的感度增加,如附表 8A 所列。然而,铵盐比相应的钠盐更不敏感,这就是为什么仅研究了二钠盐的原因。四铵盐的冲击和摩擦感度均高。

研究的另一些阳离子是肼、三氨基三唑鎓和氨基亚硝基三唑鎓,但它们不具有起爆特性。

3(5)肼基-4-氨基-1,2,4-三唑(HATr)和一种氧化阴离子的络合物已发现是一种敏感的起爆药[46]。在室温下通过金属的氯酸盐或硝酸盐溶液在丙醇中与配体反应可以容易地制备络合物,几小时即可沉淀出此络合物。Cu、Cd、Ni 和 Co 等金属络合物也被研究过。激光点火感度按照给定的顺序降低。铜络合物是最敏感的,激光脉冲中只需要 10~5J 的能量来启动($\lambda = 1064, \tau = 45\text{ns}, d = 0.48\text{mm}$)。所有试验的络合物都显示出短 DDT 时间和距离,最小装载 30mg 的铜络合物在标准的 8 号雷管中便可引发 RDX。但是这些络合物对机械刺激的意外引发非常敏感,高氯酸铜络合物比 LA 或 LS 更敏感,因此需要从机械刺激源中完全分离。使用约为 5% 的聚合物可以让络合物脱除机械敏感性。

银氨基四唑高氯酸盐和硝酸盐是潜在起爆药。高氯酸盐非常敏感,硝酸盐较不敏感。高氯酸盐冲击敏感度为 2J,摩擦敏感度低于 5N,而对于硝酸盐,相应的值为 15J 和 18N。两种盐/配合物都是火花敏感的。在雷奈唑啉环上取代甲基可将摩擦感度降低 90%。

许多过渡金属离子,特别是在二价氧化态和具有阴离子的复合肼酸盐时,可能具有起爆性质。与 LA 相比,这些配合物需要的最小装载量更大,它们的热稳定性通常小于 LA。首先被研究的金属为镁、锰、铁、钴、镍、锌和镉[47]。配位到金属中心的肼分子的数量取决于阴离子的性质。对于非配位的高氯酸盐和弱配位硝酸盐,3 个肼分子占据了金属周围的八面体位置;而对于配位配体如叠氮化物,只有 2 个肼分子在金属周围配位。例外的是镉,它的硝酸盐可以配合 2 个肼和镁阳离子,镉配合 2 个肼与所有 3 种阴离子,为高氯酸盐、硝酸盐和叠氮化物。

在商业爆破雷管中硝酸复合三硝基镍(Ⅱ)($Ni(N_2H_4)_3(NO_3)_2$,)能够取代 LA[48-51]。其压制电荷在 60MPa 时的最大压死密度约为 $1.70g/cm^3$,最大 V_{oD} 大约为 7200m/s。络合物的点火温度在之前文献中引用为约 440K(167℃),但其他实验[52]给出封闭样品中 DDT 的 T_{ign} 为 488K(214℃)。镍络合硝酸盐的分解活化能低于一般起爆药,约为 80kJ/mol,性能是 TNT 的 105%[53]。

硝酸络合三硝基镍不吸湿,不溶于水、乙醇和无水丙酮。浓硫酸可引发镍络合物,但稀酸溶解/破坏复合物。10% 的 NaOH 水溶液可以完全分解肼基,加热时产生肼。该络合物不受阳光或 X 射线照射的影响,并且在环境温度下显示出与 Al、Cu、Fe 和不锈钢的长期相容性。该化合物的冲击感度与叠氮化铅相等,但其摩擦和火花感度比 AgN_3(31)更高。它也可以被能量密度约为 $12.0J/cm^2$ 的脉冲 CO_2 激光束点燃。即使是在拉曼光谱中使用激光二极管也能在收集拉曼光谱前点燃该络合物。

在中国,已经测试了大量含有 200mg 以上络合物的雷管和电引物,结果可靠。所有其他三肼络合物与镍络合物对 3 种刺激的感度相似。使用具有比硝酸盐更好氧平衡的高氯酸盐衍生物的实验已被证明是非常困难的,因为其在中等温度下自发分解,这通常导致 DDT 反应迅速。空气干燥沉淀的固体在 50℃ 下即可破坏干燥设备。唯一可用的高氯酸盐是镁,但产品的组成仍有疑问。

所有分离出的叠氮化合物均表现出高的冲击感度。研究人员也已经研究了叠氮化叠氮(Ⅱ)$[Ni(N_2H_4)_2](N_3)_2$ 作为引物铷盐中 LA 的替代物[40]。其中要注意的是,两个叠氮离子占据由肼配体排出的镍配位壳中的两个位置。络合物的点火温度约为470K(193℃)。热分解曲线包括两个阶段,第一阶段分解的活化能约为142.6kJ/mol,第二阶段的活化能达到约109.2kJ/mol。非吸湿性络合物不溶于水、乙醇和乙醚,容易被酸和碱分解,产生有毒的叠氮离子。络合物感度低于PETN。因此,叠氮化物络合物比硝酸盐络合物更不敏感,从而具有更加安全的性能。

中国制备了大量含有110~130mg络合NHA的电引物,通过实验证明了这些设备的可靠性及其设备在采矿和冶金行业的应用。由于在环境下产生游离叠氮离子,该络合物不符合美国洛斯·阿拉莫斯国家实验室绿色能源材料的第三条要求。

基于碳酰肼配体的替代镍络合物已经被完全研究,其具有比初始肼络合物更低感度的优点,但是它也具有比任一种肼络合物更低的性能。肼是二氧化碳的吸收剂,可以反应生成羧酰肼。在二氧化碳存在下肼络合物沉淀产生肼-镍三羧酰水合物,氧化阴离子从络合物中丧失。有一种说法认为可以制备正常的紫色粉末状镍三嗪硝酸盐,并用羧酰肼样品涂层以使混合物脱敏。羧基氯化物可用作推进剂和引爆材料。

镍,与铜类似,也属于对一些酶的天然活性具有必不可少作用的生物金属组。但是需要注意的是,高水平的镍可以表现出致癌活性。镍在环境中的集中度相当低,但可以长期持续存在。因此,长时间的商业使用该络合物,其对生物体的危害作用可能持续相当长的一段时间[54]。

8.6　激光感度的增强作用

脉冲激光器提供了一种实用的电隔离含能材料的方法,从而消除了ESD、EMI和RI相关的危害因素[55-57],并使其在民用工业使用中更加安全。所有的含能材料都可以通过激光照射来起爆,但是以RDX、HMX和PETN为代表的一些材料必须是功率密度非常高的激光辐射吸收体。这就意味着起爆系统变得十分麻烦。克服这个问题的一种方法是通过添加更好的吸收材料,例如活性炭黑、非常小的碳颗粒和碳纳米管,后者可以用相机闪光灯点燃[58]。最新的方法一般添加金属纳米颗粒,通常是金、银和铜。理论认为感度增强是由于在高电荷表面层上发生的SERS效应引起的,和拉曼光谱的SERS效应相同[59]。感度增强问题的其他解决方案是通过将高能材料与吸收性聚合物混合并将其放置在要启动的样品的表面上来形成合适的表面层。

这里讨论的材料需要较低的入射激光频率引发,其中一些可以由低功率激光二极管启动。上面讨论的一些材料可以通过透明窗口直接激光照射低密度炸药来引发。当与炸药接触的窗口的一侧涂覆有可以形成能直接引发低密度 PETN 的等离子体金属(例如钛)薄层时,可以进一步降低起始阈值,这类似于电爆炸的桥梁雷管。使用粒径小的低密度材料会降低启动阈值,但会增加燃烧至爆轰转变(DDT)转换发生的启动时间和距离。典型的例子是具有体积密度的分散型 PETN,其启动时间约 200ns,而冲击起爆的启动时间约 20ns。具有 $0.9g/cm^3$ 密度的 PETN 的激光 EBW 的 DDT 的启动时间约为 200ns,而其起爆引发时间为 2ns。具有 $1.0g/cm^3$ 堆积密度的 PETN 雷管的起爆效应较差[60]。在含有 BNCP 的低密度激光雷管中,也实现了 DDT。由于激光 EBW 雷管只能使用分散性好、密度低的炸药,满足这些要求降低了雷管的适用范围。

　　虽然近年来已经制备了许多无铅的潜在起爆药并成功研制了相应雷管,但在民用和军用引爆物和雷管中实际应用所需的工业规模的现代绿色含能材料的制造仍然有一些差距,还需要对大多数这类材料进行进一步测试和危害评估。

参 考 文 献

[1] Huynh, M.H.V., Hiskey, M.A., Meyer, T.J. and Wetzler, M. (2006) Green primaries: environmentally friendly energetic complexes. *Proceedings of the National Academy of Science of the USA*, **103**(14), 5409–5412.

[2] Danilov, Y.N., Ilyushin, M.A. and Tselinsky, I.V. (2004) *Industrial Explosives: Primary Explosives*, 2nd edn, St Petersberg State Technol. Inst. (Russian) [2].

[3] Thom, T., Bichay, M. and Woods, A. (2011) Demonstration of DBX-1 as a Green Lead Azide Replacement. Tentative Program 2011 Safe Symposium, October 24–26 Grand Sierra Resort and Casino Reno, Nevada.

[4] Holl, G., Klapoetke, T.M., Polborn, K. and Reinaeker, C. (2003) Structure and bonding in 2-Diazo-4,6-dinitrophenol (DDNP). *Propellants, Explosives, Pyrotechnics* **28**(3), 156–161.

[5] Ilyushin, M.A., Sudarikov, A.M. and Tselinsky, I.V. (2010) *Metal Complexes in Energetic Formulations* (ed. I.V. Tselinsky), A.S. Pushkin Leningrad State University, St. Petersburg (in Russian).

[6] Mehta, M., Damavarapu, R., Cheng, S. *et al.* (2009) D-3. Alternatives to lead azide and lead based materials. Provisional Book of Abstracts for 36th International Seminar and Symposium, 23–27 August 2009, Rotterdam, Netherlands, p. 22.

[7] Dippold, A.A., Feller, M. and Klapotke, T.M. (2011) DNBTM a metal free primary explosive combining excellent thermal stability and high performance. *Central European Journal of Energetic Materials*, **8**, 261.

[8] Ostrovskiy, V.A. and Koldobskiy, G.I. (1997) Energetic tetrazoles. *Russian Chemical Journal*, **41**(2), 84–98 (in Russian).

[9] Kaplötke, T.M., Minar, N.K. and Stierstorfer, J. (2009) Investigations of bis methyltetrazolyl-triazenes as Nitrogen Rich Rocket Propellants. *Polyhedron*, **28**, 13–26.

[10] APX reference

[11] Lefebvre, M.H., Falmagne, B. and Smedys, B. (2004) Sensitivities and Performances of Non-Regular Explosives. Proceedings of the VII-th Seminar 'New Trends in Research of Energetic

Materials', Pardubice, Czech Republic, April 20–22, 2004, Part 1, pp. 165–174.

[12] Matyas, R. (2003) Chemical Decomposition of Hexamethylenetriperoxidediamine and Triace-tone Triperoxide. Proceedings of the VI-th Seminar 'New Trends in Research of Energetic Materials', Pardubice, Czech Republic, April 22–24, 2003, pp. 241–247.

[13] Gudman, C. and Ratz, R. (1955) *Zeitschrift für Naturforschung*, **10b**, 116–117.

[14] Ali, A.N., Sanderstrom, M.M., Oschwald, D.M. *et al.* (2005) *Propellants, Explosives, Pyrotechnics*, **30**, 351.

[15] Klapötke, T.M., Piercey, D.G., Stierstorfer, J. and Weyrauther, M. (2012) The Synthesis and Energetic Properties of 5,7-Dinitrobenzo-1,2,3,4-tetrazine-1,3-dioxide (DNBTDO), *Propellants, Explosives, Pyrotechnics*, **37**, 527–535.

[16] Philippov, Y.V., Falyakhov, I.F., Gilmanov, R.Z. *et al.* (2006) *Influence of the anion nature on the properties of aromatic diazocompounds.* Proceedings of International Scientific and Technical Conference 'Modern Problems of Technical Chemistry', Kazan, December 6–8, 2006, pp. 173–175 (in Russian). DPDP.

[17] Falyakhov, I.F., Gilmanov, R.Z., Nesterov, A.V. *et al.* (2004) Development of Manufacturing Technologies for the Preparation of Environmentally Friendly Primary Explosives in the Series of Aromatic Diazocompounds. Proceedings of International Scientific and Technical Conference 'Modern Problems of Technical Chemistry', Kazan. December 22–24, 2004, pp. 359–362 (in Russian).

[18] Delalu, H., Karaghiosoff, K., Klapötke, T.M., and Miró Sabaté, C. (2010) 5 Amino tetrazoles and Silver based primary explosives. *Central European Journal of Energetic Materials*, **7**, 197.

[19] Dippold, A.A., Feller, M. and Klapoetke, T.M. (2011) 5,5′,Dintrimino3,3′-methylene 124 bis-triazole a metal free primary salt combining excellent thermal stability and high performance. *Central European Journal of Energetic Materials*, **8**, 261.

[20] Altenburg, T., Kaploetke, T.M., Penger, A. and Stierstorfer, J. (2010) Two outstanbding explosives based on 1,2, dinitroguaindine. *Zeitschrift für Anorganische und Allgemeine Chemie*, **636**, 463.

[21] Ilyushin, M.A., Tselinsky, I.V., Petrova, N.A. *et al.* (1999) Salts of perchlorylamide as a novel class of light-sensitive explosive for laser initiation. *Energetic Materials*, **7**(3), 122–123.

[22] Rosolovskiy, V.Y. and Kolesnikov, I.V. (1968) About some properties of metal salts of perchlo-rylamide. *Russian Journal of Inorganic Chemistry*, **13**(1), 180–184.

[23] Klapoetke, T.M., Miro Sabate, C. and Welth, J.M. (2008) Alkali metal 5-nitrotetrazolate salts: prospective replacements for service lead (II) azide in explosive initiators. *Journal of the Chemical Society, Dalton Transactions*, **10**, 1039–1057.

[24] Von Hertz, E. (1937) US Patent 2066954.

[25] Bates, L.R. and Jenkins, J.M. (1978) Production of 5 nitrotetrazole salts. US Patent 4094879.

[26] Bichay, M., Stern, A., Armstrong, K. *et al.* (2004) Strategic Environmental Research and Development Program. SEPDP Project No PP-1364. 'New Primary Explosives Development for Medium Caliber Stab Detonators. *Final Report,* September 2004', 31 p.

[27] Bichay, M., Hirlinger, J. (2005) Lead Azide Replacement Program NDIA. Fuze Conference, April 2005, Presentation of NAVSEA, 22 p.

[28] Klapoetke, T.M. (2011) *Chemistry of High-Energy Materials*, Walter de Grauyter & Co, KG, Berlin-New York.

[29] Geisberger, G., Klapoetke, T.M. and Stierstorfer, J. (2007) Copper Bis(1-methyl-5-nitriaminotetrazolate): a promising new primary explosive. *European Journal of Inorganic Chemistry*, 4743–4750.

[30] Fisgher, D., Klapoetke, T.M., Piercey, D.J. and Stierstorfer, J. (2012) Copper salts of halo tetrazoles: light -ignitable primary explosives. *Journal of Energetic Materials*, **30**, 40–54.

[31] Mehilal, Sikder, A.K., Pawar, S. and Sikder, N. (2002) Synthesis, characterization, thermal and explosive properties of 4,6-dinitrobenzofuroxan salts. *Journal of Hazardous Materials*, **A90**, 221–227.

196

[32] Lur'e, B.A., Sinditskii, V.P. and Smirnov, S.P. (2003) Thermal decomposition of 2,4-dinitrofuroxan and some of its compounds with metal hydroxides. *Combustion, Explosion and Shock Waves*, **39**(5), 534–543.

[33] Fronabarger, J., Williams, M. and Bichay, M. (2007) *Safe Journal*, **35**(1), 14.

[34] Cudzilo, S. and Nita, M. (2010) Primary explosives from group of coordination compounds.

[35] *Wiadomosci Chemiczne*, **64**(3–4), 198–223 (in Polish).

[36] Hafenrichter, T.J., Tarbell, W.W., Fronabarger, J.M. and Sanborn, W.B. (2004) Exploding Bridgewire Initiation Characteristics of Several High Explosives. Proc. Intern. Pyrotechnics Seminar, 31-th, 2004, pp. 707–719.

[37] Ilyushin, M.A. and Tselinsky, I.V. (1997) Primary explosives: status and prospects. *Russian Chemical Journal*, **41**(4), 3–13 (in Russian), 27–29.

[38] Luebeke, P.E., Dickson, P.M. and Field, J.E. (1995) An experimental study of the deflagration-to-detonation transition in granular secondary explosives. *Proceeding Royal Society, London*, **A448**, 439–448.

[39] Smirnov, A.V., Ilyushin, M.A. and Tselinsky, I.V. (2004) Complex Ammine Cobalt (III) Dinitroguanidinates as Energetic Materials. VIIth Scientific Vishnyakov's Talks, Boksitigorsk Leningrad region, April 3, 2004, pp. 112–119 (in Russian).

[40] Smirnov, A.V., Ilyushin, M.A., Tselinsky, I.V. and Sudarikov, A.M. (2006) Investigation of Tetrazolate Ammine Cobalt (III) Thermal Destruction. IXth Scientific Vishnyakov's Talks, Boksitigorsk Leningrad region – St. Petersburg, March 24, 2006, 1, pp. 196–201 (in Russian).

[41] Astrat'yev, A.A., Dashko, D.V. and Kuznetsov, L.L. (2003) Synthesis and some properties of 1,2-dinitroguanidine. *Russian Journal of Organic Chemistry*, **39**(4), 501–512.

[42] Pepekin, V.I., Kostikova, L.M. and Afanas'ev, G.T. (2004) Explosive Properties of 1,2- Dinitroguanidine. 35-th International Annual Conference of ICT, 2004, p. 95, pp. 1–6.

[43] Klapoetke, T.M. and Miro Sabate, C. (2010) Less sensitive transition metal salts of the 5-nitrotetrazolate anion. *Central European Journal of Energetic Materials*, **7**(2), 161–173.

[44] Klapoetke, T.M., Mayer, P., Polborn, K. *et al.* (2006) 5,5′-Bis-(1Htetrazolyl) amine (H2BTA) and 5,5′-Bis-(2-methyl-tetrazolyl)amine (Me2BTA): Promising Ligands in New Copper Based Priming Charges (PC). 37-th International Annual Conference of ICT, 2006, p. 134.

[45] Cudzilo, S., Szmigielski, R. (2000) Synthesis and Investigations of Some Di-(R-1,2,4triazolato) Copper(II) Perchlorates. *Bul. Wojsk. Acad. Technic.*, **49**, 5–17 (Polish).

[46] Chernay, A.V., Sobolev, V.V., Chernay, A.V., Ilyushin, M.A., Dluugashek, A. (2003) Laser Ignition of Explosive Compositions Based on Di-(3-hydrazino-4-amino-1,2,4-triazole)Copper(II) perchlorate. *Combust. Explos and Shock Waves*, **39**, 335–339.

[47] Illyushin, M.A., Tselinsky, I.V., Smirnov, A.V. and Shugalei, I.V. (2012) Physicochemical properties and laser initiation of a copper perchlorate complex with 3(5)-hydrazino-4-amino-1,2,4 triazole as a ligand. *Central European Journal of Energetic Materials*, **9**, 3.

[48] Patil, K.C., Nesamani, C. and Per Verneker, V.R. (1982) WSynthesis and charcterisation of metal hydrazine nitrate azide and perchlorate compexess. *Synthesis and Reactivity in Inorganic and Metal-Organic Chemistry*, **12**, 383.

[49] Zhu, S., Wu, Y., Zhung, W. and Mu, J. (1997) Evaluation of a new primary explosive: nickel hydrazine nitrate (NHN) complex. *Propellants, Explosives, Pyrotechnics*, **22**, 317–320.

[50] Fronabarger, J., Williams, M. and Bichay, M. (2010) Environmentally Acceptable Alternatives to Existing Primary Explosives. paper presented to Joint Armaments Conference. Dallas, Texas, 20th May 2010.

[51] Chhabra, J.S., Talawar, M.B., Makashir, P.S. *et al.* (2003) Synthesis, characterization and thermal studies of (Ni/Co) metal salts of hydrazine: potential initiatory compounds. *Journal of Hazardous Materials*, **A99**, 225–239, 36–39.
(a) Wojewodka, A. and Belzowski, J. (2011) Hydrazine complexes of transition metals as prospective explosives. *Chemk*, **65**(1), 24–27; (b) Talavar, M.B., Agraval, A.P., Anniyappan, K. *et al.* (2006) Primary explosives: electrostatic discharge initiation, additive effect and its relation to thermal and explosive characteristics. *Journal of Hazardous Materials*, **B137**, 1074–1078.

[52] Grant Wing M.Sc thesis EOE Course Cranfield University, Shrivenham, U.K. 2007.

[53] Wojewodka, A., Belzowski, J., Zenon, W. and Justyna, S. (2009) Energetic characteristics of transition metal complexes. *Journal of Hazardous Materials*, **171**, 1175–1177.

[54] Bandman, A.L., Volkova, N.V., Grekhova, T.D. *et al.* (1989) *Harmful Chemical Substances. Inorganic Compounds of Elements of V–VIII Groups* (ed. V.A. Filov), Chemistry, Leningrad (in Russian).

[55] Ilyushin, M.A., Tselinsky, I.V., Zhilin, A.Y. *et al.* (2004) Coordination complexes as inorganic explosives for initiation systems. *Hunneng Cailiao=Energetic Materials*, **12**(1), 15–19.

[56] Ilyushin, M.A., Tselinsky, I.V., Ugryumov, I.A. *et al.* (2005) Study of submicron structured energetic coordination metal complexes for laser initiation systems. *Central European Journal of Energetic Materials*, **2**(1), 21–33.

[57] Chernay, A.V., Sobolev, V.V., Chernay, V.A. *et al.* (2003) Chapter 11, Ignition of explosives by pulse lasers, in *Physics of Impulse Treatment of Materials* (ed. V.V. Sobolev) Dneropetrovsk, Art-Press, pp. 267–314 (in Russian).

[58] Ajayan, P.M. Terrones, M., de la Guardia, A., *et al.* (2002) Nanotubes in a Flash – Ignition and Reconstruction. *Science*, **296**, 705.

[59] Campion, A. and Khambhampati, P. (1998) Surface-enhanced Raman scattering. *Chemical Society Reviews*, **27**, 241.

[60] Kennedy, J.E., Thomas, K.A., Early, J.W. *et al.* (2002) Mechanisms of Exploding Bridgewire and Direct Laser Initiation of Low Density PETN. Proceedings of the 29th International Pyrotechnics Seminar, IPSUSA, Inc., July 2002, pp. 781–785.

附录 8. A 新型起爆药的性能

炸药	序号	密度 (g/cm³)	超始温度 T/K	感度 撞击	感度 摩擦	感度 静电火花	激光	V_{oD}/ (km/s)	最小 装药量	参考 文献
				J	N	mJ				
LA		4.7	315	2.5~4	6	4.7		5.3	0.025	
LS		3.1	282	2.5~5	40	3.1		5.2	>0.5	
Tetracene	1	1.63	140	<1	3	7.3		5.3		
DTET	2		≈215	<1	<2	3.3				
DADNP	3	1.71	180	100mm	2		vs	6.9		
TATNB	4			5			*			
TAT	5						1.2	s	7.3	
DNBTM	6	1.86	240	1	60	200		8.50		
HNT	7			1	5	<5		8.9		
HAT	8	1.72		<1	<5	<2		9.0		
H2BTA	9			<1						
BTH	10			<1						
BTT	11			<1						
MeBTT	12			2.5				7.8		
DNG	13									
APX	14	1.91		3	80	100		9.7		
DADP	15	1.2						3.3		
TATP	16	1.2		0.3	0.1			5.5		

198

（续）

炸药	序号	密度 (g/cm³)	超始温度 T/K	感度			激光	V_{oD}/ (km/s)	最小 装药量	参考 文献
				撞击	摩擦	静电火花				
				J	N	mJ				
DABCO	17									
HMTD	18	1.57	395					5.1	0.05	
TPNA	19									
DAHA	20						S			
DAATO 3.5	21						vs			
DNBTDO	22		483	4~6	360	150	nd	8.4		
DPDP	23		495						0.07	
5ATP	24									
5ATN	25									
DNBTG	26			10				7.5		
DNBTDAG	27							7.6		
ADNG	28	1.73	197	10	240	400		9.10		K2
K_2NClO_3	29			vs	vs					
$BaNClO_3$	30			vs	vs					
CN_5O_2K	31	2.027	195	6.5	1					19
CN_5O_2Rb	32	2.489	192	5	0.5					
CN_5O_2CS	33	2.986	194	3	<0.5					
$Hg(NT)_2$	34	3.32		2				6.6		
$Hg(NT)$	35	3.5	525K							
$Cu(NT)_2$	36	2.11	550	<1	<5	vs				
$Cu(NT)_2$	37		400	<3						
$HNT.H_2O$										
AgNT	38						s			
$Cu(EDA)_2(NT)_2$	39									
Ag(EDA)NT	40									
DBX1	41	2.58	333	10cm	0.1	3.1		7.0		20,21
AAT	42									
AgAT	43									
AATO	44									
AgATO	45									
CuBTA	46									
AgBTA	47									
CuMeNAT	48									
27CuCltz	49	2.04	300	<1	<5	25	s		0.1	
28CuBrtz	50		292	<1	<5	20	s		>0.5	

（续）

炸药	序号	密度 （g/cm³）	超始温度 T/K	感度			激光	V_oD/ （km/s）	最小 装药量	参考 文献
				撞击	摩擦	静电火花				
				J	N	mJ				
KDNBF	51									14
KDNP	52									15
CP	53									
NCP	54	2.03	265					6.30		
BNCP	55	2.03	269					7.12		
tetrazCO	56									
DNG	57	1.97	280					7.76	0.20	
Azido	58	1.83	185					6.42	>0.5	
CuTANT	59	1.98	200					6.50	0.5	
CuBisNT	60	1.95	16.5						>0.5	
CuBisMeNT	61	2.2	250	5	20	>0.360				
CuBishydtet	62	2.1	259	5	40	>0.36J				
NaFeNT4	63	2.2								
NaCuNT4	64	2.3		10						
ACuNT6	65	2.2		2	0.8	350				
CuHATr	66						<0.01mJ			
CdHATr	67						0.5mJ			
NiHATr	68						0.6mJ			
COHATr	69						1.0mJ			
AgATP	70									
AgATN	71									
AgMeATN	72									
NiHN	73	2.13	220	<2	15	vs	vs	7.0	0.15	
NiHA	74	2.12	186	5	20	s	s	5.42	0.45	
HNiCH	75									

附录 8.B　几种新型起爆药化合物的分子结构

纯有机起爆药化合物

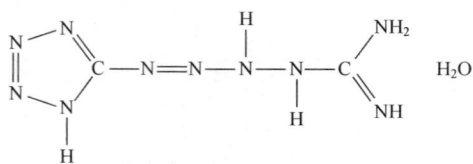

四氮烯{1}

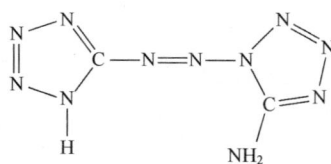

DTET{2}

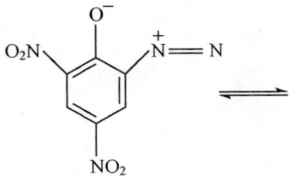

DADNP｛3｝

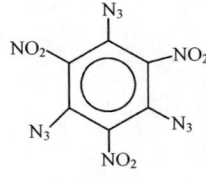

TATNB｛4｝

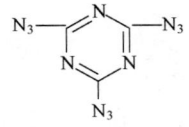

TAT｛5｝

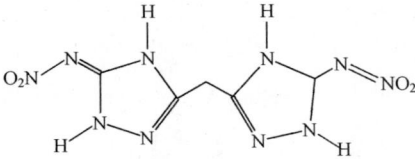

DNBTM｛6｝

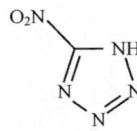

HNT｛7｝

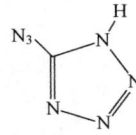

HAT｛8｝

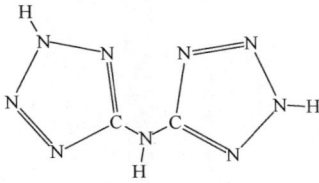

H2BTA｛9｝

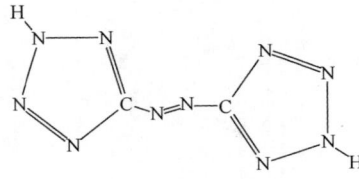

BTH｛10｝

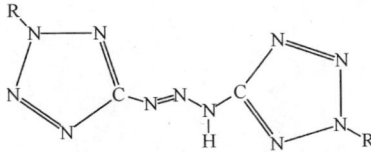

R＝H BTT｛11｝R＝CH₃MeBTT｛12｝

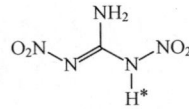

DNG｛13｝

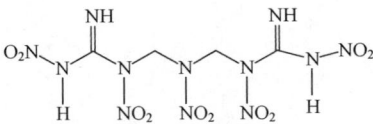

APX｛14｝

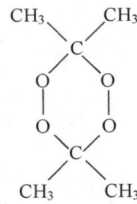

DADP｛15｝

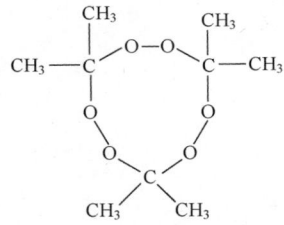

TATP｛16｝

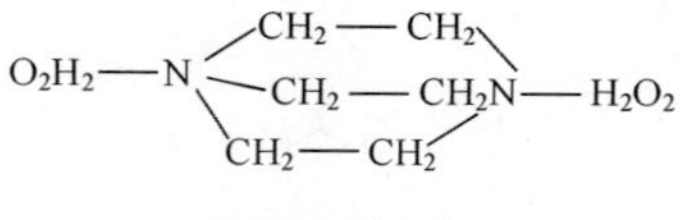

DABCO｛17｝

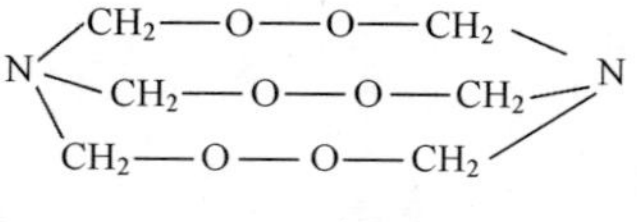

HMTD｛18｝

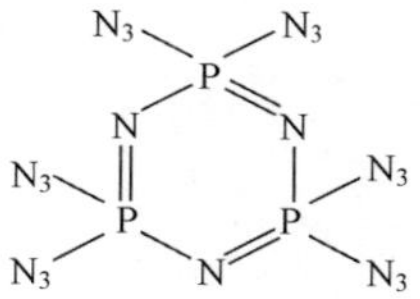

TPNA｛19｝

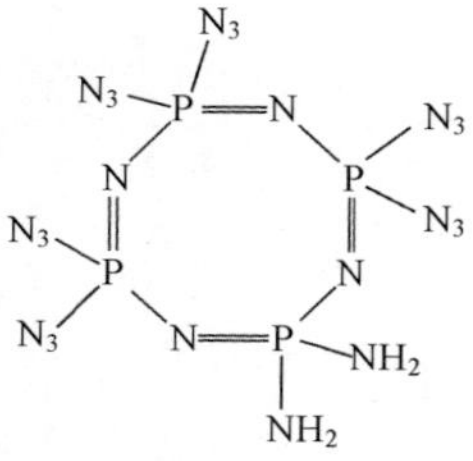

DAHA｛20｝

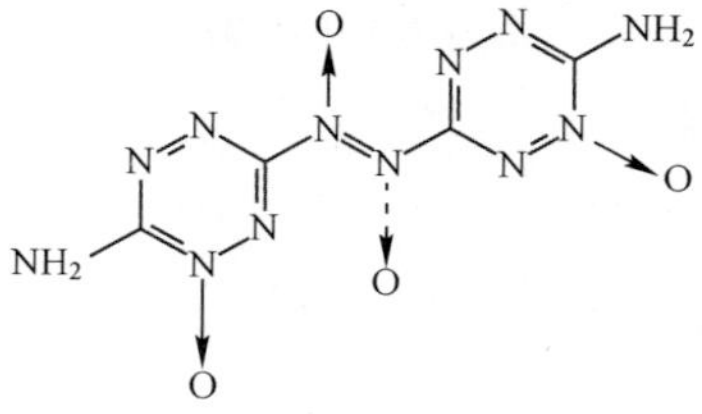

DAATO 3.5｛21｝

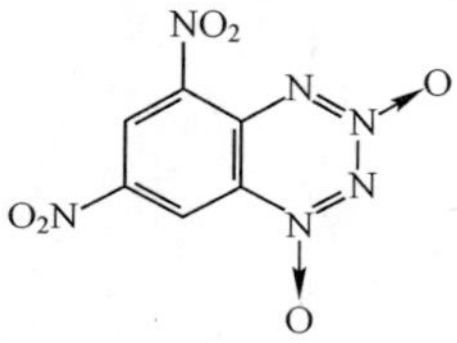

DNBTDO｛22｝

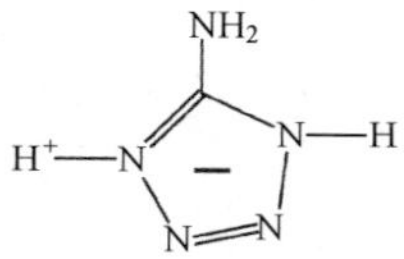

DPDP｛23｝

ClO_4^-（22）
Or
NO_3^-（23）
5AT salts

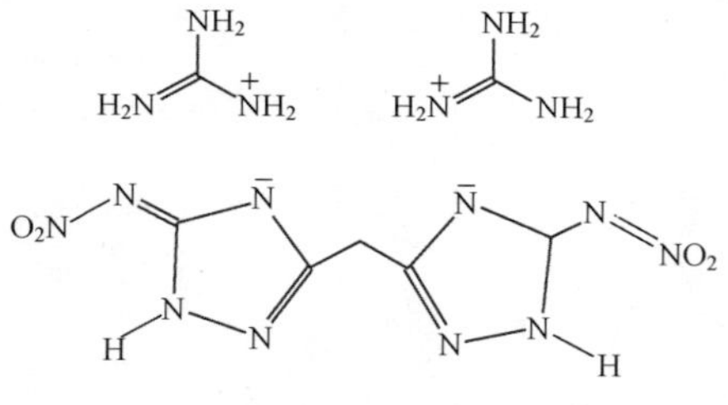

DNBTG｛26｝

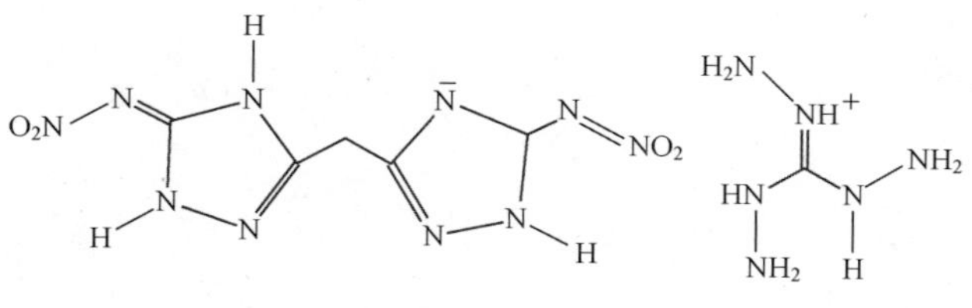

DNBTMDAG｛27｝

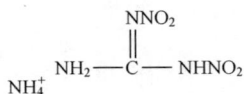

ADNQ｛28｝

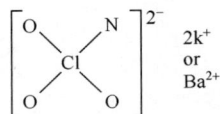

高氯乙胺 K₂⁺｛29｝或 Ba²⁺｛30｝

5-硝基四氮唑化合物｛31｝-｛38｝

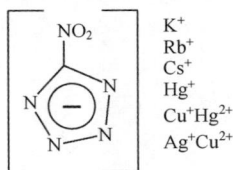

阳离子

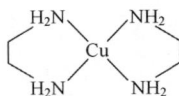

双乙二胺-5-硝基四唑酸铜｛39｝

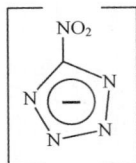

乙二胺 5-硝基四唑银｛40｝

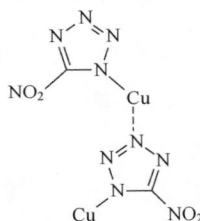

DBX-1｛41｝ Cu₂(NT)₂

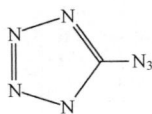

5--叠氮四唑盐

阳离子 NH₄⁺｛42｝

Ag⁺｛43｝

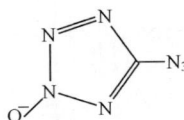

5-叠氮四唑盐-2(N)氧化物

阳离子 NH₄⁺｛44｝

Ag⁺｛45｝

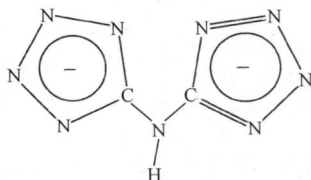

双四唑胺 Cu²⁺｛46｝·2Ag⁺｛47｝

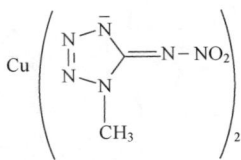

CuMeNAT｛48｝

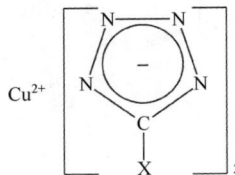

X = Cl CuCltz｛49｝ X = Br CuBrtz｛50｝

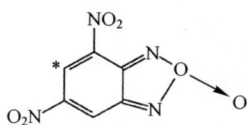

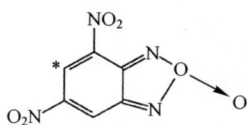

* = K⁺ KDNBF{51}

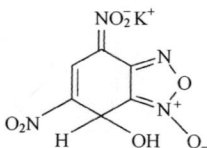

KDNP{52}

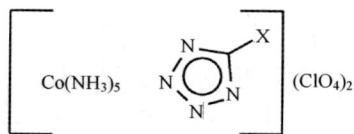

X=CN CP{53}, X=NO₂ NCP{54}

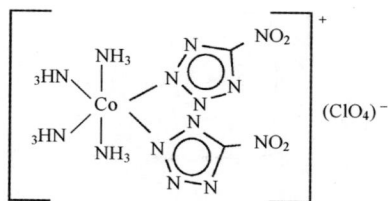

BNCP{55}

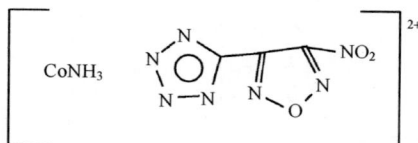

Anions(ClO₄⁻)₂{56} or (DNG⁻)₂{57} 或(N₃⁻)₂{58}

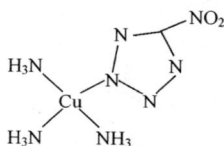

CuTANT{59}

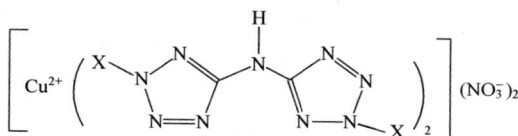

X=H CUBisNT{60}, X=CH₃ CuBisMNT{61}

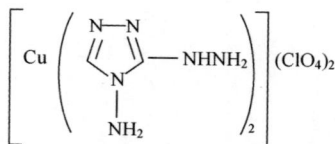

CuBHTAP{62}

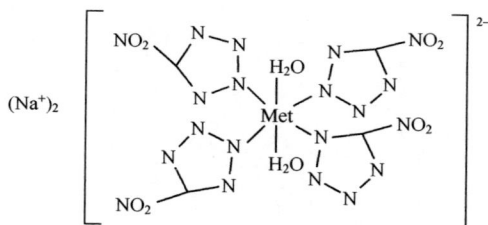

Met=Fe{63} Met=Cu{64}
(NH₄)₄[Fe(NT)₆]={65}

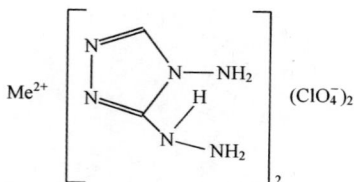

HATt
Me²⁺=Cu{66}, Cd{67}, Ni{68}, Co{69}

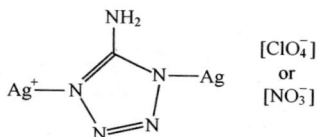

AgATP{70} and AgATN{71}甲基取代 4Ag{72}

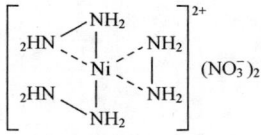

NiHN｛73｝

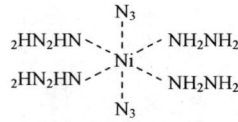

NiHA｛74｝

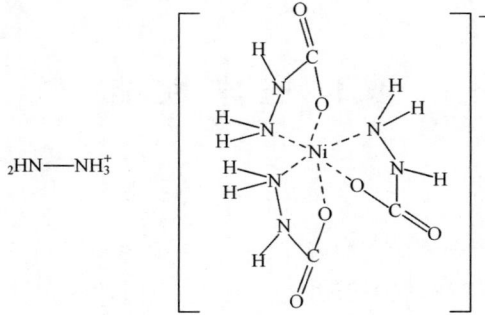

HNiCH｛75｝

$_2HN{-}NH_3^+$

第9章 含能材料的光学性能和热性能

9.1 光 学 性 能

9.1.1 引言

任何光化学或者光物理现象发生之前,必须先经过目标物质吸收激光这一过程,吸收的程度和效率由物质的组分、种类、表面特征、形态以及热性能等参数决定[1]。含能材料发生的能量传递和传播的分子动力学、热动力学随后在各章节中讨论,本章会阐述含能材料的光学性能,特别是光谱吸收性能,这对于预估含能材料发生激光点火的初始阶段与激光相互作用过程和点火的有效性是必需的。

光的反射和散射表示被物质吸收的光的能量,这也是引起入射光能量损失的原因,反过来,这些参数又与光源和物质的性能相关。就光源来说,与波长、能量(非线性的)、入射角、观察角有关,控制反射和散射性能参数与材料存储密度、表面粗糙度、晶型、复合反射系数、颗粒直径以及各组分物质的吸光系数(即被物质吸收的部分入射光)有关,在表面和内部的一些特征热点的空间分布也对样品的光吸收作用有较大的影响。

实际含能材料的反射由镜面反射和漫反射两者构成,镜面反射与表面有关,主要由表面的抛光和闪光程度决定,也就是入射光束在一定角度的表面(和曲面法线有关)反射产生反射光束。漫反射与物质的体积和表面有关,由于物质中微小的不规则表面(如多晶体的晶界、有机物的纤维边界以及粗糙物体的表面)导致入射光束(光子)在所有方向被反弹回去,产生复合反射效果。

在这种情况下,光源发生类似菲涅尔反射的情形,不会形成图像,光被反射到各个方向,其辐射符合朗伯余弦定律。也就是说,从朗伯表面观察到的辐射强度与观察者的视线和曲面法线之间的夹角 θ 的余弦值成正比。众所周知,朗伯表面是理想的漫反射表面,朗伯余弦定律的一个重要结论就是朗伯表面任何一个方向的辐射都相同。也就是说,如对于人眼具有相同的表观亮度,这是因为,虽然给定的某一单位面积的发射能量因为发射角的余弦值减小,观察者所看到的观察区域的表观尺寸(立体角)也减少了对应的数量,因此,设定的单位源面积单位立体角的辐射是相同的。

两种反射过程损失的能量可以通过一些参数反映其贡献大小,例如受压表面的质量、填充密度、颗粒尺度、各组分的吸光率等。采用光滑表面的两个平板压制的粉状材料常常会增加镜面反射部分。据报道,镜面反射的比例会随着压力的增加而增加,这是因为增加了颗粒各个方向的一致性。使光滑表面变得粗糙或者用纸压制粉末通常就会增加反射中漫反射的部分。散射则被认为可能是漫反射过程中的一部分,同时也受到包含材料体积在内的不均一性和缺陷的影响。许多固体含能材料的散射和漫反射占很高的比例,不宜用直视测量结果(菲涅尔反射分析法)预估反射损失量。

9.1.2　相关理论

从现象方面考虑,某一波长的吸收强度 I_a(单位面积上的能量),实际上是所有反射光强度 I_r 和入射光强度 I_i 的差值,反射光的强度来源于定向反射和漫反射,即 I_s 和 I_d,表示为

$$I_a = I_i - (I_s + I_d) = I_i - I_t \tag{9.1}$$

光辐射吸收可由吸收系数或者吸光率 A 表示,吸光率就是为光强度 I_i 被物质吸收的一部分,由入射光强度的方程(9.1)可分为

$$A = 1 - R_t \tag{9.2}$$

式中:R_t 为两种反射导致的光强损失部分。同样,由定向和漫反射(包括散射)引起的损失可由定向反射系数 R_s 和漫反射系数 R_d 表示。

为了在含能材料激光点火或者燃烧过程中有效和高效地利用激光的光学能量,必须知道材料的光谱吸收性能数据。可以通过采用特定的仪器和一些商业性的吸收光谱仪测试反射性数据,通过计算获得特定波长的吸收参数(吸光率)。假设没有被反射的光强度被物质表面吸收,提高了辐射表面温度,且发生的热传递过程符合动力学过程。因此,获得的吸收数据足以匹配特定激光波长下材料的最大光谱吸收量。在某些情况下,点火参数就是吸收系数 k,可通过理论预估得到,具体将在下面进行论述。

吸收系数 k 的测试采用商用的吸收光谱仪,样品需要是半透明状态。不透明的固体物质研磨或者制成粉末溶解或者分散在合适的溶剂中制成胶片,做成半透明材料。不溶解的固体物质可以采用粉末干混的形式分散在半透明的固体颗粒中,如 KBr 晶体,然后制成扁平的薄片。这种薄片可以使用商用的光谱仪获得光谱吸收数据,采用比尔—郎伯定律推算得到光谱吸收指数的值。其中,表示质量分数、吸收系数 A、透光系数 T 关系的一级反应动力学可表示为

$$T = (I_t/I_i)$$
$$A = \ln(1/T) \approx K_a \times l$$

式中：l 为胶片的厚度（液体样品时样品池的厚度）；I_t 为透明度；K_a 为吸收系数。

半透明物质的反射因数可以写为 $N = k(实) + in(虚)$。反射因数的虚部实际是吸收损失的部分，实部源于反射损失的部分，菲涅尔界面反射系数 R_t 可以从下式计算得到：

$$R_t = [(n-1)^2 + k^2] / [(n+1)^2 + k^2] \tag{9.3}$$

吸收系数 $K_a(\text{cm}^{-1})$ 和吸收指数 k 关联，通过辐射场的波长可以表示为

$$k = K_a \lambda_i / 4\pi \tag{9.4}$$

从上述公式可以看出，吸收因数是无量纲的参数。

反射因数 n 和吸收因数 k 可以通过测试某一波长下的吸收光谱 $k(\lambda)$，再通过计算得到，采用基础优化曲线拟合和色散理论进行相关[1]，得

$$n^2 - k^2 = n_e^2 + \sum_j \{\omega_{p,j}^2(\omega_{0,j}^2 - \omega^2)\} / \{(\omega_{0,j}^2 - \omega^2) + \gamma_j^2 \omega^2\} \tag{9.5}$$

$$2nk = \sum_j (\omega_{p,j})^2 \gamma_j \omega \{(\omega_{0,j}^2 - \omega^2) + \gamma_j^2 \omega^2\} \tag{9.6}$$

式中：$\omega_{p,j}$ 和 ω_0 分别为第 j 个振荡器的等离子体和振荡器频率；ω 为辐射（激光）场的频率；γ_j 为振荡器的线宽，折射因数 n_e 的残值发生在可见光/近红外波长范围，最终，任何波长的 k 和 n 值由振荡器和线宽参数决定。需要注意的是，上面的公式应用是基于这样的假设，即样品分散在晶体介质中（如溴化钾）且被压成厚度 d 非常小的薄片，以致满足 $K_a \times d < 1$ 和瑞利-甘斯散射条件[2]。这一公式已被一些学者成功地用于计算一些含能材料的光学常数，如含能键合剂、高能炸药和氧化剂[3]。迄今为止，这种估算方法应用在红外波长范围，这一波段的吸收强度更高。然而，在可见光和近红外波段含能材料的光学性能在实际激光点火机理研究应用中更有意义，主要得益于这一波段的商用二极管激光器和光发射二极管激光器种类多，价格低廉，使用高效、轻便。

在紫外-可见光-近红外波段，常规的商用吸收光谱仪就可以用来获得样品的吸收光谱，使用基于光通过半透明样品的传播方式的常规光谱仪，利用不同的方法就可以获得样品的吸收结果。针对这一点，样品需要溶解于合适的溶剂中，溶剂对材料的吸收特性影响需要评估和考虑。为了避免引入溶剂对材料吸收的影响，样品需要处理成亚微米尺寸的颗粒并分散在实际无吸收的基质中，如KBr，做成小于1mm厚的扁平片。必须注意的是，为确保这些测试的吸收数据结果用于样品的激光点火研究的吸收数据，通常激光光束能穿透样品的厚度可以通过标准吸收光谱仪估算得到，遵从比尔-郎伯定律，公式如下：

$$I_t = I_i \exp - [K_a(\lambda) \times d] \tag{9.7}$$

式中:I_t 和 I_i 分别为发射光强度和入射光强度;d 为样品的厚度;K_a 为与波长有关的吸收系数。

从方程(9.4)可以看出吸收系数与入射光的波长线性相关,穿透深度可以定义为入射光强度下降到 $1/e$ 时样品的长度。从方程(9.7)得到,当 $d=1/K(\lambda)$ 时,表明穿透深度比较短波的长度长,这意味着在任何光化学或者光物理反应发生之前活性样品的体积在紫外-可见光波段会比红外波长段的大。对于穿透深度小的,反应主要发生在表面,更容易被外部压力或者表面束缚(覆盖平板或者外部压力)影响;对于大的吸收深度,在热发生的初始阶段产生大量的热,炸药惯性被束缚,这减少了激光能量阈值,且不受外部条件影响[4]。

9.1.3　应用研究

光吸收不仅与光的波长和材料在某一波长下的光学特性有关,还与目标物上聚焦的光束质量有关。此外,光学吸收还与材料的不同物理性质有关,例如,表面粗糙度、孔隙率、密度(颗粒密度)和纯度。当然,为了增强材料在某一特定波段的吸收,还要考虑加入敏化剂的光学特性。因此,属于同一种类或单一类别的含能材料样品,其光谱吸收特性有所不同,与其物理状态和存放条件有关,其中后者是由于天气的变化导致的。因此,很重要一点是,实际用于激光点火测试的样品的光吸收特性,要使光的波长与材料最大吸收的光的波长相匹配。对于单质或者压制成的非均质的材料,点火数据并不通用。

用于激光点火的研究,光束必须聚焦于目标物的表面以便获得高能量密度满足点火发生过程的需要。值得一提的是,激光束的高度一致性可以借助透镜聚焦光束到一个非常小的区域。就如在第 3 章描述的,激光束可以被聚焦到衍射极限点,比光束初始出口点小 4 个数量级,从而成比例地提高照射在目标上的能量密度。这可能是因为光束强度实际上是高斯分布的,大部分普通的激光源能量分布不均匀,或者说在横截面有热点,这可能导致激光经透镜聚焦后的光的能量密度比预想的衍射极限的情况还要高。任何情况下,在高能量时,吸收都是由多光子过程控制,光电离或者光碎片先于点火、爆轰或者燃烧发生。

在脉冲激励的情况时,所有激光能量的传递并不是瞬时发生的,特别是对于毫秒周期的脉冲。在这样的情形中,动力学过程表明激光束会碰到热的等离子体或者气体,并从辐射目标物区域向激光脉冲的峰值发展,这种情况将在后面激光相互作用过程的章节进行描述。

吸收光谱可以使用商业仪器测试得到,将材料溶在合适的溶剂中,然后和标准样品池(透过长度 1cm)对比。虽然测试获得的数据可以给出材料所匹配的波长,但对于固体样品可能不一定是一个可靠的数值。对于固体样品吸收光谱的测试,红外/KBr片方法通常用于近红外波段的二极管激光器,对于晶体类固体物质可通过破碎使其成为粉末进行制样,这时,亚微米级的母体材料和相近尺寸的KBr粉末混合,压成薄片后进行常规模式操作,这样背景噪声以上的发射光束就会被探测到。对于非晶体类物质,如一些推进剂,样品可以事先用显微镜切片机切成很薄的片。对于一些含能黏结剂,如聚缩水甘油硝酸酯等液体可以夹在两层树脂玻璃片中间,通过加热或者UV辐射固化,然后再用商业仪器测试其特定的吸收谱。

9.1.4　吸收光谱例子

含能材料,包括推进剂、烟火药、炸药和一些含能黏结剂,这些材料的吸收光谱在一些作者的实验中报道过,下面就是一些例子。

9.1.4.1　烟火药

烟火药被广泛用于烟火表演,或者作为难点火含能材料的引发剂。大部分的烟火药组分是由不同的氧化剂、燃料以及所需的黏结剂、塑化剂、稳定剂、固化/交联剂等组成,在本书中相关材料的细节将会另外描述。通常使用的烟火剂材料有我们熟知的火药G20、SR371a和SR44,所有这些烟火剂都将硝酸钾作为氧化剂。SR44用硼粉作为燃料,SR371a将颗粒状的镁作为燃料,SR44和G20用炭黑作为燃料,因此呈现黑色。而SR371a使用不同的添加剂,呈木灰色。这些烟火药的吸收光谱如图9.1所示,部分数据来源于一些作者的实验室报道,有的是从散射光谱推算得来。

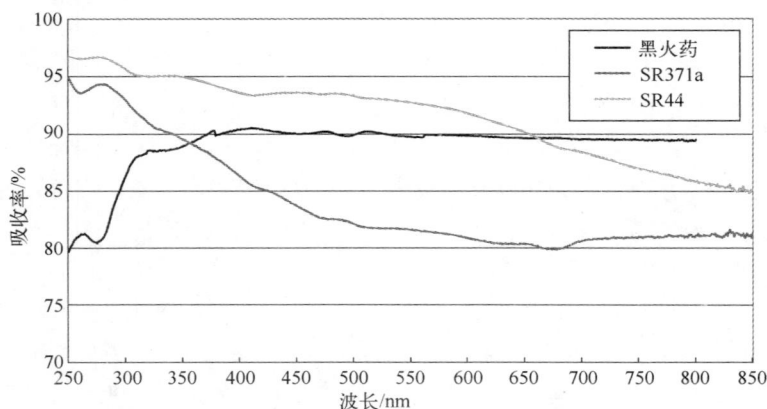

图9.1　一些典型烟火药材料的吸收光谱

从图中显示的三种材料在紫外—可见,近红外波段的光谱(350~850nm)范围吸收率非常高(接近88%),这已经是仪器的极限范围。而SR44和SR371a的吸收随着波长的增加减小,且SR371a比SR44减少快得多。G20烟火药则在整个波谱到近红外段,吸收值一直基本保持恒定。

9.1.4.2　推进剂

推进剂主要用于气体发生器,在不同的应用中提供推进或驱动能量,包括火箭发动机发射。广泛用于商业和军事领域的推进剂主要有3种,按照主要含能组分类型可以分成4类,单基推进剂以硝化棉(NG)作为主要含能材料,另外使用塑化剂或黏结剂、稳定剂等。双基推进剂含有硝化棉(NG)和硝化甘油(NC)两种含能材料,且用机器挤压成型(EDB)。复合双基推进剂(CDB)不含任何NC或NG,通常含有金属Al粉及其他化学合成的氧化剂。另一种常使用的推进剂是主要含高氯酸铵(AP),还有端羟基聚丁二烯(HTPB)和少量的硝胺。含有炭黑、氧化剂及硝化棉(含能塑化剂)、硝化甘油(炸药塑化剂)的两种双基推进剂,其吸收光谱已有报道,复合推进剂的吸收光谱也有报道,这些样品根据其用途进行选择,样品实际上也是不透明的,基于透射测定法,传统吸收光谱仪的使用不能获得有效数据。因此,吸收光谱数据通过从反射数据推算预估得到,反射数据是通过连接在UV-VIS吸收光谱仪(Perkin Elmer, Model-Lambda 9)的内径150mm的积分球(Lambda 9B013-8277)记录获得。这样的测试方法中,近2mm的小薄片的样品从固体材料上切割下来,其表面的漫反射通过光谱仪的极限光谱范围进行记录。入射光大部分以2π的立体角度从表面上被反射出去,将得到的光谱和在相同装置条件下记录的标准光谱(压紧的镁粉)进行比较。可以假设吸收率是强度的百分比,可表示为

$$A(\lambda) = 100 - R(\lambda)$$

式中:$R(\lambda)$为百分比反射率。

3种推进剂样品的吸收光谱如图9.2所示。

CDB-推进剂和AP基推进剂的吸收率高,且是连续的;而挤压成型的双基推进剂,尽管显示出吸收率和波长近似相关,但到了大约550nm,吸收率迅速随着波长的增加而减小。结果显示,在可见激光波长范围内,所有推进剂样品可能容易地被点着。然而,尽管CDB和AP基推进剂连续显示高的吸收率,但对于EDB基推进剂样品的吸收率在接近IR波长时迅速下降。这表明这类推进剂可能并不适合使用实际中很常用的近IR激光点火的候选样品。

9.1.4.3　炸药

常用的含能材料和实际使用的炸药,在紫外波段109~360nm范围内有吸收峰,这些是硝酸根(313nm)、碳酸根(217nm)、亚硝酸根(360nm和280nm)和叠

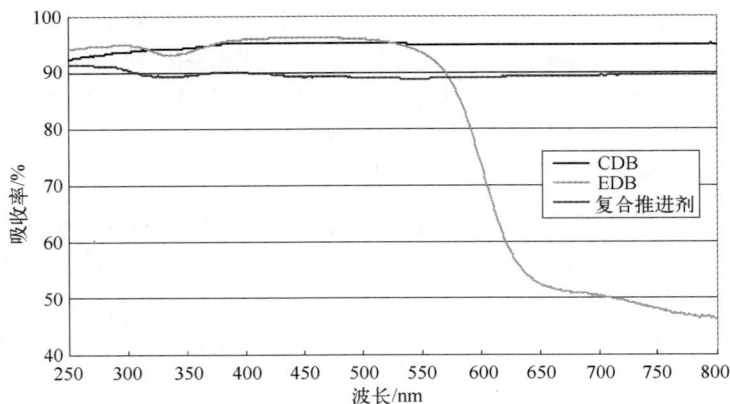

图 9.2　一些推进剂样品的吸收光谱

氮基(230nm)等的 n→π* 跃迁产生。在这些例子中,典型的一类吸收光谱高能炸药材料,如 HNS(六硝基芪),化学式为 $C_{14}H_6N_6O_{12}$,作为典型样品吸收光谱如图 9.3 所示。在近红外波段,高能炸药在 800nm 附近(最高效的二极管激光器输出)的吸收率相当弱。对于所有关于含能材料的二极管激光器点火的试验报道,均须使用染色感光剂或者如配方用到的材料——炭黑。

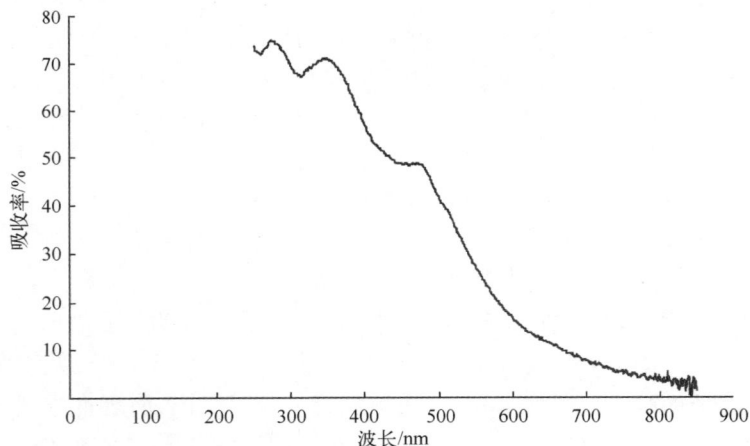

图 9.3　炸药 HNS 的典型吸收光谱

9.1.4.4　低易损弹药(LOVA)

含能材料实际应用中,主要需求之一当然是炸药的最大做功能力,因为近几年对安全的严格要求,在新一代含能材料的合成中有两个因素很重要,其一是贮存期、使用和运输过程中的安全性,其二是炸药材料在生产和处理环节对环境的影响。因此,现在更重视高性能武器在整个寿命周期内的安全性、成本以及终止使用后处理对环境的友好。而满足这些要求和标准的新型含能材料,其开发研究过程复杂,其中许多候选物必须考虑采用几步、甚至更少的步骤合成,且只有极少数候选物能被军方或工业部门选中,而开发含能材料的整个实验过程包括计算机模拟、大量的实验以及测试工作。

满足上述要求的低易损材料的研究导致含有含能和不含能增塑剂及黏结剂的硝胺基推进剂(如 RDX、HMX)取代传统的硝化棉基推进剂。此外,新的钝感高能炸药,如 FOX-7、聚合 NIMO、HTPB 等也是取代相对敏感硝胺的推进剂组分的含能添加物,这些组分的典型化学结构如图 9.4 所示。

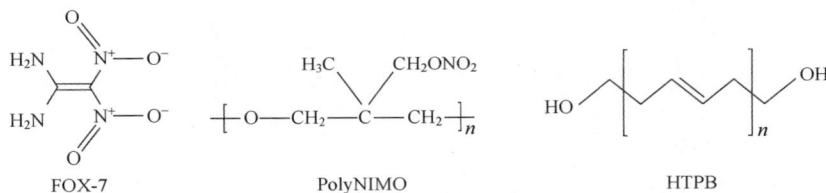

图 9.4　一些有潜力的 LOVA 含能添加剂的化学结构

低易损推进剂和炸药对意外刺激反应不敏感,采用常规的电刺激难以点火,低易损火炮系统的短板就是"非理想点火特效",这就导致其发射精度差、瞎火、延迟发射甚至发射失败等事故,其主要归因于钝感弹药的发展不能满足实际需求。

推进剂和炸药,尤其是低易损火炸药的直接激光点火还没有像烟火剂那样广泛的报道。而针对其他推进剂,据报道,低易损材料点火阈值和点火延迟与激光参数、配方的化学组成以及受限压力有关。点火性能随激光参数的变化通过添加炭黑可以最小化[5],含炭黑推进剂的正常点火阈值数据要考虑表面反射,结果表明点火的容易性增加(较低的点火延迟时间和激光功率密度),与材料的燃烧表面温度低有关。近几年关于使用钝感弹药(IM)方面的研究和研发活动很多,编码为 LOVA1 和 LOVA2 的两种材料的吸收光谱如图 9.5 所示。这种材料[6]主要用于推进剂,也能用于炸药组分的改良剂。在这两种配方中,炸药 RDX 用较多的不敏感含能材料替代,如通常我们所知的 FOX7(1,1-二硝基-2,2-二硝基乙烯,DADNE)。这两种 LOMA 材料的差别是 LOVA1 中敏感黏结剂、醋酸纤维和硝化棉(16%)用 HTPB 取代,LOVA2 中用聚合 NIMO 取代,两种都含有 6%的增塑剂。在现有条件下,减少意外爆炸或燃烧必须妥协于在使用的光吸收波段内非常弱的吸收,这再次表明必须使用光敏剂使光能更有效的转换到含能材料。

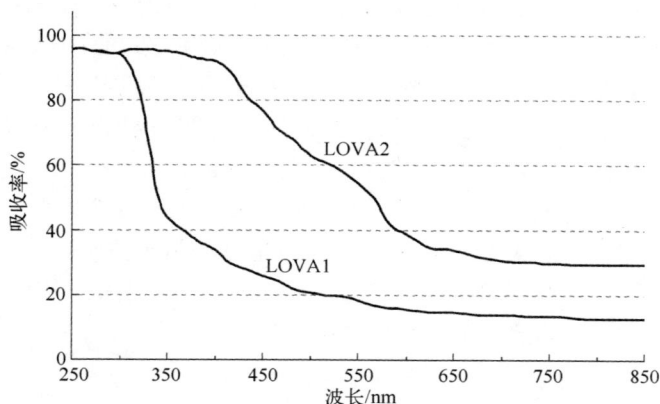

图9.5　两种不同的试验 LOVA 推进剂的吸收光谱

9.1.4.5　光敏剂

在特定的含能材料中加入光敏剂实现有效和高效点火,光敏剂必须满足以下要求:

(1) 吸收峰值要与选择的激光波长相匹配;

(2) 在宽波段情况下具有尽可能高的吸收率;

(3) 各组分在物质内部的物理分散均匀;

(4) 敏化剂含铝尽量少,不影响材料的能量;

(5) 使用的材料必须对主体物质是内相容的。

作为敏化剂的 IR 吸收染料使用的优点,即这种染料通常可以以合适的价格购得,或者具有特定的吸收谱线(窄的吸收波)与点火激光波长相匹配。由于一般一些染料在近红外波长有高的吸收率,因此可以用于痕量浓度测试。然而,化学染料往往和含能材料母体物质发生化学作用,且在贮存或材料的处理过程中很难避免不暴露在环境或温度的情况。

化学敏化剂波长的选择性的优点就是高吸收率(70%~80%),可以与炭黑(CB)相比拟的宽波段吸收,商用的炭黑粉具有不同的粒度分布,与上述有潜力的光学敏化剂的要求相一致,且容易获得。但是,含能材料的有效和高效激光点火需要的量较多,会影响材料的能量。关于在近 IR 波段使用化学染料作为敏化剂用于含能材料中的报道比较少。一些商用的红外吸收染料的例子如表9.1所列,这些染料在含能材料母体中的相容性、反应性和安定性需要进一步研究和评估。

表9.1 一些商用有应用前景的敏化剂的近IR吸收染色特性

产品代码	供 货 方	溶 剂	最大吸收波长 /(±1/2 80%波长)	吸收率 /(L·g^{-1}·cm^{-1})
Epolight™5768	美国依普林公司	丙酮	791 nm（≈15nm）	292
IR dye 9798	美国AGC公司	—	798nm（≈15nm）	157
NIR800A	美国QCR试剂公司	甲醇	800nm（≈25nm）	297
NIR805B	美国QCR试剂公司	甲醇	805nm（≈15nm）	400
IR Dye 9807	美国AGC公司	—	807nm（≈15nm）	409
NIR811A	美国QCR试剂公司	二甲替甲酰胺	811nm（≈15nm）	342
ADS800AT	美国ADS公司	甲醇	811nm（≈20 nm）	254
ADS815EI	美国ADS公司	甲醇	815 nm（≈20 nm）	352

9.2 热 性 能

9.2.1 引言

含能材料的激光点火分析中,其热性能通常用3个参数表示:热容、导热系数和热扩散系数。这些是块状样品的性能,使用不同的商业仪器能够测试得到,或者使用基础参数预估。需要注意的是,当使用文献上的数据时,若样品与引用数据的相同种类的理想样品差距较大,需要多加核对。这些参数的定义及其他相关方面会在下面进行简单描述,这些参数对于含能材料的点火温度、点火延迟时间以及最小激光点火能预估是必需的。

9.2.2 热容

当一个对象被加热时,温度会升高;反之,被冷却温度则会下降。传递或者移走的热量 q 和温度变化 ΔT 之间的关系简单可以表述为

$$q = C\Delta T = C(T_f - T_i) \tag{9.8}$$

上述公式中比例常数称为热容 C,因此,热容是物质在某种程度上提高温度为1K时需要的热量,温度变化就是最终温度 T_f 和初始温度 T_i 的差值。在SI国际体系中,单位是焦耳每开尔文(J/K),许多出于试验和理论的目的,热容作为主要性能更合适,其与材料的尺寸或数量无关,通常通过单位质量来表达其性质。出于实际考虑,国际标准要求热容指定用比热容或者比热来表示,也就是单位质量来表示,如J/(kg·K)。在一些应用中,用摩尔浓度(摩尔数)表述质量,

比热容就表示为 J/(mol·K)。有些时候,尤其对于固体和液体,比热容可以用体积热容表示,国际单位必须表示为 J/(cm³·K),比热容由物质的密度简单区分。

9.2.3　导热系数

导热系数 k 和材料的导热性有关,当在固体或静止的液体介质中存在温度梯度时,导热就会发生。传导的热量的流动发生在温度降低的方向,因为较高温度等同于具有较高的分子动能或更多的分子运动,包括能量在内部进行转移,作为整体没有任何质量运动。导热系数 k 可以定义为在稳定状态下表面法线方向的单位面积 A 通过单位厚度 L 因单位温度梯度 ΔT 产生的热量 Q,当热转移仅仅与温度梯度有关时,可表示为

$$k=Q \times L/(A \times \Delta T) \tag{9.9}$$

导热系数 k 的单位是焦每厘米每秒每摄氏度($J \cdot cm^{-1} \cdot s^{-1} \cdot ℃^{-1}$),由于 J/s 是能量单位,所以在国际 SI 单位中导热系数也可以表示为瓦每米每开尔文($W \cdot m^{-1} \cdot K^{-1}$),我们知道的傅里叶定律,也就是热传导定律描述的是通过材料的热转移时间变化与温度梯度的变化成反比,与温度梯度垂直的方向的面积也成反比,通过这一面积热量会减少。在不同的情形下,局部能量降低。对于同类物质,常温下只考虑两个末端之间的一维几何量,热量减少比例是热方程的基础,可表示为

$$\Delta Q/\Delta t=-k \cdot A(\Delta T/\Delta x) \tag{9.10}$$

式中:A 为细薄片材料的有效横截表面积;ΔT 为两端的温度差;Δx 为两端的距离;k 为之前定义的导热系数。

用于含能材料导热系数测试的装置可以通过采购获得,其都是基于微量热计或光声光谱原理。从出版的文献引用的一些含能材料的热性能数据如表9.2所列。

表9.2　一些含能材料和敏化剂的热性能数据

材　　料		点火温度/℃	热容/($J \cdot g^{-1} \cdot ℃^{-1}$)	导热系数/($J \cdot cm^{-1} \cdot s^{-1} \cdot ℃^{-1}$)
猛炸药	HMX	335[7]	1.05(37℃)	5.02×10⁻³(25℃)
				4.05×10⁻²(160℃)
	HNS	325[7]	1.02(37℃)	—
	RDX	260[7]	0.97(37℃)	1.08×10⁻³(41℃)
光学增感剂	碳	400[8]	0.71(27℃)	1.19~1.65(27℃)
	化学染料 D	222[9]	—	—
推进剂	双基(DB)	≈200[10]	1.38	—
	复合改性 DB	≈200[9]	1.3	—

9.2.4　热扩散率

热扩散率测试的目的就是热惰性的测试,热通过一个热扩散系数高的物体就会快速移动,因为物质的传导热相对于体积热容或热体快速得多。通常,物质并不需要多的能量转移或者从其周围环境中获得热量达到热平衡。在热转移过程中,热扩散率 α 就是通过密度和比热容与导热系数区分的,在国际单位制中,可表示为

$$a = k/(\rho C) \tag{9.11}$$

式中: k 为导热系数 $(\mathrm{W} \cdot \mathrm{m}^{-1} \cdot \mathrm{K}^{-1})$; ρ 为密度 $(\mathrm{kg} \cdot \mathrm{m}^{-3})$; C 为比热容 $(\mathrm{J} \cdot \mathrm{kg}^{-1} \cdot \mathrm{K}^{-1})$ 。

热扩散率一般用热冲击或者激光冲击的方法进行测试,用短的能量冲击薄的圆盘样品的前面,测试样品后面的温升,未知样品的比热容通过和参照样品比较得到。能量冲击加热平行样品时,因能量输入从正面到背面时间与温升的关系,样品的热扩散率越高,能量到达背面就越快。测试热扩散率的常用装置可以广泛获得。在一维绝热的情况下,热扩散率 k 通过下面温度增加的公式计算得到:

$$a = 0.1338(d^2/t_{1/2}) \tag{9.12}$$

式中: d 为样品的厚度; $t_{1/2}$ 为达到最大值的 1/2 需要的时间。

参 考 文 献

[1] Brewer, M.Q. (1992) *Thermal Radiative Transfer and Properties*, John Willey and Sons, NY, p. 162.
[2] Bohren, C.F. and Huffmann, D.R. (2010). *Absorption and Scattering of Light by Small Particles*, Wiley-Interscience, New York, ISBN 3-527-40664-6.
[3] Isbell, R.A. and Brewer, M.Q. (1998) Optical properties of energetic materials: RDX, HMX, AP, NC/NG and HTPB. *Propellants, Explosives, Pyrotechnics*, **25**, 218–224.
[4] Östmark, H., Carlson, M. and Ekvall, K. (1994) Laser ignition of explosives: effect of laser wavelength on the threshold ignition energy. *Journal of Energetic Materials*, **12**, 63–83.
[5] de Yong, L., Nguyen, T. and Washi, J. (1995) Laser ignition of explosives, propellants and pyrotechnics. Technical report, Aus. Gov. Of Def. Report # DSTO – TR-60068.
[6] Sanghvi, R.R., Sundaram, S.G., Kulkarni, M.W. *et al.* (2005) Studies on ignition of TPE based RDX propellants by laser impulse. *Journal of Scientific and Industrial Research*, **64**, 175–180.
[7] Jacqueline, A. (1998) *The Chemistry of Explosives*, The Royal Society of Chemistry, Athenaeum Press Ltd., UK.
[8] http://www.taftan.com/thermodynamics/IGNITION.HTM.
[9] Crawford, B.L., Huggett, C. and McBrady, J.J. (1950) The mechanism of the burning of the double-base propellants. *The Journal of Physical Chemistry*, **54**(6), 854–862.
[10] Polo, M.J. (2010) Low flux radiative ignition studies of ammonium perchlorate composite propellants. Thesis, University of Illinois, USA, p. 21.

第10章　激光与含能材料相互作用相关理论

10.1　引　　言

含能材料具有多种化学和物理特性,激光也有尺寸、形状以及不同波长的多种输出能量等诸多特征。在实际应用中为了实现有效和高效点火,选择的材料性能必须和使用的激光装置匹配。对于特定的材料,有特殊用途的、需要在市场中购置或者定制与其光学性能最匹配的激光装置,这些光学性能需要以点火延迟时间或者以最小激光能量密度(目标物单位面积的能量)为特征参数。对于一些市场上可以购得的适用的激光装置,样品需要使用敏化剂改善以获得想得到的结果。但是,能够采用最小能量获得这些材料的点火性能,且从工艺合理性、经济实用性和商业可获得的激光源的最小能量,需要和材料的最小化学修正匹配。在紫外波段,例如,Nd:YAG 激光器在 215nm 的第四调谐激光(对应光子能量 4.4eV),可能直接光解离或离子化导致放热键断裂,在这种情况下,低的激光能量密度足以使目标物发生点火。然而,这样的激光源,即使在低能量下操作,也通常是体积大、昂贵、笨重,并不适合实际激光点火发生装置的应用。

还有一种红外激光器,波长为 10.6μm(对应光子能量约为 0.11eV)的 CO_2 激光器和波长为 1.06μm(对应光子能量约为 1.1eV)的 Nd:Yag 激光器,峰值能量密度可以达到几 GW/cm^2,可以直接引发光电离,由多光子光学效果引发点火。这类型的激光器体积大,也不适用于主要的激光点火应用。可以设想商用的、经济型的可行的激光源,使用波段在紫外和红外范围内,可以在将来获得。但目前,激光点火应用的激光器最具应用前景的是便宜还好用的二极管激光器。因此,现在使用二极管激光器重要的一点是其波长在近红外波段 750~850nm,这是因为这一波段的二极管激光器体积小、高效廉价,输出能量高,且有很多途径可以购买,能适用于炸药、推进剂或烟火药的初始点火。

10.2　激光相互作用参数

含能材料发生点火在不同类型的材料可能引发的事故种类不同,在烟火剂表面某一点或块状材料的点火通常可以引发持续燃烧,这种过程也传播到材料的一定深度和宽度,直到消耗殆尽成为一堆灰。在固体推进剂点火中,在受限或半受限空间中,会快速燃烧且在材料中以亚声速的速度传播,也就是通常所说的爆燃,产生的气体产物导致推进剂推力进入受限体系。在固体高能炸药中,在某些环境条件下,点火会导致爆燃,在材料内以超声速传播,发生爆炸。

影响含能材料激光点火的参数,以光学相互作用过程的理论分析为导引,总结如下。

10.2.1　激光参数

- 光子能量（激光波长,nm/μm）;
- 光子勒克斯（光子数与平均能量的比值,J/s）;
- 峰值能量（激光脉冲最大能量,W）;
- 能量密度（峰值,W/cm²）;
- 光束一致性（定义为热点或高斯分布）;
- 辐射周期（脉宽；ns/μs/ms）;
- 聚焦程度（定义为能量密度和控制热量损耗）。

10.2.2　物质的参数

- 目标物表面光谱吸收率;
- 材料内部光敏剂的性能;
- 块状材料的导热系数;
- 块状物质的均匀性;
- 材料的化学组成和形貌;
- 材料的点火温度。

在分析中使用的激光器参数的定义、特征和量纲见表 10.1。

表 10.1　在 LI 过程分析中使用的材料和激光器参数

代号	说　明	量纲（SI 单位）
α_a	光吸收系数[①]	（1/长度）,m^{-1}
R_{rel}	光发射系数	无量纲
P_0	光束中心的激光能量	瓦（W）
$I(r)$	目标物表面上距离激光中心某一距离处的激光能量密度	瓦/平方米（W/m^2）
I_0	光束聚焦后的激光能量密度	瓦/平方米（W/m^2）
t_1	激光辐射周期(脉宽)	秒（s）

（续）

代号	说　明	量纲（SI 单位）
ω	光束半径	米（m）
ε_1	辐射到目标物上的激光总能量	焦耳/平方米（J/m^2）
E_{ign}	最小点火能	焦耳/平方米（J/m^2）
E_a	活化能	焦耳/摩尔（J/mol^1）
Q_{las}	单位体积热能	焦耳/立方米（J/m^3）
d	热扩散系数	米^2/秒（m^2/s^1）
k	导热系数	瓦/（米·开尔文）（W·m^{-1}·K^{-1}）
ρ	密度	千克/立方米（kg/m^3）
C	比热	焦耳/（摩尔·开）（J·mol^{-1}·K^{-1}）
T_0	样品所处环境温度	开尔文（K）
T_{ign}	点火温度	开尔文（K）
① 在第 9 章中吸收系数用的表征参数为 K_a		

作用于目标物表面的激光能量密度调节,常规的方法分为两种:一种是通过调节二极管激光器内电流,控制电子能量盒中的电压,改变激光能量,或者在光束路径中使用中心密度过滤器改变激光能量;另一种方法是使用聚焦透镜改变目标物上光束直径。

10.3　数学形式体系

10.3.1　基本概念

主导激光与含能材料相互作用的理论基础是固体物质内部的常规传热方程[1]。点火发生过程是含能材料对热不稳定性的直接表现,这种不稳定性使得含能材料,尤其是高能炸药,在生产、运输、处理和贮存过程中相当不安全。但是,对热的不稳定使得这些材料可以通过燃烧或爆炸释放其内部能量。在任何应用中,为了让材料高效释能,需要加热物体,这种容积热必须始于表面或者表面的某一点,然后传递到整个体积内。为了提高燃烧或爆炸效率,材料需要点燃,点燃和环境有关,持续燃烧或沿着材料的深度和宽度传播直到消耗殆尽,或者在物体内以超声速的速度传播发展直至最终发生爆炸。

点火的发生有很多方法,通常的方法有冲击点火、摩擦点火、电点火等,对于二代炸药,通常也采用冲击波点火,引炸药爆炸产生的冲击波反过来作用二代炸药。在最初的 20 年,采用激光作为能量引发点火考虑到影响燃烧或爆炸,直到今天,这个问题同样被一些生产、处理、分配、使用这些材料(特别是炸药)的机构高度关注,不管是出于政治还是经济的目的。当激光引入到固体材料表面时,光学能量部分被反射,部分被散射,一部分被材料表层吸收,吸收能量的部分和材料的光学特性、物理性能以及热性能有关,而且还与激光辐射的强度和波长有关。在稳定的规定的条件下,激光加热会连续几个阶段,即内部加热、预点火化学反应和自持续燃烧三个阶段,而同时燃烧过程也在远离受激光影响的样品区域或样品的某一点。

依赖于脉冲激光器的竞争发展历史和材料发射动力学的发展,已确定激光自吸收导致其能量稍微减弱,引起材料点火的发展过程和几个区域如图 10.1 所示,图 10.1 是假定和理想条件下材料随激光辐射可持续点火的发展历程。

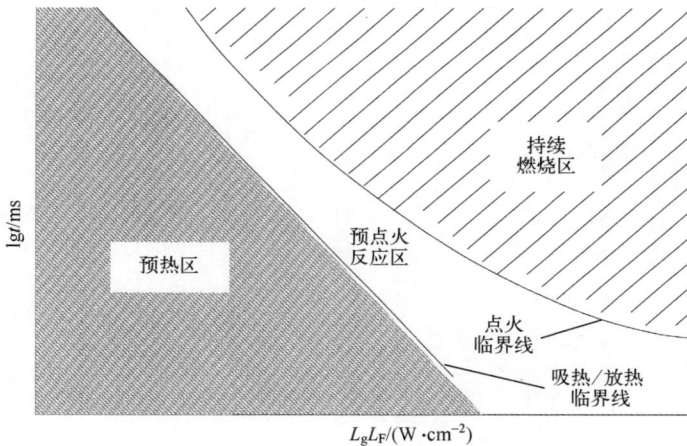

图 10.1　激光点火时间历程示意图(点火图)

激光点火随时间变化图,即点火图,是激光辐射时间(毫秒内)对激光能量密度绘制的图。在低功率密度时,样品仅仅发生内部加热过程,随着热传导和对流导致的热损失比激光源产生的热高时,当超过激光能量密度的临界值,吸热和放热反应开始发生,这一区域的反应随着激光能量密度的增加迅速增快;当激光能量密度较高时,点火动力学发生变化,点火阈值就达到一个高值。过了这个临界值,点火能量足以维持材料的持续燃烧或者爆燃,整个物体烧完。最终的结果(推进剂产生气体或者炸药发生爆炸)是由燃烧过程的速度控制的,将在后面进行讨论。

10.3.2　光吸收

容积在激光作用的初始阶段受到影响,定义为激光聚焦目标物表面的区域

和表层深度的乘积。后者定义为激光束在激光强度下降到其峰值的$(1/e)^{th}$时的穿透深度,可表示为

$$\delta_s = 1/\alpha_a \qquad (10.1)$$

其中,$\alpha_a(cm^{-1})$是和波长有关的吸收系数,在标准比尔-朗伯方程中为

$$I(z) = I_0 \exp(-\alpha_a z) \qquad (10.2)$$

式中:I_0为入射到目标物上的能量密度(P_0/面积);$I(z)$为沿着样品深度方向的深度z时的能量强度。

需要注意的是,方程(10.2)不包含表示反射损失的因素。吸收系数α_a,和维度有关的参数,吸收因数k,是材料反射吸收的虚部,且$\alpha_a = (4\pi k)/\lambda$,因此,从方程(10.1)可以得到表层深度为

$$\delta_s = 1/\alpha_a = \lambda/(4\pi k) \qquad (10.3)$$

式中:λ为光的波长。对于不透明的材料,k通过测试或者从材料的其他性能推算得到(见第9章)。

10.3.3　光反射

在关联入射光到样品的效率时,反射率是一个关键的参数。在随后的分析中,入射光强度I_{in}定义为光束作用到目标物上单位面积上的能量,例如$I_{in} = P_{in}/(\pi w^2)$,其中$w$是在光束中心最大能量的$1/e^{th}$时在目标物上光束的半径。目标物吸收的能量(反射损失后)与P_{ab}和入射光作用到样品上的能量有关,也称为反射系数因数:

$$R = 1 - (P_{ab}/P_{in})$$

反射损失主要有两部分:镜面反射和漫反射。镜面反射发生在材料表面,是因为这一过程和表面的粗糙度有关,也和其与光的颜色有关的颜色相关。漫反射和材料的物理光学特性有关,例如压装密度(粉体)、晶型、复杂的折射率、材料组分的吸收率等。这类反射能够从样品的表面和内部发生,后者是因散射过程。反射系数最常用的是连接在商用吸收光谱仪的积分球测试方法,因此,通常采用标准件(如压制$BaSO_4$粉末)测试,吸收的能量和入射光的关系如下:

$$P_{in} = P_{ab}/(1-R) \qquad (10.4)$$

10.4　热转移理论

通过激光束作用在材料表面产生热量,随后这些热量向样品内部传递,组成了含能材料的激光点火理论基础。在含能材料中采用数学形式描述点火过程之前,要先回顾固体物质的热转移理论。传热方程任何相互作用过程中首先遵从

能量守恒定律。当固体物质(或凝聚相)通过外部热源作用,其表面产生热量,能量守恒表示如下:

$$(Q_{in}-Q_{out})=(Q_{gen}-de/dt)$$

式中:Q_{in} 和 Q_{out} 分别为进入体系的能量和从体系放出的热量;Q_{gen} 为在体系内部产生的热量;de/dt 为内部能量散失速率。

上式左边表示热流密度(样品内部散失的进热量);右边表示单位体积的净能量,这个能量是在激光辐射期间内($t_0 \rightarrow t_t$)样品的单位容积内能($e_0 \rightarrow e_t$)的增加产生的。用数学形式表达为

$$\nabla Q=(Q_{gen}-de/dt) \tag{10.5}$$

内能的变化由样品的温度与环境温度的增加量来确定,可表示为

$$de/dt=\rho C(dT/dt) \tag{10.6}$$

式中:ρ 和 C 分别为材料的密度和比热容。热量从冷到热减少的现象采用傅里叶热转移定律表示为

$$Q=-k\times\nabla T \tag{10.7}$$

式中:"$-$"符号表示热从较冷到较热区域传递;k 为材料的导热系数,$W\cdot m^{-1}\cdot K^{-1}$(国际单位)。

结合方程(10.5)~方程(10.7)重新排列,可得到传热方程如下:

$$\nabla^2 T-(1/\alpha_d)(\partial T/\partial t)=-(1/k)\times Q_{gen} \tag{10.8}$$

式中:α_d 为样品的热扩散率,$\alpha_d=k/(\rho C)$,m^2/s^{-1},是热通过表面的传播速率。

上述方程表示了外部刺激产生净热能后温度与时间的关系。激光作为刺激能源,对于单质固体含能材料(如炸药),能量项应该是吸收激光能量的样品的体积热容和炸药内部放热反应产生的热的加和,因此上述方程可以写成

$$(1/\alpha_d)(\partial T/\partial t)-\nabla^2 T=1/k(Q_{ex}+Q_{laser}) \tag{10.9}$$

式中:Q_{laser} 为单位有效容积激光产生的能量,W;Q_{ex} 为放热反应导致单位容积产生的能量,W。

放热反应产生的热假设遵从阿累尼乌斯动力学方程,对于零阶阿累尼乌斯动力学方程,表示为

$$Q_{ex}=E_{re}(\rho\alpha_d C/k)\exp P(-\alpha E_a/k_B T) \tag{10.10}$$

式中:E_a 为活化能,J/mol;E_{re} 为反应产生的能量,J;k_B 为玻耳兹曼常数;T 为样品所处环境温度,K。

需要说明的是,$k_B=R/N_A$,R 为通用气体常数,N_A 为阿伏加德罗常数。在化学上常用 R 代替 k_B,活化能表示为 kJ/mol。

方程(10.8)的第二项考虑了激光吸收产生的能量,光束在目标材料上的能量分布呈高斯分布,强度分布可表示为

$$I(r) = I_0 \exp(-r^2/\omega^2) \tag{10.11}$$

式中：I_0 为目标物表面获得的激光有效能量峰值；r 为有效加热区域半径；ω 为峰值强度 $1/\mathrm{e}^{\mathrm{th}}$ 时的光束半径。

当 $I(r) = P(r)/(\pi\omega^2)$ 时，P 为总的有效光学能量。

当激光作为能量，时间和空间与样品单位有效容积产生的能量的关系表示为净输入能量（反射损失后的能量）的产生和部分光被吸收，因此，从方程（10.2）和方程（10.10），表示为能量强度，可得

$$Q_{\mathrm{laser}} = (\pi\omega^2) I_0 \exp(-\alpha z) \exp(-r^2/\omega^2) \tag{10.12}$$

利用方程（10.9）和方程（10.11），方程（10.8）中传热方程可表示为

$$\begin{aligned}
[(1/\alpha_d)(\partial T/\partial t) - \nabla^2 T] &= E_{\mathrm{re}}(\rho\alpha_d C/k) \exp[-E_a/(k_{\mathrm{B}} T)] \\
&+ (\pi\omega^2/k) I_0 \exp(-\alpha_a z) \exp(-r^2/\omega^2)
\end{aligned} \tag{10.13}$$

激光与含能材料相互作用的理论分析的目的之一就是减少预估样品在某一点相互作用的点火发生光学能量的临界值的方程，这意味着方程需要与关键能量或者最小激光能量关联，这个能量可以表示为图 10.1 点火图中的临界值上。从激光和材料参数方面说，能够维持材料的燃烧，作用到样品上单位面积的激光能量 E_1 表示为

$$E_1 = (P_1 \times t)$$

式中：t 为激光辐射时间。

最小能量可以通过固定持续时间增加激光强度（高于较低限值），或者固定激光强度增加持续时间，因入射激光使温度升高，激光参数和材料参数相关联的方程（10.2）不能获得求解，得到点火发生时的点火温度或者最小能量的关键值。然而，在有些情况下，可以用简化假定的方式解决。为了解析方程（从引用文献收集的数据），进行了下面这些假设：

（1）样品是均质的，热点的影响可以忽略；

（2）样品在温度达到相应的点火临界线前是惰性的（见图 10.1）；

（3）光束作用的区域相对于可忽略的热损失的横截面足够大；

（4）点火温度 T_g 就是从激光辐射开始的时间 t_i。

在上述条件下，热转移仅仅考虑沿着样品深度（z）传播，激光引发点火的传热方程（10.13）可表示为

$$(1/\alpha_d)(\partial T/\partial t) - \nabla^2 T = (\pi\omega^2/k) I_0 \exp(-z) \exp(-r^2/\omega^2) \tag{10.14}$$

温度 $T(z, t)$ 是样品的深度距离 z 的函数，因此，容积内的初始温度可以由表面的激光光束面积和表层深度[方程（10.14）]进行描述，即 $T(z,0) = T_0$，就是样品在激光作用前的环境温度，随着激光辐射时间增加，热扩散开始，沿着深度 z 放射状扩散，温度梯度表示为

$$t>0 \text{ 时}, z \rightarrow 0, \partial T/\partial t \rightarrow 0 \tag{10.15}$$

上面描述的点火温度 T_{ign}，就是当时那点的温度，温度梯度 $\partial T/\partial/t = 0$，例如温度是最大值。

激光辐射时间 t_1 或者脉冲激光器辐射脉冲的脉宽 t_p，方程（10.14）最后考虑的因素是热沿横截面扩散，能够在扩散系数的参数中表示，引入方程（10.18），得到 $r = (\alpha_d \times t_1)$，方程（10.14）可写为下面形式：

$$(1/\alpha_d)(\partial T/\partial t) - \nabla^2 T = (\pi \omega^2/k) I_0 \exp(-\alpha_a z) \exp(\alpha_d^2 t_1^2/\omega^2) \tag{10.16}$$

假定热扩散系数足够小，截面加热可以忽略，那么上述方程可进一步简化。如果激光作用面积比吸收深度大得多，如：

$$\omega > \alpha_d \times t_1$$

因此，对于相对短的脉冲激光辐射时间，样品的热扩散速率很慢，而较大的激光作用面积要和需要的激光能量密度相匹配，传热方程能够进一步简化为

$$(1/\alpha_d)(\partial T/\partial t) - \partial^2 T/\partial^2 z = (\pi \omega^2/k) I_0 \exp(-\alpha_a) \tag{10.17}$$

上述方程中吸收系数 α_a 的单位为沿 z 方向的单位长度的热量；上述的表层深度可以作为激光辐射时间参数中的点火深度，表示为

$$\delta_{ign} = (\alpha_d t_1)^{-1/2} \tag{10.18}$$

传热方程现在能够求解得到临界点火能量，对应点火能 $I_{ign}(\varepsilon = I_{ign} + \tau_1)$，也就是需要可持续燃烧（或者炸药在约束条件下爆炸）的临界激光能量阈值，这个值还与测试的激光和样品的参数有关。还有文献报道[2-5]提供方程（10.16）在不同条件和简化假设的解析解。然而，下面提及的解决方案与形式，是由两位不同的作者针对两种特殊情况提出的，并通过试验证明了激光点火研究中预估的相关参数很好，具体如下：

（1）激光脉宽小，沿深度 z 方向的导热可以忽略。这种情况近似于点火深度要比表层深度小，$\delta_s > \delta_{ign}$，当 $\partial^2 T/\partial^2 z = 0$ 时，传热方程可以写为

$$(1/\alpha_d)(\partial T/\partial t) = (\pi \omega^2/k) I_0 \exp(-\alpha_a) \tag{10.19}$$

用于激光的短脉冲计算的上述方程的解析解为[6]

$$t=0 \text{ 时}, T = T_0; t = t_{ign} \text{ 时}, T = T_{ign}$$

求解方程可得到维持燃烧所需的激光能量阈值的表达式，在方程（10.14）中考虑到反射损失，临界入射激光能量表示为

$$(P_{in})_{ig} = \pi \omega^2/(1-R) \times (\rho C/\alpha_a \tau_1)(T_{ig} - T_0) \tag{10.20}$$

总的入射光能量为

$$\varepsilon_{ign} = (P_{in})_{ig} \times \tau_1 = \pi \omega^2/(1-R) \times (\rho C/\alpha_a)(T_{ig} - T_0) \tag{10.21}$$

$$T(\tau_1) = T_0 + (1-R)(\pi \omega^2)^{-1}(\alpha_a/\rho C) P_{in} \tau_1^{-1} \tag{10.22}$$

（2）在大多数常碰到的实际情况中，激光作用厚度要比表层深度小很多，

$\delta_{ign}<\delta_s$,激光能量主要被表面吸收,即$z=0,k=0$,这样传热方程可以简化为

$$(1/\alpha_d)(\partial T/\partial t)-\partial^2 T/\partial^2 z=0 \tag{10.23}$$

当$\partial T/\partial t=I_0$时,温度梯度就和入射光强度相关,在此基础上,可以得到方程(10.23)的解析解[7]。假定温度梯度随着深度的增加快速减小,即在表面,$\partial T/\partial t\to 0$时$z\to\infty$,在$z=0,T(r,0)=T_0$,与入射光强度$I_{ig}$有关,此时温度达到点火温度$T_{ig}$,即图10.1中可持续点火发生的温度,可以表示为

$$(I_{ab})_{ign}=(k/2)\left[(\pi/\alpha_d)\right]^{1/2}(T_{ign}-T_0) \tag{10.24}$$

考虑到方程(10.4)的反射损失,整个入射临界激光能量的表达式如下:

$$(P_{in})_{ig}=\varepsilon_{ign}/\tau_1=\pi\omega^2 k/2(1-R)\times(\pi/\alpha_d)^{1/2}(\tau_1)^{-1/2}(T_{ig}-T_0) \tag{10.25}$$

方程(10.20)和(10.25)指出了在特殊试验条件下,在两种不同的关联体系中材料的临界点火能量与点火延迟时间的关系。值得提的是,对于短激光脉冲辐射时间,实际上临界激光点火能与激光脉冲周期无关,如方程(10.21)所示。另外,如果热扩散系数与表层厚度比较很大,那么临界能量会与激光脉冲或者辐射周期有关,如方程(10.25)。

对于长的激光脉冲周期,温度增加和激光脉宽或者辐射时间有关,这个参数的表达式可从式(10.23)推导出:

$$T(\tau_1)=T_0+\left[2(1-R)(\pi\omega^2)^{-1}k^{-1}(\pi/\alpha_d)^{-1/2}P_{in}\times(\tau_1)^{-1/2}\right] \tag{10.26}$$

从上所示,对于特殊的样品和激光波长,在准稳态的条件下,P_{in}是常数,温升和激光脉冲周期或辐射时间的平方根呈反比,对于短脉冲的条件,温升和t_1呈线性关系。从式(10.21)和式(10.25)可以看出,点火的最小点火能和辐射时间之间有一个交点,最大温升点及最小临界点火能都与不同的参数和准则有关,下面这些因素都需要考虑:

(1)在恒定激光能量水平时目标物上的最小激光面积(即光束聚焦后具有高的能量密度);

(2)最小反射损失能量;

(3)长的激光脉冲周期或者辐射时间(高于稳定的内部加热和温升的最小能量);

(4)高扩散系数($\alpha_d=k/(\rho C)$),即低导热率,高组装密度和高比热容。

参 考 文 献

[1] Frank-Kamenetskii, D.A. (1955) *Diffusion and Heat Exchange in Chemical Kinetics*, Princeton University Press, Princeton.
[2] Abdulazeem, M.S., Alhasan, A.M. and Abdulrahmann, S. (2011) Initiation of solid explosives by laser. *International Journal of Thermal Sciences*, **50**(11), 2117–2121.

[3] Rubenchik, A.M. (2007) On the initiation of high explosive by laser radiation. *Propellant, Explosive, Pyrotechnic*, **34**(4), 296–300.

[4] Binggorg, X. (2006) Experimental study and numerical simulation on laser ignition process. *Acta Armamenteri*, **27**(3), 533–536.

[5] Zhang, H. *et al*. Study on laser ignition model as its analytical solution of solid energetic material. *Chinese Journal of Lasers B* (English edition), **B9**(4), 376–384.

[6] Ostermark, H. (1985) Laser as a tool in sensitivity testing of explosives, in *Proc. 8th. Int. Symp. on Detonation* (ed. J.M. Short), NSWC, pp. 473–484.

[7] Carslow, H.S. and Jaeger, J.C. (1959) *Conduction of Heat in Solids*, 2nd edn, Oxford university press, Oxford.

第 11 章　激光点火——实际问题

11.1　引　　言

激光器初次问世时,因其具有应用前景而得到追捧,就如我们所知道的,激光器几乎在所有科学和技术领域都有应用。近些年关于含能材料取代传统的电子热点火的安全和远程点火的应用研究和开发有很多,这也是顺其自然的结果。由于其潜在的多用途和学术兴趣,近 30 年有大量的含能材料激光点火的相关报道,包括不同类型的激光和不同种类的含能材料,以及新发展的低易损弹药(LOVA),也就是我们知道的钝感弹药。

在之前的章节中,理论分析目的在于理解激光的光学能量和含能材料的相互作用动力学,以便预测合适的激光和材料结合点,最终实现含能材料的安全和远程点火的实际应用。早期的试验工作主要用高能气体激光器,如 CO_2 激光器(波长 $10.6\mu m$)、氩离子激光器(500nm)等,这样的激光器体积大且昂贵,因此并不能在实际的激光点火引发重要的应用价值。但是,激光相互作用形式的初始研究可以为深奥理论的建立提供指导和应用方向。将来可以应用的是压缩气体或者固体激光器用于炸药、推进剂和烟火剂的点火,用于总体控制洲际导弹的性能,如图 11.1 所示。

激光器作为炸药装置的安全和有效的点火器的应用,无论是军用还是民用,最重要的两个实际问题是价格合适的激光源和适用的光路传输系统,用激光基础体系取代传统的点火器的实际应用中这两方面将在下面进行讨论。

11.1.1　激光源

对于任何实际应用,含能材料的点火器需要紧凑、小巧、轻质、廉价。最可能用到的激光器类型是体积小而且相当高效的半导体激光器,也就是我们通常知道的二极管激光器。商用可购买的二极管激光器能量高,且很符合上述激光器的标准(尤其是廉价)。这些激光器的波长在 $780\sim820nm$ 范围内的近红外波段,不足的是这些波段很少能够与大部分含能材料的吸收波段的峰值相匹配。

要用二极管激光器波长获得吸收率差的含能材料点火的方式之一就是采用

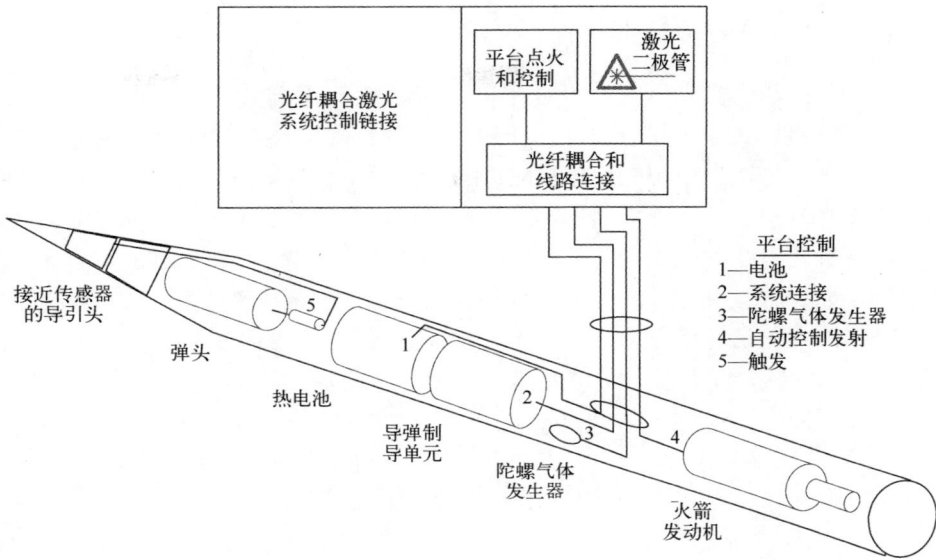

图 11.1　单能量激光器提供的不同激光束控制的制导武器系统(GWS)的示意图

高激光能量。但是,高能激光器的使用会和廉价的目标,以及便携、安全等其他指标冲突。二极管激光器的价格随着最大输出能量和更好的光束质量而提高。后者是光束的空间同次性所要求的,其要近似于高斯分布,射束发散。高的光束质量会有更好的聚焦,也就是目标物上的光速面积较小;反过来,这可以提供较高的能量密度,从而用小的激光系统实现高效点火。为了满足激光点火实际应用的第一个要求,廉价的低能量二极管激光器能获得高效利用,前提是使用近似的光学吸收体使目标材料活化以提高吸收率,这也会最大程度减少相互作用过程的反射损失。

　　大部分含能材料是有机粉体或是固体。对于粉体,点火时通常需要压成片状,这时的反射损失主要来源于漫反射。对于所有的应用,这种反射需要考虑到遵从朗伯余弦定律分布,这是因为晶体材料的粗糙边界或者粗糙的有机材料单体边界导致的表面不规则而产生多种反射,对于粉体材料,颗粒尺寸和样品的紧实度对样品反射系数的影响很大。当使用光学敏化剂时,若敏化剂的吸收波段的波长与激光器波长匹配,反射损失能够降到最小,吸收就会增加。为了估算敏化效果,所有反射损失实际上使用一个特殊的连接器连接到商用的光谱仪上,从这些数据中得到吸收光谱。光敏剂在激光点火过程中的实用应用将在后面进行讨论。

11.1.2　光束传输系统

在实际应用的激光点火器设计中需要考虑激光束高效传递到目标物的方式。光束传递方式和实际应用有关,能够使用透镜聚焦光束到目标物,或者通过损失小的光纤传输。采用光纤传输时,激光光束被聚焦抛光好的光纤输入端口,以便激光在光缆的表面光束面积不会扩展超过光缆的有效面积。光缆的输出端尽可能贴近放置在目标物上。如果没有透镜用于光束聚焦,那么在目标物上的光束有效面积就会由光纤的有效面积和表面到末端的距离来决定。

虽然激光能量直接作用到目标物上会更有效、需要的载重少,但光纤传输也有其优点。间接能量传输的方式也被一些研究者采用,其中包括了笔者,这种方式将会在下面进行描述。

11.2　激光驱动飞盘

"激光驱动飞盘"(LDFP)技术是一种使用激光器诱发炸药点火的非直接的方法,在受限的条件下,使用适当高激光能量密度作用于薄金属片的目标物,激光辐射可以引发爆炸。这种装置的原理图如图 11.2 所示。

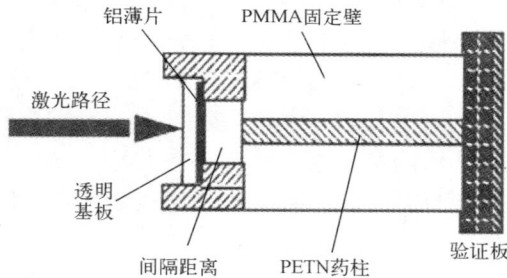

图 11.2　用于引发高能炸药爆炸激光驱动飞片技术的原理

这种方式就是采用一个金属薄片(一般薄片厚度 5~10μm)或者薄薄的铝膜敷在透明的表面上(如玻璃圆盘),然后放置在塑料圆柱体(如聚甲基丙烯酸甲酯 PMMA)的沟槽上,这个圆柱体中间要穿一个孔洞,孔洞的直径要与炸药柱(如季戊四醇四硝酸酯 PETN)匹配,且更宽松一点;而且,当药柱放入装置内,要在金属表面和炸药柱末端保持很小的空隙(一般是 100μm)。这样,装置的尾端形成一个有视窗的受限空间。而塑料圆柱体的另一端被"验证薄片"封住,便于测试爆炸的发生,从而从圆盘上的破片结构和深度预估破片的速度。

脉冲激光通常是由 Nd:YAG 激光器激发产生,波长 1.06μm,一般输出能量约为 100mJ,通过透明窗聚焦到金属薄片表面,辐射区域快速被加热,产生等离子体,从而进一步加热金属薄片内层,产生机械力弹出熔融层,快速驱动扁平的弹体到炸药柱的表面。接着冲击波能量以超声速的速度(4~5km/s)沿着圆柱体内部传播,产生的冲击波在受限空间内转化成爆轰(SDT)。如果受限条件和爆炸产生的冲击波一起,就会产生有缺陷的验证片。

尽管在实际应用中这样的装置很复杂,但其优点是能够用于所有类型的炸药,尤其是 HNS,而 HNS 被发现用低能量的二极管激光器很难或者不可能直接点燃。尽管这种点火方法不受光速质量(分布)的限制,但需要高能脉冲激光器(这种激光器大而笨重),因此制造这样的装置并不经济。尽管存在上述缺点,研究还在继续[1]证明其有效性,并通过采用多层薄片使提供热破片的金属薄片吸收更多能量、更容易汽化、更有效,从而尽可能使用小而便宜的激光器,以便飞片作为固体厚片被射出。用作飞片的其他材料,如 Ge、Hf、Ti 等,也曾被尝试做成具有上述特点的单层薄片。

11.3　直接激光点火

在过去的 40 年中,关于炸药、推进剂和烟火药的激光点火的研究和开发有了太多的报道,采用不同类型的激光器进行测试和试验,尤其是紫外激光器(如受激准分子激光器)、可见光和近红外激光器(如亚离子、Nd:YAG 激光器),以及输出频率可转换的高能固体 Q 开关激光仪和红外激光机(如 CO_2 激光器),后者被用于近波长在 $10.4~11.2\mu m$ 的激光线性准直,这一波段主要是高能炸药的吸收波长峰值。

紫外—可见光波段的激光器可以提供高峰值功率的能量,波长通常也和很多炸药材料的吸收波长一致,使用这些激光器的研究也有利于对相互作用的基本过程的理解,而在现有的应用中,并不考虑这些激光器。

因此,在下面的试验中,测试结果和性能预估、技术的发展、实际应用的前景以及特殊应用的研究需求,主要集中于二极管激光器的应用,用于估算标题所述的不同含能材料的点火性能。具有代表性的激光点火试验的方案设计,使用厘米波激光器,在自由空间中传输光束,其典型装置框图如图 11.3(a)所示。

二极管激光器具有高的光束分散性,这类激光器在自由空间中光束传输是无效的,主要是没有效果,除非激光端面能够紧紧贴在目标物上,这可能会损坏用于点火测试的激光器。对于二极管激光器,光束分散性可以通过光纤进行控制,如图 11.3(b)所示。近年来高质量光纤的发展能够使近红外波长的光非常好地传输,且高能量光束的传输偏差很小,尤其是短距离点火试验。

全反镜
氩离子激光器
全反镜
激光分束器
激光隔板
时控开关
透镜
虹膜
真空抽取器
1#光电二极管
具有滤波功能的2#光电二极管
样品
光电转换记录仪
计算机
连接1#光电二极管
连接2#光电二极管

(a)

二极管激光器
入射激光光纤
触发光二极管
绘图仪
带滤波器的点火记录光电二极管
透镜
瞬态记录器
Ch1Ch2Trig
待测样品

(b)

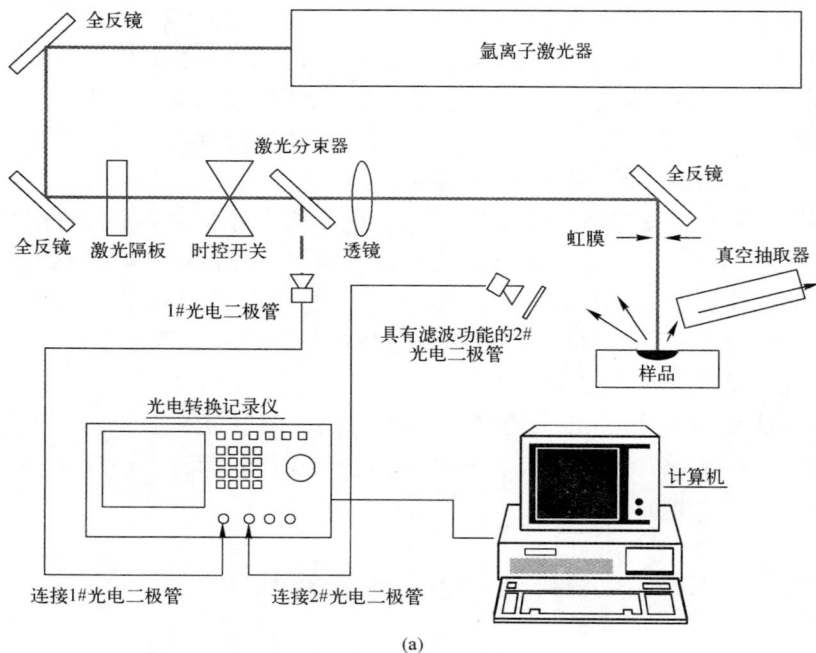

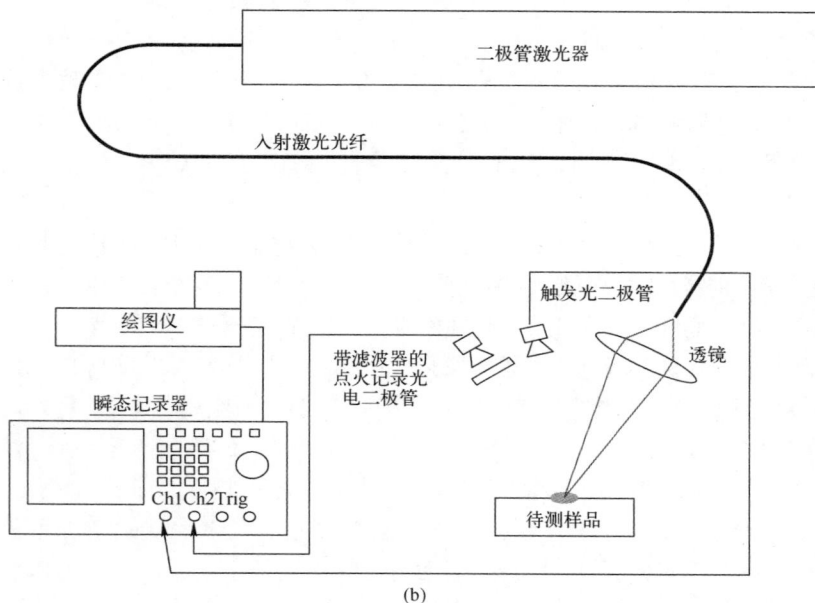

图 11.3　（a）使用氩离子激光器在空气中激光点火典型装置框图；
（b）使用二极管激光器在空气中激光点火典型装置框图[16]

232

11.3.1　炸药

1. 分类和相关性能

炸药根据其分解的速度分为高能和低能炸药(见第 4 章),这些材料分解速度相对较慢,但能够快速燃烧,甚至爆燃,并产生大量气体。这些就是通常所说的推进剂,这些材料的激光点火性能将会在本章后面讨论。高能炸药根据其对外界刺激的敏感性分为两类,即起爆药和猛炸药。起爆药,例如,雷汞、一些金属叠氮化物、硝化甘油等,通常具有高感度,因其在处理、贮存以及运输等环节中易发生意外燃烧而被限制应用。而且,这些并不能适用点火的控制。猛炸药是相对不敏感的固体材料,如 RDX、HMX、PETN、TNT 等,在一些应用中,它们是作为一代炸药引发爆炸的辅助物使用。另外,其他更不敏感炸药正在进行合成和计算,但还没有发现在役或者商用的。

2. 感度和易损性

猛炸药对机械冲击不敏感,也是导致其对激光辐射、热冲击、电冲击等不敏感的必然结果,为了描述对激光辐射冲击的敏感程度,"易损性"这个词被定义,也被接受。具有低感度(高易损性)的炸药,则其会对激光辐射也相应地不敏感。因此,在实际应用中,激光器的选择受经济适用、低价高效的激光器限制,这种激光器须具有合适的波长,输出能量满足需求。波长必须和材料的吸收波段接近,在某些情况下,材料具有宽的吸收波带,激光波长的选择就比较容易。此外,材料的选择需要能够释放高能炸药的威力。具体准则如下:

(1) 材料具有对热、电刺激感度低,贮存、处理和加工安全;

(2) 材料对激光冲击感度高易损性,通过激光束容易点火,也就是说,采用相对低的激光能量就会点火,且具有较短的点火延迟时间。

第一个准则通过使用"不敏感弹药"(IM)如二代高能炸药实现。到现在,高能炸药的激光点火的大量研究仅仅针对这三种材料——HMX、RDX 和 PETN;另一种广泛使用的高能炸药 HNS 试图使用二极管激光器点火,但还没有成功。

3. 光学吸收

对于任何有效和高效的光热反应导致的点火,被选目标材料的激光强吸收是前提条件,因此,必须发现或创造条件使激光器的波长和材料吸收波段的波长相匹配。光的吸收与波的属性有关,其发生是通过电子的相互作用,这些电子包括原子、分子和电磁辐射的电场,这种相互作用与材料分子内的原子结构和分子内原子间的键强度有关。常用的一些炸药的分子结构如图 11.4 所示。

在这些例子中,三种高能炸药都有 NO_2 基团作为取代基,而在 HMX 和 RDX 中键的形式不同于 HNS。后者的 NO_2 基团的键直接和苯环结构相连,因此结构

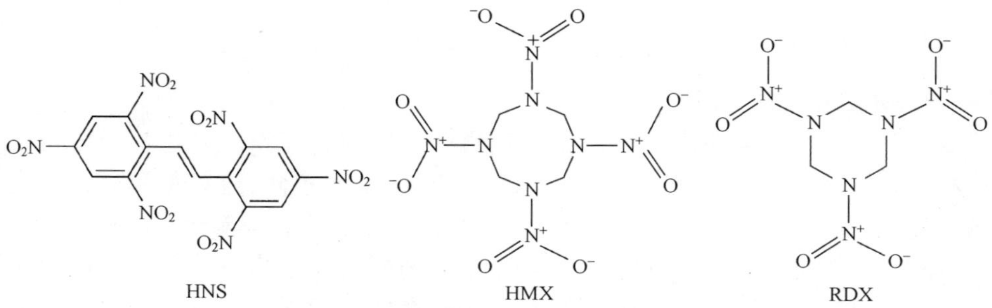

图 11.4　一些常用高能炸药的分子结构

更饱和。光学能量的吸收基本由不同组分的结构的振动模式决定,这些对应的能量在红外波段,但是,$NO_2(O—N—O)$的对称性和伸展方式对应于强的电子能量跃迁,并产生强的紫外—可见光波。

在我们的试验中,固体 HNS 的典型吸收光谱覆盖了紫外到近红外波段(250~850nm),已在第 9 章图 9.3 示出。通常,高能炸药样品是粉体,通过和少量溴化钾晶体混合,其比例约为 6∶1,采用压片或者放入挥发性溶剂中制成溶液,最后制成 1mm 厚的圆片。溴化钾对可见到近红外波段的吸收非常小,是用于测试一些固体吸收光谱理想的掺杂物。制成的圆盘作为薄片放入光谱吸收仪中,溴化钾的吸收光谱可以作为系统计算光谱的参考标准,一般通过具有积分球的商用光谱仪测试得到的散射光谱推算出光谱吸收。一些常用炸药的典型吸收光谱如图 11.5 所示。

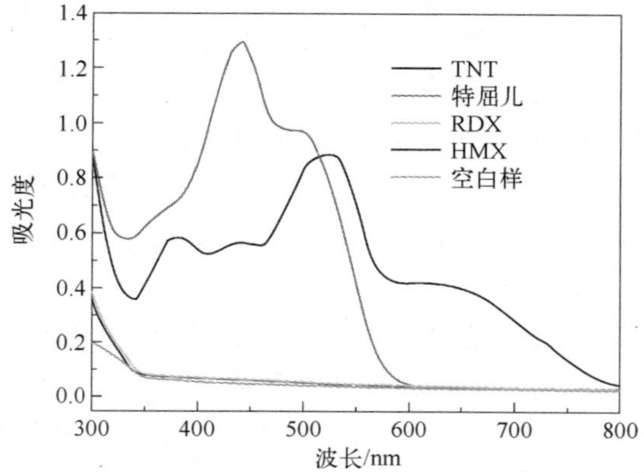

图 11.5　一些常用炸药的典型吸收光谱[18]

大部分炸药的紫外—可见光波段的吸收峰值都是 NO_2 基团的强对称振动伸展运动模式的结果,近红外吸收波约 800nm,并没有明显的结构影响。因此,对于商用的经济、小巧、高效的激光波长在 780~802nm 范围的二极管激光器,高能炸药需要通过光敏剂材料的吸收性能调节才能解决与激光器波长的匹配问题。在描述含能材料的不同点火过程前,需要定义"点火能力"。

4. 点火能力

点火能力通过两个激光参数一起来定义,即点火延迟时间(也指反应时间)和最小激光功率(单位面积上的激光能量)。最小激光功率是某一材料在可接受的延迟时间内的点火的功率,点火延迟时间是激光辐射开始到点火发生的这段时间,如图 11.6 所示。

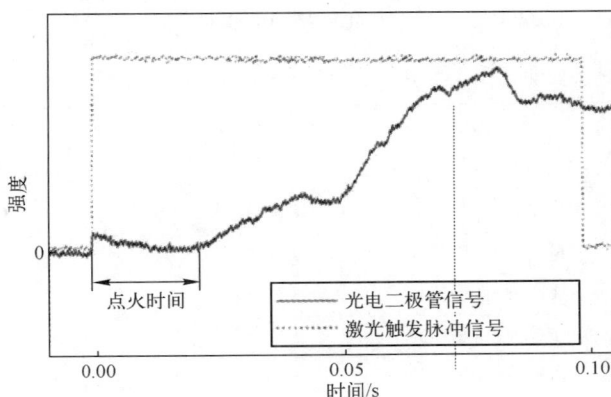

图 11.6　样品的激光诱发点火曲线

激光作为点火器完成含能材料的点火,必须选择合适的激光输出参数,同时选择和调整目标材料最大限度地提高激光能量转化,这样才能实现最小激光功率下的点火,从而使用低价高效的激光器。因此,商用级的便捷、紧凑、耐用、廉价的二极管光器会有需求。这样的激光器,能够传输足够的激光能量用于高效点火,激光波长仅仅在近红外波段 780~820nm 范围。

一些二极管激光器在紫外—可见光波段的输出能量通常过低,在这一波段一些高能炸药具有强的吸收(见第 3 章图 3.3),因此不能作为实际点火应用。高能炸药材料需要调整到在近红外波段有强吸收,采用方法就是添加高吸收的无机粉体,如炭黑、火药等,或者添加化学敏化剂作为光敏剂。关于目前在含能材料添加敏化剂使激光点火更容易的相关研究将在下面叙述。

5. 光敏剂

为了使含能材料,特别是高能含能材料,能够相对容易点火,添加到材料中的光敏剂需要符合下面三个标准:

(1) 必须是惰性的,如和主材料分子不发生化学化学反应;至少在颜色和质地方面不发生大的变化,不能减少炸药的能量或者降低导热系数,也不能提高非光学刺激的感度。

（2）炸药材料和敏化剂均能够更好地溶于普通溶剂中,允许母体内部化学键的形成,至少在非反应介质中样品在溶剂中均衡分散,当溶剂通过蒸发去除时,可以得到光敏剂样品。

（3）对环境具有良好的稳定性,不受天气影响。

所选择的敏化剂在激光波段峰值处有强吸收,且不昂贵,满足了廉价高效的需求。化学敏化剂在波长的选择和加入主体材料的结构的前景方面具有优势。一些具有应用前景的商用化学敏化剂如表 11.1 所列。

表 11.1　一些适用于二极管激光点火的敏化高能炸药的商用敏化剂的规格

产品代码	供应商	分子结构	溶剂	吸收峰波段/nm	吸收率
ADS815EI	美国 ADS 公司(美国)	$C_{42}H_{441}N_2Cl$	甲醇	815 ± 20	352
ADS800AT	美国 ADS 公司(美国)	$C_{54}H_{54}N_2O_4S$	甲醇	811 ± 20	254
NIR811A	QCR 试剂公司(美国)	二甲基甲酰胺	**	811 ± 15	342
IR Dye 9807	AGC 公司(美国)	花青甙聚合物	**	807 ± 15	409
IR805B	AGC 公司(美国)	**	甲醇	807 ± 15	409
NIR800A	QCR 试剂公司(美国)	**	甲醇	800 ± 25	297
IR dye 9798	AGC 公司(美国)	花青甙聚合物	**	798 ± 15	157
Epolight^{TM} 5768	依普林公司(美国)	**	丙酮	791 ± 15	292

注：* $(L\cdot g^{-1}\cdot cm^{-1})$；** 没有获得可靠数据

除了化学染料,一些材料如炭黑(CB)、碳纳米管(CN)等,具有吸收波长范围广、吸收强度大的优点,波长覆盖了紫外—可见光到近红外波段,已被试验证实可用作光学敏化剂。尽管这些材料不能提供波长敏感度,比燃料的吸收率低得多,但它们符合上述三个准则的两个,且它们不溶于任何溶剂,而能够分散在含有高能炸药材料的溶剂中,便于在烘干固体时炭黑颗粒涂覆均匀一致。由于这些标准,在二极管激光器波长段约 800nm 处具有良好的吸收性,在过去的 20 年全球的许多实验室曾将炭黑用于测试和估算炸药的激光点火能力。

炭黑粉体的吸收参数不像那些燃料,进行定量测试不太容易,因为不同的样品来源于不同的生产厂家,粒度不同,影响了炭黑的参数。另外,粒状物体的尺寸会影响用这些敏化剂包覆的样品的吸收能力。还观察到粒度越小的颗粒(粒度分布)包覆炸药的粒子越好,而用相对较大颗粒(粒度分布)炭黑包覆的样品的点火能力要好得多。用炭黑包覆的耗能炸药样品的吸收光谱的形状在紫外—

可见光—近红外波段总是平的,比一些强含吸收燃料的波长峰值还低,尽管存在这一缺点,几个作者还是用炭黑作为光学敏化剂进行炸药二极管激光器点火试验,炭黑具有上述的优点,且比染料更容易获得、使用更安全、低价高效。

应该尽量减小敏化剂的量,从而将母体物质的物理和化学性能的影响降到最低。通过在固体或粉体高能炸药中添加敏化剂的方式生产改性炸药材料的技术也在不断发展。每一种类型的高能炸药样品加工的方法都与其状态(粉末、固体、厚胶片等)、溶剂类型及溶解度有关。传统的方法就是将待测试的高能炸药溶于合适的溶剂中进行溶解或分散,这些溶剂如二氯甲烷、四氢呋喃(THF)等,将合适比例的炭黑添加进去,再烘干混合物除去溶剂。但是,在一些情况下,发现可以采用在溶剂中稀释后变成颗粒、再和炭黑颗粒混合,混合粉体再被压成激光点火研究用的薄片。

在样品的设计和制备中需要考虑两个重要问题,即高能炸药颗粒和炭黑颗粒的团聚问题,以及样品表面粒料包覆的均匀性问题。对于后者,炭黑颗粒应尽可能的细。应该注意,高能炸药的点火能力随着炭黑粒度的减小而下降。据报道[2,3]试验使用的炭黑平均粒径在几十纳米,粒度呈双峰分布,质量占比为 0.5%~3%,粒度基本上比使用的高能炸药主体物质小一个数量级。在参考文献引用的结果也没有限制测试条件在常压。

出于测试的目的,波长约 800nm 的二极管激光器,在出口端输出几瓦的功率,可用于激光点火研究。这类激光器,当聚焦到光纤光学表面,如光纤直径 $100\mu m$,除了反射和连接口的能量损失,到目标物的表面功率密度有几 kW/cm^2。通常的点火图就是点火延迟时间随激光功率密度变化的曲线,图 11.7 显示的是典型的点火延迟随时间变化曲线。

含能材料的点火图显示,发生点火的最小能量密度和对应的点火延迟时间(反应时间),可用于估计表示特定活性的高能炸药材料的激光点火特性参数。例如,HMX(含 1.5%~4% CB)的临界点火激光功率密度是 $2kW/cm^2$,其对应的点火延迟时间在 2~4ms 范围内。大部分的测试情况是快速燃烧相互作用的结果。值得一提的是,这个值会随着样品种类和炭黑的添加量以及激光的类型会发生很大的变化。但是,据报道,同样材料的点火延迟时间近似于上面没有加入敏化剂采用 CO_2 激光器输入近似的能量密度测出的结果。在密闭空间高能炸药样品进行点火测试中也存在,导致冲击波转爆轰,但在大部分的实验室测试中,快速爆轰,特别是慢激光加热情况,常常是红外波长辐射的结果。点火延迟时间在密闭燃烧器内(压力 1~4MPa)随着压力的减小而缩短,大约缩短 40%。

在密闭条件下点火的迅速发生导致炸药发生爆轰或爆炸,激光提供的光学能量密度必须足够高,波长应在紫外—可见光波段范围内。大部分早期研究和

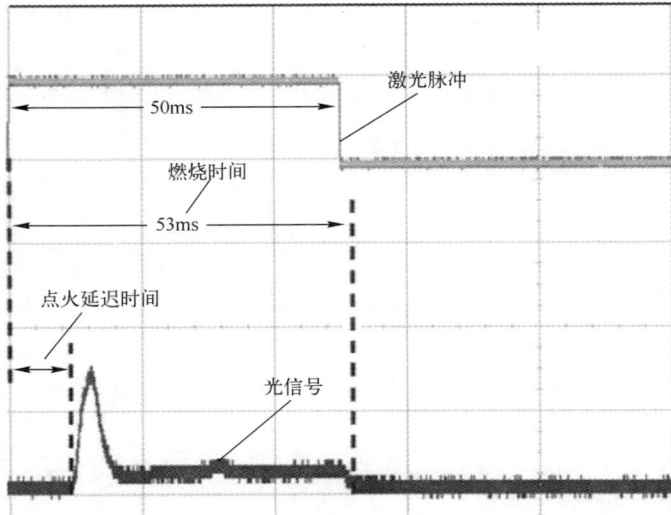

图 11.7　炸药材料的典型点火的示波器信号轨迹

近期的一些研究表明,使用激发态激光器的紫外波长(如 248nm,308nm 等)和 Nd∶YAG 激光器的 Q 开关输出能量密度达到每平方厘米 GW 级、单脉冲周期纳秒级的近红外波长(1.06μm)。通常,我们能接受的长波就是上述的近红外波,在低能量密度的相互作用由主体材料热点形成引起缓慢温度变化过程控制,通常需要光敏剂。在某些条件下,这可能导致快速爆燃过程,如果试验是在密闭环境中,最终会造成爆炸的发生。但是,紫外和高能可见光激光波长(后者可能在高能量密度时产生更多的多光子相互作用)的情况下,键能断裂,冲击波形成,即使没有敏化剂或者没在密闭空间内,最终也会导致迅速爆轰。

　　辐射激光光斑对点火能量阈值或者点火延迟时间的影响也是一些深入研究的主题之一[8]。增加入射光的能量密度会缩短点火延迟时间或者减小能量阈值,存在最小尺寸点,在这一点时确保燃烧,目标物产生孔洞但不能发生持续点火。

　　猛炸药中黏结剂对其点火能力的影响也是近年来研究的主题。在实际应用中,高能炸药材料通常主要由一些聚合物作为黏结剂以提高材料的机械力学性能,更容易成型,适合应用。内部黏结剂的使用降低了构成材料的能量性能。这也迅速引起研究者关注含能黏结剂,从而研究黏结剂对高能炸药点火能力的影响。近来的研究表明[9],HMX 本身在二极管激光(801nm)输出能量约 $9kW/cm^2$ 时不能被点燃,当加入炭黑后,如所预期的,激光点火容易控制。添加一些含能黏结剂,如 Poly-GLEN、HTPB,特别是聚磷腈,可以大大缩短点火延迟时间。

11.3.2　推进剂

推进剂主要由稳定剂、氧化剂、黏结剂、燃料、固化剂和增塑剂以及可燃材料组成,其组分直接影响光学吸收性能,因此,推进剂的激光点火能力如下所述:

- PNMA:氨基稳定剂,化学名为侧硝基甲苯胺,化学式为 $C_7N_2O_2H_8$,在推进剂中含量不超过 2%。
- 2NDPA:氨基稳定剂,化学名为二硝基二苯胺,化学式为 $C_{12}N_2O_2H_{11}$,在推进剂中含量不超过 2%。
- Plastinox 2246:用作增塑剂,化学名为 2,2′-亚甲基-二 (4- 甲基-6-t 叔丁基苯酚),化学式为 $C_{23}O_2H_{32}$,在推进剂中含量一般不超过 3%。
- 硝化甘油:用作双基推进剂的燃料,化学式为 $C_3H_5N_3O_9$,在推进剂中含量超过 30%。
- 硝化棉:用作双基推进剂的氧化剂,化学式为 $C_{12}H_{14}N_6O_{22}$,在推进剂中含量 50%～60%。
- 高氯酸铵:用作推进剂的氧化剂,化学式为 NH_4ClO_4,在推进剂中含量没有规定。
- ADN:用作氧化剂,化学名为二硝酰胺铵,化学式为 $NH_4N(NO_2)_2$,在推进剂中含量没有文献参考。
- GAP:用作含能黏结剂,属于液体推进剂,化学名为聚叠氮缩水甘油,准确的应该为叠氮-甲基-乙撑氧,化学式为 $(C_3N_3O_2H_7)n$,在推进剂中含量没有参考。
- DANPE:用作增塑剂,化学名 1.5-二叠氮基-3-硝酰杂戊烷(nitrazapentane),化学式为 $C_4N_8O_2H_8$,在推进剂中含量没有参考。
- RDX:氧化剂,化学名为环-1,3,5-环氧丙烷-2,4,6-三硝胺,化学式为 $C_3H_6N_6O_6$,在推进剂中含量一般为 40%～50%。

推进剂的激光点火研究不像炸药和烟火药那么高费用,对一些在役的火箭发动机的推进剂也进行了点火测试,包括浇铸双基推进剂(CDB)、挤压成型的双基推进剂(EDB)和复合推进剂。一些实验的推进剂,如含 CL-20 和 GLYN 聚合物、ADN 和 NIMMO 聚合物,一起构成了一种新的低易损的弹药(LOVA),即钝感弹药(IA),目前也在进行激光点火测试。典型的装置图将在下面描述。

1. 浇铸和挤压成型的双基推进剂

通常推进剂中炭黑 0.2%～0.3%、氧化剂硝化棉(也作为含能黏结剂)含量 40%～50%,增塑剂硝化甘油含量 35%～45%。CDB 推进剂和炭黑混合呈黄色粒子,而 EBD 呈橘红色,后者含有近 14% 的橘红色的二-甲基邻苯二甲酸盐,所以其吸收波长在其颜色的波段,如图 11.8 所示。光谱显示 CDB 推进剂在整个紫外—可见光—近红外波段有大约 95% 的宽波段吸收,而 EDB 则在近紫外—可见光波段直到 550nm 有近似的吸收,吸收强度在上述的波长到近红外波 800nm 处下降 40%。

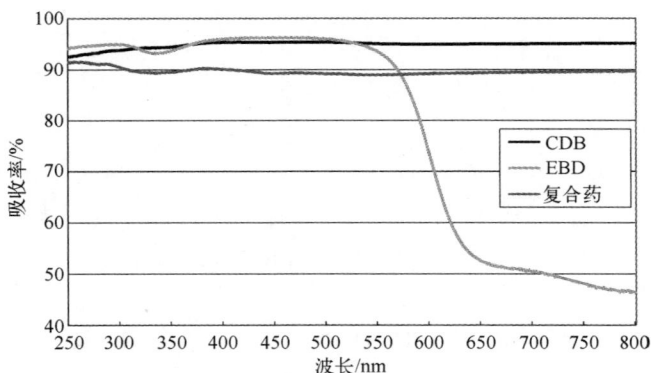

图 11.8　一些在役推进剂的典型吸收光谱[10]

这两种双基推进剂的激光点火测试,据公开文献报道,均使用可见光波长(500nm)的氩离子激光器和红外波长(10.6μm)的激光器。在可见光激发波长,100W/cm² 的功率密度下点火延迟时间估计在 1~2s。

2. 复合推进剂

复合推进剂的组成和双基推进剂的组成差异很大,其中主要的氧化剂是铵化合物,通常就是高氯酸铵(65%~70%),金属粉,如 Al 粉作为高能燃料(15%~20%),含能聚合物黏结剂,如 HTPB,或者 HMX(15%~20%),以及少量的环氧树脂基其他化学物质。图 11.8 中这类推进剂的吸收光谱实际接近 CDB。文献[10,11]显示入射激光能力密度约为 100W/cm² 时,点火延迟时间分别是可见光(500nm)100ms、红外光(10.6nm)400ms。这表明红外波段的相互作用过程主要是缓慢加热过程,可见光波长区域,主要可能是光物理过程。

密闭空间条件[11]点火试验似乎对这些推进剂的点火能力有一些大的影响,但不像炸药或者烟火药那么迅速。CDB 和复合推进剂被发现[12]当采用二极管激光波长在 780nm,激光功率密度高于 120W/cm² 辐射时能够点火,即使点火不是十分充分。EDB 样品在这一波段则不能被点着,因为其在近红外波段的吸收很差。我们希望这些材料被光敏化后,使用二极管激光的点火能力有大幅度的提升,发现少量的含能推进剂和炸药,如 RDX 或 HMX,添加后会提高复合推进剂的点火能力,而 HMX 的加入会比 RDX 提高更多[13]。上面所列的其他推进剂,一些已进行过测试,与广泛使用的 CDB、EDB 及复合推进剂具有相似的结果。CDB 推进剂激光辐射的点火过程如图 11.9 所示。

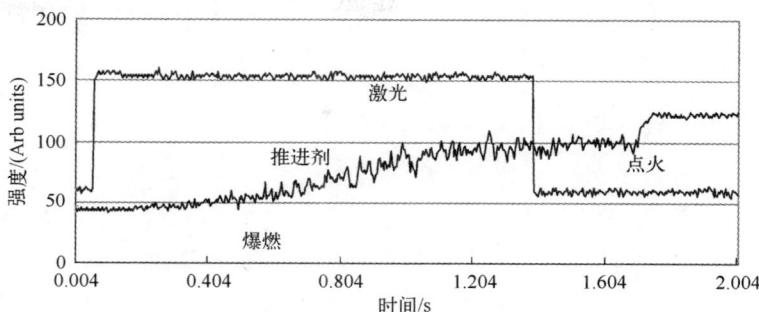

图 11.9　CDB 推进剂激光点火过程随时间变化曲线(0.5W) [17]

3. 低易损弹药(LOVA)——推进剂

虽然在实际应用中炸药的性能是最大因素,但新一代的推进剂有其他两个因素需要考虑,即贮存、使用和运输期间的安全性以及材料的处理和加工过程中对环境的影响,这两方面是炸药生产环境和经济方面的两个主题。现在的研究重点是整个生存期高性能弹药的综合性能、整个经济成本及寿命结束处理对环境的友好性。对于符合上述要求的低易损弹药(LOVA)的研究促使产生了硝胺推进剂,其氧化剂为 RDX、HMX,再加入含能或不含能的增塑剂和黏结剂,代替传统的硝化棉推进剂。此外,新的钝感高能炸药,如 TATB、FOX-7、NTO 等,也可以取代相对敏感的硝胺作为含能添加剂加到推进剂中。当对意外刺激反应减小时,LOVA 推进剂本身更难通过传统的电刺激点火,非理想点火导致枪炮系统发射精准度差、瞎火甚至灾难性损失,这是低易损推进剂的主要缺陷。

LOVA 材料直接激光点火不像其他含能材料报道的那么多,推进剂的点火临界阈值与点火延迟时间和激光的参数、化学组成以及样品所受压力有关。点火性能随激光参数的变化通过添加炭黑可以降低到最小。二代钝感弹药(IM)和 LOVA 推进剂的点火能力正在成为研究者们的兴趣,但这一领域的研究和发展还只是开始,采用惰性黏结剂,如 HTPB、NIMO 聚合物等替代敏感黏结剂,用钝感的 FOX-7 作为添加剂取代 RDX 组成的 LOVA 推进剂,避免和硝化棉一起使用。

在笔者的实验室这种组分构成的推进剂试显示用二极管激光点火,在激光能量密度超过一定数量时,点火才可能,点火延迟时间达到 1~2s。用 NIMO 聚合物组成的推进剂对可见光波长不敏感,而含 HTPB 的则在可见光波长能量密度超过 $1kW/cm^2$ 才能点火,尽管点火延迟时间长到我们不能接受的 8~10s,在能

241

量密度超过 10kW/cm² 时点火延迟时间才降到 1~2s。LOVA 推进剂组成中钝感组分的使用使得这些材料不仅对机械刺、热、电刺激不敏感,且对激光辐射也不敏感。因此,在实际应用中 LOVA 推进剂使用二极管激光点火,需要加入不同的光学敏化剂进行测试和估算。

11.3.3　烟火药材料的激光点火

烟火药对于通常的外部刺激是相当敏感的,因此容易发生意外或被点火,例如电控炸药起爆装置的电信号(EED)。激光辐射作为安全的点火器使用的研究,特别是在火箭发动机用推进剂得以开展,需要消除或者尽可能减小传统电点火系统的弱点。近几年有许多关于不同参数对激光辐射与烟火药不同作用的报道。但是,关于在使用的激光点火系统的描述比较粗糙,除了研究硝化纤维质的相似物的点火专利。

对许多不同组成的烟火药进行了激光点火能力测试,主要包括镁、钠和硝酸钾的混合物、硼和不同比例的氧化铁/硝酸钾的混合物,有时还加入少量氧化锌或木炭(5%~10%)。在笔者的实验室研究的常用的烟火药如下:

- G20 (火焰):硫(10%)/木炭(15%)/硝酸钾(75%);
- SR44:硼(30%)/硝酸钾(70%)混合物;
- SR 371C:镁(42%)/硝酸钾(50%)和 8% 的螨状树脂。

压成密实薄片样品的吸收光谱从其反射光谱计算得到,如图 11.10 所示。不同样品的吸收特性不同,含有四硝基卡唑(TNC)和 KNO_3 的复合物(SR112)在近红外波长内的吸收几乎可以忽略[15],而其他两种在相同的波段吸收从高到中等。烟火药相对于其他含能材料更容易点火,例如,商用的火药(G20)点火的临界能量密度约为 30W/cm²,这显然是非常低的,甚至比光敏化后的高能炸药和推进剂的还约低 75%。对于无限制条件的点火试验,装置如图 11.13(a)和图 11.13(b)所示。常用的粉末材料和一些压片成型的材料放置在激光束的焦距中心,在目标物区域 5cm 处放置家用内部真空的吸尘器能很好地去除点火过程产生的烟尘,这样可以保护光学元件。

在目标物上面的光学全反镜距离足以保证高温冲击不会损坏样品,少量的粉末样品也确保冲击不会损伤周围的设备。入射激光能量随着时间变化通过快速光电二极管探测得到的点火冲击典型的示波器曲线如图 11.11 所示。图中显示点火在激光辐射到样品上后约 500ms,点火过程持续时间与样品量和样品组成有关。在这个例子中,一些组分可能使燃烧延后发生。

影响烟火药点火能力大小的参数有:

- 激光功率密度和波长;

- 目标物上聚焦面积；
- 限制条件；
- 材料的组成组分。

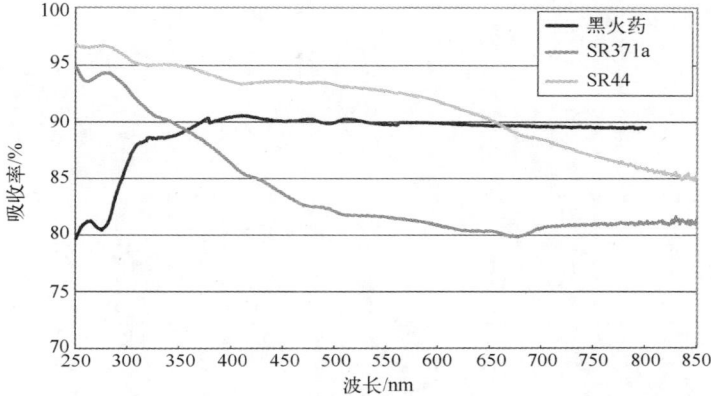

图 11.10　几种不同组分的烟火剂的吸收光谱

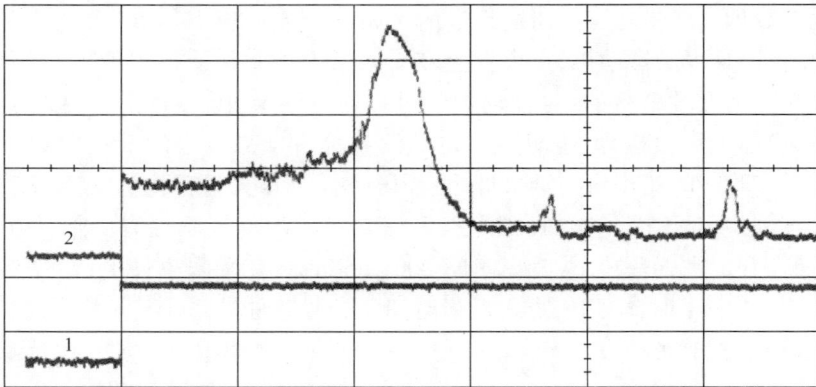

曲线1=100.0mV/格，曲线2=1.000V/格，时间=25ms/格

图 11.11　氩离子激光辐射火药点火的示波器曲线

（波长 500nm 目标物上的光强约为 $75W/cm^2$）

通过观察可以发现点火药的点火能力在可见光波长要比在近红外波长（约 800nm）更有效。火药典型点火例子如图 11.12 所示，在氩离子激光器的可见光波长（500nm）临界点火功率密度约 $30W/cm^2$，显然点火过程的速度近红外波长的快，点火延迟时间约为 500ms，而可见光波长的点火延迟时间近 1100ms。在临界点火功率时，发现点火所需的密度、积分光学功率密度（功率密度×点火延迟时间）近似于可见光和近红外两者的值。值得提出的是，烟火药的组成对激

243

光点火能力没有大的影响,在上述的烟火药材料的激光点火能力测试中,吸收能力的差异对点火的影响甚微。

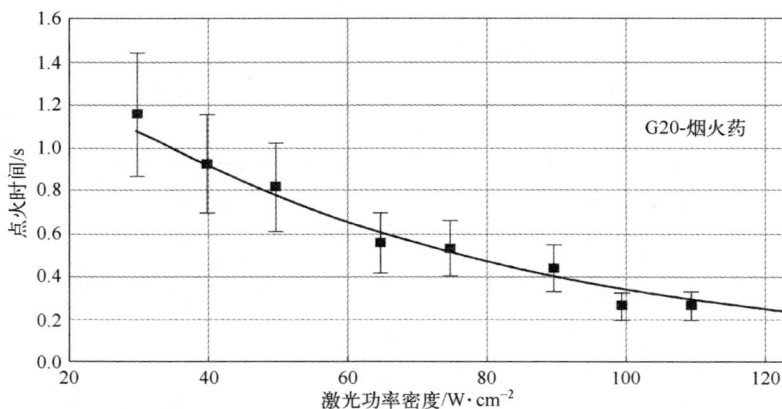

图 11.12　用氩离子激光(500nm)点燃烟火药的点火图[16]

大多数烟火药激光点火研究报道的都是在开放环境下的点火试验,在实际应用中,特别是火箭发动机,点火发生在受限条件下。在受限条件下,点火过程几乎是与压力上升平行的,这种动力学过程通过调节样品内的热转移(热传导和热对流)影响点火机理,也可通过调节激光穿过样品表面的气氛影响点火机理。笔者实验室的初步研究结果显示,受限条件下点火过程比开放空气环境下更有效。例如,对于火药样品,激光点火临界能量的点火延迟时间估计在 30~40ms,而在开放空气环境下,延迟时间 200~250ms。在受限条件下,激光功率密度超过几 kW/cm^2 时,得到的点火延迟时间仅是几毫秒[17]。

限制条件对烟火药或者一代炸药的点火能力的影响要比推进剂和高能炸药明显得多。起爆药,如硝酸肼镍盐(NiHN)也可以考虑作为烟火药用于特定的应用,在笔者的实验室进行了初步的激光点火。这种材料的化学式为 Ni(N$_2$H$_4$)$_3$(NO$_3$)$_2$,是一种金属含氧离子盐,二合燃料配位复合物(MOS-Bid),在氩离子激光器中心输出波长的主要区域 500nm 处有高的吸收峰,且在约 760nm 处也有相当高的吸收。

选择这种材料用于激光点火因为其在 808nm 有高吸收峰值,对应的有低能量经济实惠的商用 NIR 二极管激光器的输出波长。尽管 NiHN 特别敏感且用处不大,但其对其他安全刺激,如碰撞、摩擦、静电火花测试,要比其他一代炸药相对钝感。考虑到其在近红外波段的波长具有高吸收,使用近红外(NIR)二极管激光器输出激光在 808nm、最大输出能量约 1.5W 进行测试。测试用的夹具如

图 11.3 所示,除了用密闭燃烧器代替在开放空气中的金属管。燃烧器的工程草图如图 11.13 所示,有一个铝制盒子和石英玻璃视窗。激光束和点火产生的光通过视窗探测。爆轰产生的光发射的曲线通过瞬时记录仪连接的光电二极管测试得到,如图 11.14 所示。受限点火的非正常的快速光脉冲是低级的爆轰,也是验证铝盘中缺口的见证。

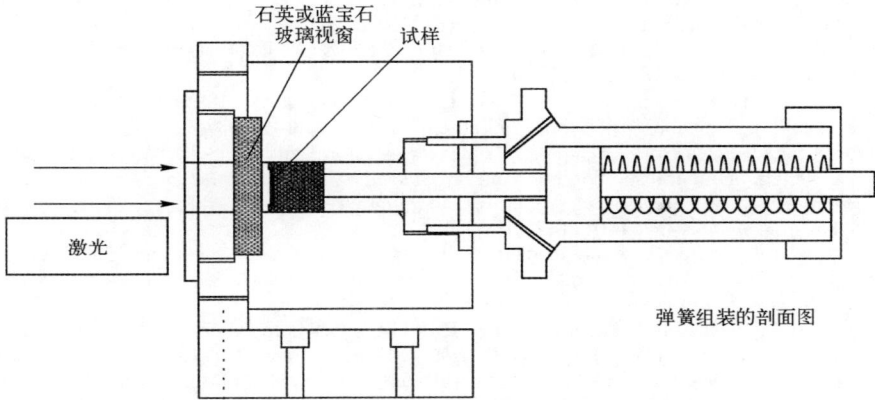

图 11.13　激光点火试验密闭燃烧器的工程草图[17]

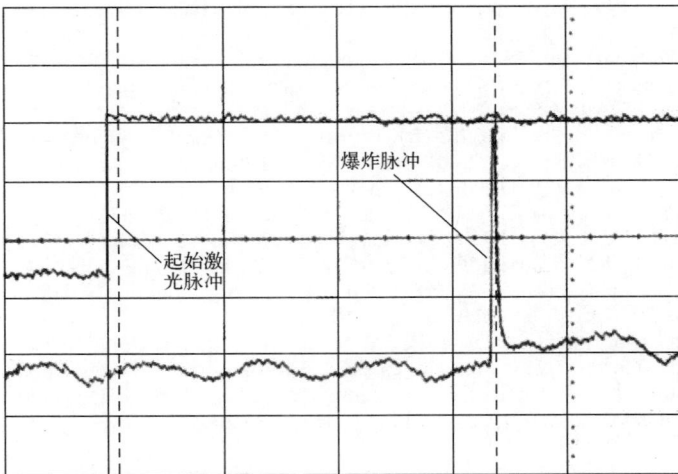

图 11.14　NiHN 低速爆炸过程随时间变化曲线,
爆轰时间 33.3ms,激光能量密度 7.21J/cm^2[19]

参 考 文 献

[1] Briely, H.R., Williamson, D.M. and Vine, T.A. (2012) Improving laser-driven flyer efficiency with high absorptance layer. *AIP Conference Proceedings on Condensed Matter*, **1426**, 315–318.

[2] Goveas, S.G. (1997) The Laser Ignition of Energetic Materials. Ph D Thesis, Univ. of Cambridge.

[3] Ahmad, S.R., Russe, D.A. and Golding, P. (2009) Laser induced deflagration of unconfined HMX. *Propellants, Explosives, Pyrotechnics*, **34**, 513–519.

[4] Traver, C.M. (2004) Chemical kinetic modelling of HMX and TATB laser ignition tests. *Journal of Energetic Materials*, **22**(2), 93–107.

[5] Ostermark, H. and Grans, R. (1990) Laser ignition of explosives: effects of gas pressure on the threshold ignition energy. *Journal of Energetic Materials*, **8**(4), 308–322.

[6] Ostermark, H., Carison, M. and Ekvall, K. (1994) Laser ignition of explosives: effect of laser wavelength on the threshold ignition energy. *Journal of Energetic Materials*, **12**, 63–83.

[7] Bourne, N.K. (2010) On the laser ignition and initiation of explosives. *Proceedings of the Royal Society of London*, **457**, 1401–1426.

[8] Patterson, A., Patterson, J. and Roman, A. (1998) Diode laser ignition of unconfined secondary explosives: A parametric study. 11th detonation symposium, Snowmass, Colorado, USA, Aug. 30, 1998.

[9] Ahmad, S.R., Russell, D.A. and Golding, P. (2009) Laser-induced deflagration of un-confined HMX – the effect of energetic binders. *Propellants, Explosives, Pyrotechnics*, **34**, 513–519.

[10] Ahmad, S.R., Anthony, D.A. and Leach, C.J. (2001) Studies into laser ignition of unconfined propellants. *Propellants, Explosives, Pyrotechnics*, **26**, 235–240.

[11] Zanotti, C. and Giuliani, P. (1998) Composite propellant ignition and excitation by CO_2 laser at sub atmospheric pressure. *Propellants, Explosives, Pyrotechnics*, **23**, 254–259.

[12] Russel, D.A. (2004) Laser Interaction with Energetic Materials. PhD Thesis, Cranfield University.

[13] Saito, T., Shimoda, M., Yamaya, T. and Iwama, A. (1991) Ignition of AP based solid propellants containing nitramines exposed to CO_2 laser radiation at subatmospheric pressures. *Combustion and Flames*, **85**, 68–76.

[14] Lee, A., Stringer, M. and Smit, K. (2003) Laser Match Head for Pyrotechnic Ignition. Report No. DSTO-TR-1448, Weapon Systems Div., Systm Sc. Lab. (Australia), pp. 1–20.

[15] de Young, L. and Lui, F. (1998) Radiative ignition of pyrotechnics: effect of wavelength on ignition threshold. *Propellants, Explosives, Pyrotechnics*, **23**, 328–332.

[16] Ahmad, S.R. and Russel, D.A. (2005) Laser ignition of pyrotechnics – effect of wavelength, composition and Confinement. *Propellants, Explosives, Pyrotechnics*, **30**(2), 131–139.

[17] Ahmad, S.R. and Russell, D.A. (2008) Studies into laser ignition of confined pyrotechnics. *Propellants, Explosives, Pyrotechnics*, **33**, 396–402.

[18] Aravindan Ponnu, Nicola Y. Edwards, Eric V. Anslyn, Pattern recognition based identification of nitrated explosives, New Journal of Chemistry, Royal Society of Chemistry, Apr 7, 2008.

[19] Patent Applicaton: A method of achieving low order detonation in NiHN by diode laser, British patent application no. GB0708297.7, Filing date: 28/04.2007.

第 12 章 结论和前景

12.1 引　言

在可做功的激光器发明的 10 年前,人们就设想过利用强光闪光灯的光能来引爆炸药。激光应用研究的最初几个领域之一主要是由于国防工业支持的。关于这个主题的第一份报告在 6 年内发表,这为关于激光与高能材料相互作用领域中大量相关主题的出版物打开了一扇闸门。半个世纪过去了,尽管研究和开发还很粗略,但整个工业世界仍在如火如荼地进行着。

在 1993 年的 LIGHT 发射项目(枪炮、榴弹炮和坦克)之前[2],研究工作的专一目标就是参数的分析和相互作用机理的解释。这个项目是由美国军队资助,目的是引领 1064nm 的 Nd:YAG 激光器的应用,这一激光器用于电眼坦克弹药系统的黑火药袋以杜绝雷管的使用。尽管没有获得详细的参数,但是联合防务系统公司报道在后来 2001 年使用了激光点火装置应用在他们的 CRUSADER SPX XM2002 榴弹炮系统。在一段时间内,这个项目是保密的,主要的应用研究秘密进行。这一领域前沿的研究和发展,尤其是那些由国防机构和工业部门资助的研究内容,禁止在公开文献出版。但是,由于激光点火使用的信息首先在榴弹炮弹药体系应用,所有研究报道出版在基础研究的公开文献中,下面的结论就是根据激光参数和材料类型两方面进行的归类。

12.2 相 关 理 论

因外界刺激使炸药材料发生不稳定的扩散和传播的数学分析始于 1955 年,这要比激光器应用的公开文献报道的时间早了很多,后来很多研究者分析了相互作用过程,很好的建立了光学能量传送转化成热以及沿着样品深度传递和温度升高的基础方程。为了建立这些方程,假设样品内部产生的热遵循零阶阿累尼乌斯反应动力学方程,固体介质是均匀的。因此,这些理论不用于烟火药,但是,如果测试的材料制备成固体实心球,这种理论可以应用,只是具有一定的误差。烟火药本身不是均质材料,是由不同材料以不同比例混合而成。尽管提出的模型考虑了这种差异性,理论上仍然不能解释许多试验结果[4]。

激光能量的吸收以及随后热的产生和扩散的简单假设不足以解释整个相互作用过程。在高能量密度时,可见光和近红外光引发热的产生可能是单光子或者多光子吸收导致的键断裂。除此之外,相互作用过程还包括了固体目标物和相互作用过程产生的气体,固体目标物吸收的能量符合动力学状态。因此,解释相互作用过程整体的原则不可能,主要是因为大量的不确定性。在大多数的应用中,特别是低能量的二极管激光器,光束需要聚焦得到需要的可产生点火的临界能量。由于二极管激光器大的光束发散性,聚焦的衍射极限不可能获得。也就是存在光斑面积的临界值,在此值以下点火不能发生,即使有很高的激光能量密度。这种限制与样品的种类和组成有关。本书提出的理论可应用到计算相互作用过程的概略模型,在求解方程中验证假设的合理性。进行理论优化和调整确定具体的相互作用参数是有必要的。然而,需要指出的是,基于激光吸收、热转移和介质中的传播的任何理论的解析解不可能没有大的简化假设,因此,迄今为止发展的理论考虑提供指导性去估算一个数量级的相互作用参数。

12.3　激　光　器

在本书中,所有将激光器作为一种工具用于安全传递刺激能量产生热导致点火及随后爆燃或爆炸,均与含能材料目标物和周围环境有关。激光器的领域很广并在不断扩展,关于激光器的书有几百本,激光器市场几乎饱和,而且生产厂商能够集成激光器以适用几乎任何领域。在应用中要求激光器小巧、紧凑、坚固耐用,最主要的是廉价高效,通常也可接受上述规定的新一代二极管激光器。

为了研究光学的相互作用过程,了解这种激光器的性能和光束如何有效传递到目标物是很重要的。关于激光器的章节已经提供了如何针对某一应用选择特定的激光器类型的信息,可用于火箭发动机点火器的基础研究。本章给出了不同激光器的参数说明和具体规格,这对于任何理论分析都是必要的。在未来理解激光器,引用相关的参考文献,需要的其他信息需要通过互联网和厂商的主页查找。激光器是一种有效的工具。在相关应用方面,本章还包括了安全方面的信息。

12.4　含能材料的光学性能和热性能

激光点火过程的理论,毫无例外,包括了表征材料光学性能和热性能的参数。含能材料全部的常规的化学和物理性能以及这些是如何被环境影响的过程步骤在第 4 章进行了详细描述。在引发波长的高吸收是激光能量有效转换到目标物的先决条件。如果材料本身对入射光有强吸收,激光点火就会有效。

不同材料随着不同波长的选择性,具有不同的吸收特性,因此,吸收峰值波长和入射光的匹配是提高光能量有效吸收的前提条件,这种匹配可以通过调整激光器的波长与样品光吸收波段的峰值相对应,也可以通过对样品添加合适的光敏剂,使吸收波段和所选择激光器辐射波长范围相协调。增强感光过程,在推进剂和主要高能炸药材料的应用中被发现是不可量化的。

炭黑的使用被发现比其他材料更适合,像碳纳米管或者液体染料,这主要是因为其本身特性不会改变主体物质的化学性能。但是,炭黑会改变材料的颜色,不易和母体材料以化学键的形式结合。一般认为如果不需要化学键结合,波长的选择性或者说保持原样品的颜色,炭黑的质量含量为 1%～3% 时就会取代材料的光学性能以便适用于敏化炸药和推进剂材料的有效激光点火。

12.5　激光点火当前发展状况

激光起爆提供了一种可靠的方法,这种方法消除了炸药体系对意外刺激的高敏感特性,而且也减少了对环境危险化合物的依赖。但是,基础的点火器还未全部淘汰,还不能用于低易损推进剂体系中。同时,许多低易损弹药体系要大大减少危险意外的燃烧转爆轰(DDT),其主要是双基推进剂种类,在没有雷管时要求激光能量引发它们是被禁止的,除非有高能量产生装置。典型的装甲车辆或者昂贵的导弹需要获得必需的能量源,但这会增加额外的重量,安全性要求车辆上的人员不能意外暴露到强激光束中。

在许多民用领域,包括采石场和土木工程应用,如建筑工程、拆除等需要产生爆炸的领域,激光可能提供一种更安全的选择。不能使用引爆索,因为这需要运输额外的炸药和起爆药,或者将起爆系统连接在数个药阵之间,而简单地布置光纤和若干连接装置将激光送入炸药装药中本质上更安全。安全要求还要求激光束不能意外地暴露给操作人员和附近的人员。

尽管在过去的 50 年有数千篇的文献出版,但研究的主题依然没有深入,实际应用比我们知道的还多,由于军事和商业的需求,主要的应用研究结果因保密而不予公布。这项研究一定程度表明激光点火能够成为商用是可行的和实际可解决传统电子触发点火的弱点问题。烟火药最容易被点燃,因为这些材料含有爆燃或爆轰发生第一阶段的成分,也可能通过使用激光器首先点燃烟火药来点燃这些材料。这样应用的例子在榴弹炮体系中用激光触发[5],由激光引爆起爆器。

烟火药对非激光的刺激相当敏感,使得弹药容易发生意外或者被敌军采用传统的电子刺激(如电桥丝)点燃。近年来,关于钝感弹药(低易损材料)的驱动要求消除武器系统中的烟火药和一代炸药。炸药的直接点火(爆轰目的)和推进剂点火(气体发生器)使用近红外波段的二极管激光器在不添加光敏剂时不能有效点火。关于 LOVA 材料的激光点火能力研究表明其组成的多变性,特别是由不同厂商生产的和用于不同目的的,不允许对其通过激光器对点火能力进行有目的的量化评估。然而,通常认为这些材料会要求产生点火用的二极管激光器具有高能量输出,尽管在实际应用中点火延迟时间(反应时间)相当长。

12.6　前　　景

激光器应用在含能材料的点火方面的研究和发展主要取决于国防工业在实际安全使用条件下的需求。然而,这些研究在公开文献中并没有报道,也没有用于榴弹炮系统和杆状设备的技术方面的细节,甚至由国防机构资助的基础研究结果也不能在公开文献中获得,结果在商业和安全制度的保护下不能公开。尽管这些秘密近些年促进了激光和含能材料相互作用研究的提升。

值得注意的是,早期开始的含能材料激光点火的研究虽是通过国防组织资助的,在许多民用领域也有应用,其应用前景包括采矿工业炸药遥控爆炸、在不使用电缆的情况下石油钻井平台信号弹的点燃、汽车意外事件中安全气囊的使用、紧急情况下飞行中放弃飞机而弹出驾驶员座位等,这些都是民用方面发现的应用前景。激光点火有效的应用前景主要在安全方面,其不存在烟火剂和一代炸药的点火体系消除了传统点火系统中使用的致癌成分和重金属,并且解决了生产、使用、处理含能材料的环境问题。

目前,大多数的激光引发器依靠样品周密的控制范围区域产生热量,通过格子和分子振动发生热转移,当足够的能量积累到使大多数分子键断裂时,点火就会发生。含有一些弱键的材料,键容易断裂,本身对意外刺激敏感,因为撞击和摩擦产生了热点。阿累尼乌斯活化能方程测算出最弱化学键断裂需要的能量,一代炸药具有低的活化能。大多数的键在红外光谱区域有吸收,因此限制了激光源的选择性。在第 8 章讨论的新的引发方式,努力去除叠氮铅和斯蒂芬酸盐,最合适的就是从含高氮的分子获得。这些分子由于连接基团的氮原子数量众多,活化能低,爆炸产物高。氮更倾向于存在于双原子氮分子中,因此氮原子间的附加键提供了弱键触发键。这意味着这种分子的数量多对摩擦和撞击刺激具有高敏感性。为了稳定这些分子自身不发生热分解,降低其感度,主要的挑战在于化学有机合成。一方面通过合适的载体产生钝感的高氮化合物,以便载体对意外刺激不敏感,但对激光辐射的吸收具有高敏感性;另一方面通过添加高吸收染料到炸药混合物中使分子发生变化,在没有增加意外刺激敏感性的前提下提高激光的反应性。

一个可替代的方向是发现在可见光和紫外光谱范围内对应高能光子的材料,这样,分子中离中心最远的能级激发电子产生的吸收,能更多更准确地了解激发的机理。一些高氮分子,如在第 8 章提到的新的雷管材料,对应于输出闪光,引发键轨道中的电子,因此破坏了分子的稳定性。过渡金属和高氮分子配合体构成的几种稳定复合物,如硝基四唑,也显示了对紫外光子的高敏感性,一种典型的例子就是磷酸二氢钠硝基四唑铁盐,含有对环境友好的铁离子。但是,它们也显示了对摩擦和撞击高感度的特性,感度随着四唑分子配合铁离子的数量增加而增加。敏感是由于连接过渡金属和敏感配合体的键弱,但是,氯代四唑铜盐的试验显示了对光子引发的高敏感性,且降低了对平常刺激的敏感性。如果常规的敏感性通过调整组分(如乙烯二元胺)得到减弱,那么常规的敏感性会降低,而对光子的敏感性会保持,即使激发激光器辐射吸收波长有迁移。这种体系潜在的发展方向就是通过 3(5)肼 4-氨基-1,2,4-三唑(HATr)和高氯酸或硝酸离子的铜复合物得以体现。与叠氮铅比较,这种材料显示了常规的撞击和摩擦感度,但其激光敏感性相当低,点火仅需要不超过 $0.5mJ/cm^2$ 的功率,几乎瞬间就能发生爆轰。下一步的工作是表征配合物的结构,应该允许常规引发临界值和激光引发临界值都降低以便引信仅对单一的激光波长敏感,几乎对其他任何刺激都不敏感,制造理想安全的炸药引信。改良的引信(炸药)应该能引发如RDX、CL-20 等材料。也许,随着高氮含量和高性能炸药的发展,同时意外刺激响应降低和高灵敏度的激光引信的使用,爆炸序列可以被简化,变得更加安全。

参 考 文 献

[1] Bowden, F.P. and Yoffe, Y.D. (1985) Initiation and growth of explosion in liquids and solids; Press syndicate of the Unv. of Cambridge (Pub.), Science Classic series; ISBN 0 521312337.

[2] Forch, B.E. and Beyer, R.A. (1993) Cohen, A., Newbury, J.E., report: Army Research Laboratory (USA), No. AD-A261049, pp. 1–39.

[3] Kemenetiskii, D.A. (1955) *Diffusion and Heat Exchange in Chemical Kinetics*, Princeton university Press, Princeton.

[4] Ostermark, H. (1985) *Laser as a Tool in Sensitivity Testing of Explosives* in Proc. Eighth Sym. On Detonation, NSWC, Silver Spring, MD, MP 86-194, p. 473.

[5] Barrows, A.W., Forch, B.E., Beyer, R.A., Cohen, A. and Newberry, J.E. (1993) *Laser Ignition in Guns, Howitzers and Tanks: The LIGHT programme*, ARL-TR-62, Aberdeen Proving Ground, USA.

内 容 简 介

　　本书介绍了含能材料领域的发展概况和研究进展、激光技术发展,重点阐述了含能材料的发展历史背景、激光起爆、激光特性、含能材料性能、炸药的最新进展、爆炸过程等内容,还介绍了含能材料分解和引发过程、含能材料光热性能以及含能材料激光作用理论进展等。

　　本书可为从事含能材料性能研究的专家学者提供有益的借鉴,也可作为科研工作者、大学生和研究生的参考书。